ROLLS
ROYCE

NE-M

Klaus-Josef Roßfeldt

Rolls-Royce
und Bentley

Alle Modelle
Geschichte
Fakten
Daten

BLV

CIP-Titelaufnahme der Deutschen Bibliothek

Roßfeldt, Klaus-Josef:
Rolls-Royce und Bentley: Alle Modelle; Geschichte, Fakten, Daten / Klaus-Josef Roßfeldt. – München; Wien; Zürich: BLV, 1989
ISBN 3-405-13741-1
NE: HST

BLV Verlagsgesellschaft mbH
München Wien Zürich
8000 München 40

2109

Abb. Seiten 2/3: Bentley $3\frac{1}{2}$ Liter, Baujahr 1934, Chassis-Nr. B189BL und Rolls-Royce 20 H. P., Baujahr 1927, Chassis-Nr. GUJ74.

Abb. Seite 5: Bentley S2 Continental, Baujahr 1961, Chassis-Nr. BC37BY und Rolls-Royce 25/30 H. P., Baujahr 1938, Chassis-Nr. GZR15.

Layout: Anton Walter

Gesamtherstellung: Passavia Passau

Printed in Germany · ISBN 3-405-13741-1

Für Katharina Elisabeth
und
Katharina-Sophia

Vorwort

Abb. Seite 7: Bentley R des Autors vor dem Hradschin in Prag.

The author's Bentley R in front of Prague's Hradschin.

Die Begeisterung für das Thema entzündete sich am Gebrauch meines eigenen Bentley. Seit mehr als einem Dutzend Jahren hat er sich als zuverlässiges Transportmittel auf Touren durch ganz Europa bewährt. Er absolvierte sie trotz einer seit der Zulassung 1954 angesammelten Laufleistung von knapp 700000 Kilometern völlig ohne Anstrengung. Im Kontakt mit Eignern aus dem Rolls-Royce Enthusiasts' Club und dem Bentley Drivers Club vertiefte sich die Überzeugung, daß meine Erfahrungen keine Ausnahme darstellten. Zahlreiche andere Rolls-Royce oder Bentley, die häufig aus der Vorkriegszeit stammten, bewährten sich in gleicher Weise.

Meine Faszination hatte sich zunächst nur auf den Gebrauch des Wagens aus der englischen Nobelschmiede gerichtet. Sie führte in der Folge mehr und mehr zu eingehender Beschäftigung mit dem Werdegang sowohl der Marke Rolls-Royce wie der Marke Bentley und ihrer Automobile. Zu Anfang dieses Jahrzehnts brachte ich dann den Stift aufs Papier und schrieb »Die Geschichte der Marken Rolls-Royce und Bentley« – das erste Buch in deutscher Sprache über dieses Thema.

Abgesehen davon, daß es nur mit Schwarzweißbildern illustriert war, bot es trotz aller Aktualisierungen keinen Raum, die Entwicklungen der letzten Jahre eingehend zu erörtern. Dieses Problem findet sich auch bei den englischsprachigen Büchern, die als umfassende Standardwerke konzipiert wurden, inzwischen aber auf ein Alter von 20 Jahren und mehr zurückblicken. Neuere Bücher beschränken sich teils auf einzelne Typen oder Modellreihen, teils lassen sie eine detaillierte Auflistung technischer Daten vermissen.

Gelegentlich ist zu bemängeln, daß die sorgfältige Recherche zugunsten der zügigen Fertigstellung vernachlässigt wurde. Zum Glück ist der umgekehrte Fall weit häufiger, wenn nämlich aufgrund brillanter Detailarbeit Werke publiziert werden, die wichtige neue Erkenntnisse beinhalten.

Die oft festzustellende Ausgrenzung der Marke Bentley insgesamt oder doch der Sportwagen von W. O. Bentley aus der Zeit, bevor sein Unternehmen von Rolls-Royce übernommen wurde, erscheint wenig sinnvoll. Die Geschichte der Marke Bentley hat ihre Wurzeln in der Phase der Selbständigkeit – ihr Überleben hat sie aber wohl nur der Übernahme durch Rolls-Royce zu verdanken.

Damit sind die maßgeblichen Beweggründe angeführt, die die Zusammenstellung eines neuen Buches über Rolls-Royce und Bentley nahelegten.

Für die hier vorliegende Arbeit waren verschiedene Kriterien selbstgewählter Maßstab. Weder Daten noch Fakten sollten als gegeben anerkannt werden; wenn irgend möglich, wurde durch Gegenprüfung und Klärung festgestellt, ob zum Beispiel Stückzahlen zutrafen bzw. technische Daten akkurat und umfassend aufgelistet waren. Trotz aller Sorgfalt will ich nicht ausschließen, auch die eine oder andere im folgenden aufgeführte Angabe sei zu ergänzen oder zu korrigieren – und für jeden Hinweis, der zur Verbesserung dient, bin ich dankbar.

Bezüglich des Materials für den illustrierten Teil wurde ein Schwerpunkt darauf gelegt, neue Bilder zu zeigen. Der weit überwiegende Teil der Fotos ist speziell für dieses Buch aufgenommen worden.

Möglich war dies nur dank der lobenswerten Unterstützung seitens der Mitglieder sowohl des Rolls-Royce Enthusiasts' Clubs wie des Bentley Drivers Clubs, denen mein herzlicher Dank gilt. Sie halfen bei der Zusammenstellung der Bildersammlung und gaben viele nützliche Hinweise sowie wertvolle Anregungen. Es ist nicht übertrieben, von einem Netzwerk internationaler Zusammenarbeit zu sprechen, bei der aus vielen Ländern auf allen Kontinenten dieser Arbeit die größtmögliche Unterstützung angedieh. Mein besonderer Dank gilt Andrew McIntyre Pastouna für seinen die gesamte Erstellung des Buches begleitenden unermüdlichen Beistand und Heinz-Günter Schuhl, der unter anderem die Mühe auf sich nahm, die Korrekturlesung des Manuskriptes durchzuführen. Hervorzuheben ist die Hilfe von Werner Mork, der mit Akribie die Zusammenstellung der technischen Daten prüfte und ergänzte.

Dank ist ebenso auszusprechen David Preston und Michael Weatherby von Rolls-Royce Motors in Crewe, die nicht allein liebenswürdige Gesprächspartner bei meinen Besuchen im Werk waren, sondern mit nie erlahmender Hilfsbereitschaft Fragen klärten, Details erläuterten und Bilder aus dem Archiv zur Verfügung stellten. Mit zahlreichen Bildern unterstützten mich Bernhard Freiberger und Peter Harper. Ich komme gern der Pflicht nach, Helmut Becker vom Hause Auto Becker in Düsseldorf zu danken, der meine Arbeit in der großzügigsten Weise gefördert hat.

Alle Kenntnisse, die ich in vielen Jahren eingehender Beschäftigung mit Rolls-Royce und Bentley gewann, und die engagierte Unterstützung durch andere Liebhaber dieser Marken sind im vorliegenden Buch eingearbeitet. In der Zusammenarbeit mit einem kompetenten Verlag konnte bezüglich Umfang und Auslegung ein Niveau realisiert werden, das hoffentlich dem Leser soviel Vergnügen bereitet, wie ich es beim Erstellen empfand.

Schwerte, im Juli 1989

Klaus-Josef Roßfeldt

DO-KN 33

Rolls-Royce 20/25 H. P., Baujahr 1929, Chassis-Nr. GXO 99.

Inhalt

Abb. Seiten 10/11: Rolls-Royce Silver Ghost, Baujahr 1912, Chassis-Nr. 1997. Die Open Drive Limousine von Barker ist Teil der Eric Rainsford Family Collection in Süd-Australien.

This Open Drive Limousine by Barker is part of the Eric Rainsford Family Collection in South Australia.

Die Entstehung von Rolls-Royce

Anfänge der Motorisierung in Großbritannien

Die größte Industrienation der Welt verpaßte den Einstieg in eine bahnbrechende Neuentwicklung um nahezu zwei Dekaden. Der Erfindung und Verbreitung des Automobils auf dem Kontinent brachte man im Mutterland der industriellen Revolution kein nennenswertes Interesse entgegen.

Auf dem Kontinent hingegen hatte sich eine Entwicklung ergeben, die etwa um die Jahrhundertwende den Zeitraum markiert, zu dem das Automobil den Kinderschuhen entwachsen war. Es begann in der Beurteilung seiner Zeitgenossen als individuelles Transportmittel Anerkennung zu finden. Dies geschah nicht aus weitverbreiteter Einsicht oder als plötzlicher Meinungsumschwung. Es fand ein Prozeß langsamen Umdenkens statt. Automobile Fortbewegung wurde allmählich als eine sinnvolle Ergänzung zu den etablierten Transportarten anerkannt.

Nach der Erfindung durch Benz und Daimler hatten die zunächst durchaus unvollkommenen Gefährte eine zügige Entwicklung erlebt, und Konstrukteure vornehmlich in Deutschland und Frankreich fanden Lösungen, die teilweise für Jahrzehnte wegweisend werden sollten. Mit dem 1891 erstmals von Panhard und Levassor nach vorne gelegten Motor war eine Anordnung gefunden, die sich allen anderen Auslegungen als überlegen erweisen sollte. Sie wurde zur konventionellen Form, wenngleich in Europa wie in Amerika noch lange Typen gebaut wurden, deren Motoren unter den Sitzen zu finden waren. De Dion und Bouton hatten 1895 mit der ersten Entwicklung eines hochtourig laufenden Motors einen weiteren Grundstein für die Durchsetzung des Benzinmotors gelegt. Noch war nicht entschieden, ob dieser im Wettbewerb mit Dampfantrieb und Elektroantrieb den Sieg erringen würde. Er brachte aber seine Vorteile zur Geltung, die gegenüber dem Dampfantrieb in leichterer Handhabung und im Vergleich mit dem Elektroantrieb in geringerem Fahrzeuggewicht und größerer Reichweite bestanden. Seine Nachteile gegenüber den konkurrierenden Antriebsarten, die vor allem in größerer Lärmentwicklung und Pannenhäufigkeit lagen, reizten die Erfinder zu steten Verbesserungen.

Der Erfolg hat viele Väter, aber alle Anstrengungen wären ins Leere gelaufen, wenn die Fahrmaschinen nur technisches Spielzeug geblieben wären oder motorisierte Sportgeräte für einen kleinen Kreis. Obwohl sie diese Funktion für einige Besitzer erfüllten, gewannen sie dennoch Verbreitung, und zwar soviel Verbreitung, daß um die Jahrhundertwende schon eine regelrechte Industrie etabliert war, weil sich die Automobile im täglichen Betrieb als praktisch erwiesen.

Charles Stewart Rolls in den Schlagzeilen vor der Jahrhundertwende mit seiner »sensationellen Prüfungsfahrt eines Rennwagens«.

Charles Stewart Rolls in the headlines before the turn of the century with his »sensational trial of a racing motor car«.

Die Entstehung von Rolls-Royce

Der Rolls-Royce 20 H. P., mit dem Charles Stewart Rolls die Tourist Trophy 1906 gewann. Sicherungsmaßnahmen am Rand der Rennstrecke beschränkten sich auf Gottvertrauen.

The Rolls-Royce 20 H. P., with which Charles Stewart Rolls won the Tourist Trophy in 1906. Safety standards were unknown – spectators trusted in God!

Solche Erkenntnisse wurden allerdings ausgerechnet in dem Land ignoriert, in dem die industrielle Revolution ihren Ausgang genommen hatte. Großbritannien nahm für sich in Anspruch, auf dem Gebiet der industriellen Fertigung die Spitzenstellung einzunehmen, und im Eisenbahnbau, im Schiffs- und Brükkenbau konnte dieser Selbsteinschätzung auch nicht ohne weiteres widersprochen werden. Die Produktion von Automobilen konnte aber im Viktorianischen Zeitalter auf der Insel keinen fruchtbaren Boden finden. Mit administrativen Maßnahmen waren frühe Versuche begrenzt worden, als in der ersten Hälfte des 19. Jahrhunderts dampfbetriebene Fahrzeuge auf die Straße kamen.

Die Behörden schoben dem Treiben einen Riegel vor, indem sie so unsinnige Regelungen erfanden wie den Locomotive Act. Dieses Gesetz schrieb vor, jedem selbstfahrenden Fahrzeug habe ein Mann mit roter Flagge voranzugehen, um andere Verkehrsteilnehmer zu warnen. Im Jahr 1878 war diese Regelung entschärft worden – auf die rote Flagge durfte verzichtet werden.

Als ab 1896 das eine oder andere Automobil auf die Insel importiert wurde, hatten die Besitzer Pionierarbeit zu leisten, um die Front starrer Ablehnung, auf die ihr Tun stieß, aufzubrechen. Es spricht mehr für ihr Durchsetzungsvermögen als für die Einsicht der Behörden, wenn der Betrieb von Automobilen erlaubt wurde. Die Auflagen beschränkten die zulässige Höchstgeschwindigkeit zunächst auf zwölf Meilen pro Stunde (mph, ca. 20 km/h), später erfolgte eine Erhöhung auf 20 mph (ca. 32 km/h).

Solcherart waren die Voraussetzungen, als sich die Namen Rolls und Royce zu einem Firmennamen verbanden, der zum Begriff werden sollte für das Beste, was britische Ingenieurskunst auf dem Automobilsektor zu leisten vermag. Der Zusammenschluß war eine seltene Fügung, denn von Herkunft und Lebenslauf waren die Firmengründer völlig verschieden. Größere Gegensätze schienen für Partner kaum denkbar.

Frederick Henry Royce stammte aus ärmlichen Verhältnissen und mußte von Kindheit an arbeiten, um zum Lebensunterhalt der Familie beizutragen. Ihm boten sich nur spärliche Chancen, eine Ausbildung zu erlangen, die seine Zukunftsaussichten verbesserte. Charles Stewart Rolls dagegen war Mitglied des britischen Hochadels, Sohn eines Lords. Er hätte der Abschlüsse an den renommiertesten Schulen des Landes nicht bedurft, um sein Leben nach eigenen Wünschen einzurichten. Finanzielle Aspekte bildeten in seiner Familie schon seit Generationen keinen Problemkreis mehr.

Frederick Henry Royce

Als Frederick Henry Royce am 27. März 1863 geboren wurde, betrieb sein Vater James Royce in Alwalton in der Grafschaft Lincolnshire eine Getreidemühle, und mit dem Jungen wuchs die Zahl seiner Kinder auf fünf. Für den Lebensunterhalt der Familie reichte das Einkommen nicht mehr aus, denn die Mühle war nicht Eigentum der Familie. Sie wurde betrieben für die Ecclesiastical Commissioners, eine Einrichtung, die den Besitz der Anglikanischen Hochkirche verwaltete. Weil die Umstellung auf Dampfbetrieb als unrentabel galt, wurde James Royce freigesetzt. Er wandte sich nach London, um einen neuen Anfang zu suchen, und er nahm den vierjährigen Henry und dessen älteren Bruder mit. Erfolg stellte sich auch in der Hauptstadt nicht ein, und die Folge war, daß für F. Henry Royce im Alter von neun Jahren der Eintritt ins Arbeitsleben stattfand. Er begann als Zeitungsverkäufer, und erst im Alter von elf Jahren sah er zum ersten Mal einen Schulraum, als seine Mutter in der Lage war, für ein Jahr Schulgeld aufzubringen. Der Vater war inzwischen verstorben. Im Licht heutiger Verhältnisse erscheint ein solches Schicksal schwer nachvollziehbar. In der Viktorianischen Zeit indes widerfuhr Vergleichbares Tausenden von Kindern. Nach einem Jahr Schulbesuch fand F. Henry Royce Arbeit als Telegrafenbote.

Der Unterstützung durch eine Tante verdankte im Jahr 1878 der nunmehr Fünfzehnjährige den Beginn einer Lehre. Sie bezahlte einen jährlichen Betrag von 20 £, die für die Ausbildung bei den Lokomotiv-Werken der Great Northern Railway gefordert wurden. Die Ausbildungsstätte befand sich in Peterborough. Die Tante trug auch die Kosten für den Lebensunterhalt des Jungen, der Unterkunft bei der Familie eines anderen Auszubildenden fand. Dessen Vater war selbst Mechaniker und bestrebt, beiden Lehrlingen in einer dem Haus angeschlossenen Werkstatt zusätzliche Unterweisungen zu erteilen. So lernten sie weit mehr, als ihnen im Werk beigebracht wurde.

Neben einer gelegentlich belächelten Hingabe an seine Arbeit zeigte F. Henry Royce eine an Lesewut grenzende Leidenschaft für das Studium von Büchern. Er verbrachte jede freie Minute damit, die Lükken zu füllen, die seine auf ein Jahr beschränkte Schulbildung gelassen hatte. Mit besonderem Eifer studierte er alles, was mit dem faszinierend neuen Gebiet der Elektrizität zusammenhing. Abwechslung fand er, indem er begann, die französische Sprache zu lernen.

Nach drei Jahren geriet die Tante des Jungen in eine Situation, die ihr die weitere Zahlung des Lehrgeldes nicht mehr möglich machte, und er verlor die Lehrstelle. Der Ausbildungsleiter stellte aber ein Zeugnis mit blendenden Noten aus. In einer Zeit wirtschaftlicher Flaute war die Arbeitssuche schwierig. F. Henry Royce fand nach einem Ortswechsel eine Anstellung bei einer Werkzeugmacherfirma. Es handelte sich um eine mäßig bezahlte Tätigkeit mit einer wöchentlichen Arbeitszeit von 54 Stunden. Dabei wurden Überstunden erwartet, die häufig den Arbeitstag von 6 Uhr morgens bis 22 Uhr abends ausdehnten.

Als sich eine Gelegenheit zur Verbesserung bot, griff er sofort zu und trat bei der Electrical Light & Power Company in London ein. Hier konnte er auf dem Gebiet der Elektrotechnik praktische Erfahrungen sammeln. Er erweiterte seine Kenntnisse mit dem Wissensdurst, den er schon in Peterborough gezeigt hatte, indem er abendliche Vorlesungen bei Professor Ayrton hörte, einer Kapazität auf dem Gebiet der Elektrotechnik. Ergänzend dazu belegte er Kurse am Polytechnikum.

Sein Einsatz lohnte sich, denn er konnte bei einer Tochtergesellschaft, der Lancashire Maxim & Western Electric Company in Liverpool in eine verantwortungsvollere Position wechseln. Nur eineinhalb Jahre später brach die Muttergesellschaft allerdings zusammen, und F. Henry Royce verlor die Stelle.

Von Arbeitsverhältnissen und den damit verbundenen Abhängigkeiten hatte er genug. Die frühe Tätigkeit in verantwortlicher Position hatte ihm Selbstsicherheit gegeben, und zusätzliche Sicherheit gab ihm ein finanzielles Polster. Er selbst sah jedenfalls den Betrag von 20 £, den er zu sparen vermocht hatte, als solches. Im Alter von 21 Jahren entschied er sich, gemeinsam mit seinem Freund Ernest Alexander Claremont den Schritt in die berufliche Selbständigkeit zu wagen. E. A. Claremont war ebenfalls Elektromechaniker, aber als Sohn eines Londoner Arztes ein wenig besser gestellt und konnte in das Vorhaben immerhin Ersparnisse von 50 £ einbringen. Unter dem Namen Royce & Company mieteten die beiden ein Werkstattgebäude in der Cooke Street in Manchester und begannen, als Zulieferer für größere Betriebe Elektrobedarf herzustellen. Sie fertigten vor allem Birnenfassungen und Schalteinheiten. Als elektrische Haustürklingeln in Mode kamen, produzierten sie eine komplett montagefertige Anlage und errangen damit den ersten Erfolg für die ums Überleben kämpfende Neugründung.

Noch deutlicher ging es aufwärts, als ab 1891 die Produktion von Elektromotoren anlief. F. Henry Royce hatte so lange an Verfeinerungen gearbeitet, bis kein Funkenflug mehr auftrat, wenn die Kohlebürsten am Kommutator den Strom abnahmen. Darin lag bis dahin ein erhebliches Gefahrenmoment in Betrieben mit brennbarem Staub. Die Ausführung der verbesserten Elektromotoren bot besondere Eignung für den Einsatz in Minen und Mühlen. Die Nachfrage stieg in einem unerwarteten Maß und konnte nur durch die Einstellung zusätzlicher Arbeitskräfte bewältigt werden. Im Jahr 1894 wurden der Firmenname und die Rechtsform der

Die Entstehung von Rolls-Royce

Gesellschaft geändert. Als Royce Limited, Electrical & Mechanical Engineers und Manufacturers of Dynamos, Motors and Kindred Articles gab der Name jetzt auch gleich das gesamte Produktspektrum an. Die Haftungsbeschränkung wurde für notwendig erachtet, weil mit wachsendem Geschäftsumfang das Risiko wuchs, infolge eines Fehlers das inzwischen erworbene Privatvermögen zu verlieren.

Zur gleichen Zeit ergab sich auch eine Umstellung im Privatleben, weil F. Henry Royce und E. A. Claremont 1893 in den Stand der Ehe getreten waren. Einmal mehr zeigte sich ihre Übereinstimmung, denn zwei Schwestern, Alice und Minnie Punt aus London, waren ihre Lebenspartnerinnen geworden. Als Mitgift schoß ihr Vater, ein Druckereibesitzer, einen erheblichen Betrag zur Stärkung des Firmenkapitals zu. Minnie hatte allerdings mit F. Henry Royce keinen idealen Ehemann erhalten. Sie mußte sich damit abfinden, daß ihrem Mann die Arbeit über alles ging. Er hatte ein sehr ansprechendes Haus in Knutsford gekauft und zeigte seine Bindung an die Familie, indem er seine Mutter bei sich aufnahm und der Adoption einer Nichte von Minnie zustimmte. Aber seine geringe Freizeit verbrachte er nur selten an der Seite seiner Frau. Die Ehe blieb kinderlos und war allem Anschein nach schon früh ohne Inhalt. Dennoch ließen sich die Partner nie scheiden.

Mit Elektrokränen stieß die Firma ab 1894 in eine vielversprechende Marktlücke, denn Hubarbeiten wurden bis dahin mit Hilfe von Dampfkränen oder manuell betätigten Kettenzügen durchgeführt. In schneller Folge wurden ständig größere und leistungsfähigere Modelle hergestellt, die unter anderem auch für Dockarbeiten in den Hafenstädten Einsatz fanden. Die Ausführung war von ausgezeichneter Qualität, denn F. Henry Royce achtete nicht nur beim Entwurf, sondern auch bei der Herstellung auf äußerste Sorgfalt bezüglich Materialwahl und Bearbeitung. Auf den Einwand, hohe Qualitätsansprüche hätten auch einen hohen Preis zur Folge, antwortete er mit einer Feststellung, die von der Firma Rolls-Royce übernommen wurde und bis zum heutigen Tag als Grundsatz verkündet wird: »Die Qualität bleibt bestehen, wenn der Preis längst vergessen ist.« Er fand keinen Widerspruch, denn das Unternehmen prosperierte. Es wies im Jahre 1899 ein haftendes Eigenkapital von 30000 £ aus und warb damit, Lieferant für staatliche Stellen geworden zu sein.

Bei einem Techniker mit einem ausgeprägten Interesse für Neuentwicklungen überrascht es nicht, wenn Automobile Augenmerk erhielten, sobald sie als Neuerung auftauchten. F. Henry Royce kaufte sich schon kurz nach der Jahrhundertwende ebenso wie sein Partner A. E. Claremont ein De Dion Quadricycle. Es handelte sich dabei um Fahrmaschinen, die eher wie ein vierrädriges Motorrad als wie ein Auto aussahen. Für den Fahrer boten sie einen Sattel; der Passagier nahm in einem Korbsessel zwischen den Vorderrädern Platz. Im Jahre 1903 erfolgte die Anschaffung eines richtigen Automobils, ei-

Frederick Henry Royce. Der Ingenieur hatte das 40. Lebensjahr bereits überschritten, als er sich der völlig neuen Aufgabe des Automobilbaues zuwandte.

Frederick Henry Royce. The engineer was already in his forties, when he started in the new field of automobile construction.

nes gebrauchten Decauville, Baujahr 1902, mit Zweizylindermotor und einer Leistung von etwa zwölf PS. Die Entscheidung für ein französisches Automobil kam nicht von ungefähr. Die französischen Hersteller bauten die leistungsfähigsten Automobile in dieser Zeit. Ihre Erzeugnisse waren nicht allein im eigenen Land gefragt, sondern erhielten auch auf fremden Märkten Zuspruch.

Der Decauville genoß einen soliden Ruf. Die Marke bestand seit 1898 und hatte Reputation gewonnen, weil ein Decauville 5 H. P. eine Non-Stop-Fahrt über tausend Meilen (1609 km) auf der Radrennbahn des Londoner Kristallpalastes absolviert hatte. Beifall gab es auch für die in 1902 erfolgte Non-Stop-Fahrt eines Decauville 10 H. P. von London nach Edinburgh und zurück. Die Entscheidung von F. Henry Royce für einen Wagen dieses Typs stand also wohl am Ende einer Reihe von sorgfältigen Vergleichen.

Er gewann allerdings schnell den Eindruck, sein Decauville sei in vielerlei Hinsicht unzulänglich. Der Motor zeigte ein sehr schlechtes Startverhalten. Sobald er zum Laufen gebracht war, sorgte er für eine Lärmkulisse, die nicht erträglicher wurde, wenn die auf das Chassis übertragenen Vibrationen die Insassen durchzuschütteln begannen. Für einen Elektroingenieur bot sich sofort der Vergleich mit den ebenfalls erhältlichen batteriebetriebenen Fahrzeugen an, die solche Nachteile nicht aufwiesen. Es spricht für sein abgewogenes Urteil, daß F. Henry Royce aber in dem Manko unzureichender Reichweite aufgrund geringer Batteriekapazität eine drastischere Einschränkung der Alltagstauglichkeit sah als in den Problemen, mit denen ihn sein benzinbetriebenes Fortbewegungsmittel konfrontierte.

Dessen Schwächen indes vermochte er nicht zu tolerieren. Noch weniger hatte er die Absicht, mit horrendem Arbeitseinsatz alle die Komponenten zu verbessern, die ihm am Decauville als mangelhaft auffielen. Er ging einen Schritt weiter und beschloß, von Grund auf ein neues Automobil zu konzipieren, das den von ihm gestellten Ansprüchen gerecht zu werden hatte.

Mit zwei Lehrlingen räumte er sich in der Fabrik einen Arbeitsbereich frei und begann mit der Arbeit an einem selbstentworfenen Automobil. Dabei steckte er den Rahmen großzügig ab, denn er begann gleich mit einer Serie von drei identischen Autos. Im Wesen weniger ein Erfinder als vielmehr Perfektionist blieb er dem Weg treu, den er bisher erfolgreich beschritten hatte. Mit feinem Gespür für Schwachstellen und unermüdlich auf der Suche nach Verbesserungen, die auch im Detail überzeugten, nahm er die neue Aufgabe in Angriff. Das von ihm entworfene Modell orientierte sich an der Auslegung, die der Decauville zeigte. Es handelte sich da-

In der Cooke Street in Manchester stand die Fabrik für Elektroartikel der Royce Ltd., wo die ersten Rolls-Royce entstehen sollten.

The Cooke Street Works in Manchester, where the first Rolls-Royce were to be built.

Die Entstehung von Rolls-Royce

Chassis und Motor des ersten Royce 10 H. P., dessen Kühler noch nicht die klassische Form zeigte.

Chassis and engine of the first Royce 10 H. P. The radiator doesn't yet show the classic shape.

bei um ein konventionelles Fahrgestell mit einem Zweizylindermotor von 1800 ccm Hubraum. Die Gemischaufbereitung erfolgte über einen Krebs-Vergaser französischer Bauart. Dieser wurde so modifiziert, daß die Drehzahl im Leerlauf deutlich absank, ohne den Motor absterben zu lassen. Eine sorgfältig geplante Ölversorgung förderte die Standfestigkeit des Aggregates. Zudem wurden Reibungs- und Klappergeräusche minimiert, weil der Zusammenbau der Teile mit Präzision und geringsten Paßtoleranzen erfolgte. Ein überdimensionierter Auspuffschalldämpfer reduzierte das Auspuffgeräusch auf ein kaum vernehmbares Hüsteln. Darin und in dem auch bei den Elektroartikeln des Hauses zum Standard gemachten Vorgehen, nur bestes Material in hochwertiger Verarbeitung zu akzeptieren, lag der Grund, warum bereits die erste Ausfahrt ohne Pannen verlief. Sie führte vom Werk zum 13 Kilometer entfernt liegenden Haus von F. Henry Royce in Knutsford. Dieser erste Einsatz fand am 1. April 1904 statt und wurde in allen späteren Verlautbarungen auf den 31. März verlegt, um jeden Anklang an einen Aprilscherz auszuschließen.

Die anderen beiden Wagen wurden etwa zur gleichen Zeit fertiggestellt. Der eine ging an den Partner aus der Anfangszeit des Unternehmens, E. A. Claremont, dessen Gebrauchsnutzen aber eine Einschränkung erfuhr. Sein Wagen mußte nämlich als Testfahrzeug für die von F. Henry Royce in steter Folge ausprobierten Verbesserungsmaßnahmen herhalten. Weil diese in der Praxis gelegentlich versagten, protestierte E. A. Claremont nun schließlich mit feinem Spott. Er ließ an der Spritzwand eine Messingplatte anschrauben, die von den Mitfahrern forderte: »Sollte der Wagen stehenbleiben, stellen Sie bitte bloß keine dämlichen Fragen.« Für solch feinen Spott war F. Henry Royce aber nicht zugänglich. Erst als ihm hinterbracht wurde, E. A. Claremont ließe bei jeder Ausfahrt eine Pferdekutsche mittraben, nahm er von weiteren Änderungen am Wagen seines Schwagers Abstand.

Der letzte Wagen schließlich ging an einen Kapitalgeber, der nicht nur Gesellschafter von Royce Ltd. war, sondern in der Firma auch die Stellung eines Direktors bekleidete. Es handelte sich um Henry Edmunds, den ein weiteres geschäftliches Arrangement mit der Parsons Non Skid Tyre Company verband. Dieser Anbieter hatte für einen Test des Automobile Club of Great Britain and Ireland eine Meldung abgegeben, hatte aber kein Auto. Bei diesem Test sollten Reifen und Zubehör daraufhin geprüft werden, ob die Haftung auf der Straße und die Richtungsstabilität wesentlich verbessert werden könnten. Henry Edmunds stellte seinen Royce 10 H. P. zur Verfügung, und die Parsons Non Skid Tyre gelangte im Test auf Platz zwei. Die von ihr vertriebene Lösung bestand darin, die

Reifen mit Gliederketten zu überziehen – vergleichbar mit heutigen Schneeketten.
Bemerkenswert ist nicht allein die Tatsache, daß der Royce 10 H.P. damit bereits in einem Wettbewerb eingesetzt wurde, zwei Wochen, nachdem er die Fabrik verlassen hatte. Viel aufschlußreicher ist der Nachweis des hier erfolgten ersten Kontaktes mit dem zweiten Namenspartner der Firma Rolls-Royce. Denn einer der führenden Männer im Automobile Club of Great Britain and Ireland war Charles Stewart Rolls. Er gehörte zum Organisations-Komitee für den über einen Zeitraum von drei Wochen durchgeführten Test. Ganz ohne Frage lernte er hier zum ersten Mal den Royce 10 H.P. kennen. Die häufig wiederholte Behauptung, er hätte erst im Anschluß an sein später erfolgtes Treffen mit F. Henry Royce den Wagen geprüft, ist nur die halbe Wahrheit. Den Royce 10 H.P. kannte er bereits, und dessen Qualitäten ebneten den Weg für seinen Wunsch nach einer Begegnung mit dem Konstrukteur F. Henry Royce.

Charles Stewart Rolls

Charles Stewart Rolls

Charles Stewart Rolls war am 27. August 1877 in London zur Welt gekommen, genauer gesagt, in dessen feinstem Stadtteil Mayfair. Hier besaßen seine Eltern, Lord und Lady Llangattock, ein Stadthaus. Sie bewohnten es, wenn sie der Weg vom Stammsitz der Familie, dem Schloß The Hendre in der Nähe von Monmouth in Wales, in die Hauptstadt führte. Für einen Aristokraten etwas ungewöhnlich war die Entscheidung des jungen Mannes, sich ausgerechnet den Ingenieurwissenschaften zuzuwenden. Nach dem Besuch der Eliteschule Eton studierte er in Cambridge und schloß mit Examen ab. Sport wurde eher als Bereich angesehen, in dem sich Aktivitäten mit seiner gesellschaftlichen Stellung vertrugen. Er verband sein technisches Geschick und seinen sportlichen Ehrgeiz, indem er sich dem neu aufgekommenen Automobil verschrieb.
Als 19jähriger erwarb er einen Peugeot 3,5 PS und erschütterte damit die beschauliche Ruhe des Universitätsstädtchens Cambridge, wohin er den ersten »pferdelosen Wagen« brachte. Renneinsätze in den vor allem von Frankreich ausgehenden Langstreckenrennen über den Kontinent reizten ihn besonders. Von Haus aus war er reichlich mit Geldmitteln versorgt, die ihm den Erwerb der besten Fahrzeuge seiner Zeit, französischer Fabrikate also, gestatteten. Nachdem er bei seinem ersten Rennen, 1899 von Paris nach Boulogne, zwar ins Ziel kam, aber erst als letzter Teilnehmer, arbeitete er mit Können und Ehrgeiz an einer Vervollkommnung seiner Fähigkeiten. Dabei stand ihm auch eine gehörige Portion Glück zur Seite, denn sein Naturell war das eines verwegenen Draufgängers. Die Liste seiner Autounfälle spiegelt nur zum Teil die Unvollkommenheit der noch in der Entwicklung steckenden Automobile wider – sie gibt eher Auskunft über

Die Entstehung von Rolls-Royce

Rechts:
Charles Stewart Rolls beim Aufstieg zu einer Ballonfahrt.

Charles Stewart Rolls departing on a balloon flight.

Links:
Eine der frühesten Luftaufnahmen. Charles Stewart Rolls fotografierte das elterliche Gut »The Hendre« in der Nähe von Monmouth.

One of the earliest bird's-eye views: Charles Stewart Rolls took a photo of his parents' home »The Hendre« near Monmouth.

seine mutige Bereitschaft, Grenzbereiche auszuloten. Zweimal überschlug er sich am Steuer, zweimal brachten ihn abgescherte Räder von der Straße, mehrere Male versagten die Bremsen, und zweimal ging sein Auto in Flammen auf. Den spektakulärsten Unfall überlebten er und der mitfahrende Mechaniker wie durch ein Wunder völlig unverletzt. Im Rennen Paris–Wien platzten an dem von ihm gesteuerten Mors bei einer Geschwindigkeit von 70 mph (ca. 113 km/h) beide Reifen auf der rechten Seite, und der Rennwagen schleuderte unkontrollierbar gegen einen Baum. Der Baum wurde glatt abgetrennt, der Mors war Schrott. Mit dem als Ersatz gekauften Wagen mußte er eine Zwangspause einlegen, weil die Andrehkurbel infolge Fehlzündung zurückschlug und ihm den Schädel auftrennte. Das Jahr 1900 sah ihn im Rennen Paris–Toulouse–Paris als zweiten Mann in dem Napier von S.F. Edge, dem Konstrukteur dieser Marke. Napier war der erste britische Wagen, der sich in einem Rennen auf dem Kontinent dem Wettbewerb stellte. Mit einem Panhard von zwölf PS Leistung nahm Charles S. Rolls im April 1900 am ersten Wettbewerb des Automobile Clubs of Great Britain and Ireland teil, der über 1000 Meilen (1609 km) führte, und gewann die Goldmedaille. Am Steuer eines Mors mit 60 PS steckte er im Jahre 1903 den Weltrekord über einen Kilometer auf die Marke von 136 km/h.

Er erkannte klar, daß die in Großbritannien herrschenden Vorurteile gegen Automobile fallen würden, zumal die behördlichen Einschränkungen schon jetzt nicht befolgt wurden und Übertretungen straflos blieben. Es war gewiß keine gewagte Spekulation, die Entstehung eines Marktes mit einer Nachfrage wie auf dem Kontinent zu erwarten. Charles S. Rolls stellte die Weichen für seinen Erfolg. In der Brooke Street in Mayfair richtete er 1902 ein Verkaufsbüro für importierte Kraftfahrzeuge ein. Zusätzlich besaß er in der Seagrave Road in Fulham ein Gebäude, das als Rollschuhbahn ausgedient hatte, und sorgte dort für eine gut ausgestattete Werkstatt mit eigener Ersatzteilfertigung; dazu wurden hier gebrauchte Fahrzeuge ausgestellt.

Mit glücklicher Hand wählte er 1903 als Mitarbeiter Claude Goodman Johnson, der vorher dem Automobile Club of Great Britain and Ireland als erster Sekretär zu Bedeutung verholfen hatte. Nicht allein einen kompetenten und kaufmännisch versierten Fachmann gewann er hier, sondern auch noch Kontakte zu den meisten Automobilisten im Vereinigten Königreich, die ihm im Zuge seiner sportlichen Einsätze noch nicht bekannt geworden waren. Es darf nicht vergessen werden, wie gering die Zahl der in England eingesetzten Automobile zur Jahrhundertwende insgesamt noch war.

Zunächst bestand das Angebot aus dem Programm der beiden Marken, die Charles S. Rolls am besten kannte: Panhard und Mors. Panhard war einer der Wegbereiter für

Charles Stewart Rolls

den automobilen Fortschritt in Frankreich gewesen, und seine Automobile hatten maßgeblichen Einfluß auf die in kurzer Zeit errungene Spitzenstellung der französischen Automobilindustrie. Mors war bekannt für leistungsfähige Sportwagen, die sich in Renneinsätzen bestens bewährt hatten. Import und Vertrieb dieser Marken waren ein kluger und kaum risikobehafteter Schachzug für die von Charles S. Rolls neu etablierte Londoner Autohandlung.

Er erweiterte in kurzer Zeit das Angebot um dampfbetriebene Gardner-Serpollet und die aus Belgien stammende Nobel-Marke Minerva. Aus der Schweiz importiert wurde ein Fahrgestell für Busse und Lastwagen, die unter dem Namen Rolls angeboten werden sollten. Es läßt sich nicht nachprüfen, ob auch nur eines abgesetzt werden konnte. Die anderen Produkte des neuen Händlers dagegen erfreuten sich reger Nachfrage. Der Betrieb florierte vom Zeitpunkt der Gründung an, obwohl die Preise in einer Höhe angesiedelt waren, die nur wohlhabenden Kunden den Erwerb und Unterhalt dieses neuartigen Transportmittels möglich machte.

Das Tagesgeschäft lag in den Händen von C. G. Johnson, was Charles S. Rolls hinreichend Zeit ließ, Autorennen zu bestreiten und als Ballonfahrer zu dem kleinen Kreis der frühen »Aeronauten« zu stoßen. Dabei ging er an den Ballonsport mit dem gleichen Mut, der ihn bei Autorennen auszeichnete, und errang eine vergleichbare Spitzenstellung. Die Anerkennung, die ihm zuteil wurde, strahlte auch auf die von ihm vertretene Firma aus, die zudem von seiner Herkunft profitierte, die ihm Zutritt zu den vornehmsten Kreisen der Hauptstadt gewährte.

Sein Verkaufsprogramm ließ allerdings ein britisches Angebot missen. Dies war kein geringes Manko angesichts des Hochgefühls für Nationalismus und Patriotismus. Charles S. Rolls war bemüht, dem Angebot ein Automobil hinzuzufügen, das komplett in England hergestellt worden war. Ein nahezu aussichtsloses Unterfangen, weil nur ganz wenige Erzeugnisse britischer Provenienz gut genug waren, um als wettbewerbsfähig zu gelten. Und diese, wie etwa Napier und Lanchester, waren bereits mit Vertretungen etabliert.

Zusammenschluß von Rolls und Royce

Wie bereits geschildert, wird Charles S. Rolls den ersten Royce 10 H. P. während der »Sideslip Trials« des Automobile Club of Great Britain and Ireland kennengelernt haben. Als Henry Edmunds ihm vorschlug, den Ingenieur zu besuchen, der diesen Wagen geschaffen hatte, stieß er deshalb auf keinen großen Widerstand. Am 4. Mai 1904 begab sich Charles S. Rolls nach Manchester, wo er mit F. Henry Royce während eines Mittagessens im Midland Hotel erörterte, in welcher Weise eine Zusammenarbeit zwischen dem Londoner Autohaus und dem Autobauer aus Manchester realisierbar wäre. Beide Gesprächspartner verstanden sich auf Anhieb, denn es stellte sich heraus, daß nicht allein bezüglich Automobilen gemeinsames Interesse bestand. Charles S. Rolls hatte seine Eltern schon vor der Jahrhundertwende veranlaßt, auf dem Schloß The Hendre einen Generator installieren zu lassen, der das Haus mit elektrischem Strom versorgte. Er war also kenntnisreich auch auf

Charles Stewart Rolls und sein »Fuhrpark« im Jahre 1898. Seine Automobile sind unverkennbar noch »pferdelose Kutschen«.

Charles Stewart Rolls and his motor collection in 1898. His cars are clearly recognizable as »horseless carriages«.

Die Entstehung von Rolls-Royce

Auf der Olympia Show des Jahres 1905 stellten C. S. Rolls & Co. die Fahrzeuge von Rolls-Royce aus. Rechts ein Rolls-Royce 15 H. P. mit Ölfangwanne unter dem Motor, links ein Rolls-Royce 30 H. P. als Open Drive Limousine.

C. S. Rolls & Co. exhibited the motor cars from Rolls-Royce at the Olympia Show 1905. Right a Rolls-Royce 15 H. P. with oil-sheet under the engine, left a Rolls-Royce 30 H. P. Open Drive Limousine.

dem Gebiet, dem bis dahin alles Trachten von F.H. Royce gegolten hatte. Die beiden Gesprächspartner gewannen schon während der Unterredung die Gewißheit, eine Zusammenarbeit sei erstrebenswert. Für den auf dem Automobilsektor völlig unbekannten F. Henry Royce öffnete sich ein Vertriebsweg, den er selber auch mit aller Anstrengung nicht hätte erschließen können. Für Charles S. Rolls bot sich an, Automobile bester Verarbeitung zu erhalten, die zu hundert Prozent britisch waren und auf deren Konzeption er Einfluß nehmen konnte.
Als Vorbehalt machte er geltend, daß der Royce 10 H.P. lediglich zwei Zylinder aufwies, seine Kunden Motoren mit vier Zylindern den Vorrang gaben, weil diese laufruhiger und kraftvoller arbeiteten. Dieser Einwand verlor aber an Gewicht, weil F. Henry Royce versicherte, als nächste Projekte Automobile mit drei oder vier und sogar mit sechs Zylindern bauen zu wollen. Eine kurze Probefahrt mit dem Royce 10 H.P. im Anschluß an das Essen beseitigte zudem die letzten Zweifel bezüglich der Eignung des Royce 10 H.P., denn hier lief ein Zweizylinder-Fahrzeug so ausbalanciert, wie man es sonst nur an Mehrzylinderfahrzeugen beobachten konnte.
Eine spätere Probefahrt überzeugte auch C.G. Johnson, und drei Monate nach dem ersten Treffen wurde ein Vertrag aufgesetzt, dessen Vereinbarungen C.S. Rolls & Company den Vertrieb der gesamten Automobilproduktion der Royce Ltd. übertrugen. Erst als der Vertrag im Dezember 1904 unterzeichnet wurde, kam als Ergänzung ein Passus, der den Namen der Automobile betraf. Gewählt wurde die Bezeichnung Rolls-Royce.
Zunächst blieben beide Unternehmen auch getrennt, erst mit der Vergrößerung der Firma im Jahre 1906 unter dem Namen Rolls-Royce Ltd. gingen C.S. Rolls & Company in dem neuen Unternehmen auf. Die Fabrik für Elektrobedarf bestand dagegen als eigenständige Royce Ltd. bis 1933 und wechselte erst nach dem Tod des Gründers in andere Hände.

Frühe Motorfahrzeuge von Rolls-Royce

An die Öffentlichkeit trat die Marke auf dem Pariser Autosalon im Dezember 1904. Fieberhafte Arbeit war diesem Termin vorausgegangen, denn ausgestellt wurden zwei Rolls-Royce 10 H. P., davon ein Automobil komplett und ein speziell präpariertes Fahrgestell, ein Rolls-Royce 20 H. P., ein Rolls-Royce 15 H. P. als Fahrgestell, aber ohne Motor und der erste fertiggestellte Sechszylindermotor für den Rolls-Royce 30 H. P. Für einen Neuanfänger war die Produktion einer ganzen Modellpalette ein ambitioniertes Vorhaben. Welcher Aufwand betrieben worden war, läßt sich daran erkennen, daß der Rolls-Royce 10 H. P. über eine komplett neuentwickelte Maschine verfügte. Sie wies im Gegensatz zu der des Royce 10 H. P. eine neue, dreifach gelagerte Kurbelwelle mit erheblich verbesserter Schmierung auf. Standardisierung war die Erklärung, warum trotz knapper Zeit das Programm verwirklicht werden konnte. Die Abmessungen der Zylinder waren bei allen Modellen mit Ausnahme des dreizylindrigen Rolls-Royce 15 H. P. gleich. Darum zeigten alle Motoren identische Kolben, Ventile, Ölpumpen und so weiter. Die Zylinder waren paarweise zusammengegossen. Der Vierzylindermotor bestand aus zwei zusammengefügten Zweizylindermotoren, für den Sechszylindermotor war ein weiteres Zylinderpaar angesetzt worden. Die Beschränkung auf baugleiche Teile für unterschiedliche Motorversionen sparte Kosten und Zeit bei der Fabrikation.
Erstmals stellten die neuen Rolls-Royce mit dem an eine griechische Tempel-Fassade erinnernden Kühler auch ein Merkmal vor, das zum Markenzeichen der Firma wurde. Die ineinander verschlungenen RR tauchten erst einen Monat später auf, auf der Titelseite des ersten Katalogs, mit dem C. S. Rolls & Company ab Januar 1905 warben. Dieser Katalog gibt Auskunft, mit welchem Einsatz und Nachdruck Charles S. Rolls die mit seinem Namen verbundenen Automobile in den Markt einführte. Als Anschrift des Hauses taucht erstmals 14–15 Conduit Street, Regent Street, London, auf; Geschäftsräume, die bis heute im Besitz der Firma blieben. Die Rolls-Royce werden angeboten als Fahrgestell mit Motor, und die Kundschaft erhält den Hinweis, empfehlenswert als Karosseriebauer sei die Firma Barker. Barker erfreute sich höchster Reputation und war als Kutschenbauer zu Zeiten Queen Annes im Jahre 1710 gegründet worden. Die Beschreibung der Bedienungsfreundlichkeit der Fahrzeuge reizt zum Schmunzeln. Sie erfolgt mit dem Hinweis »jeder Narr kann sie fahren«.
So schnell, wie Charles S. Rolls und C. G. Johnson die Rolls-Royce verkauften, konnte die Royce Ltd. die

Rolls-Royce 15 H. P., Baujahr 1905, Chassis-Nr. 26330. Den Side Entrance Tonneau von Barker steuert ein Gentleman im Kilt. Das erklärt sich aus den Eigentumsverhältnissen: Der Rolls-Royce 15 H. P. gehört dem Königlich-Schottischen Automobilclub.

The Side Entrance Tonneau by Barker handled by a Gentleman wearing a kilt. This is explained by the ownership of the Rolls-Royce 15 H. P. which belongs to the Royal Scottish Automobile Club.

Die Entstehung von Rolls-Royce

Charles Stewart Rolls mit einem Rolls-Royce 20 H. P. auf dem Weg zum Sieg in der Tourist Trophy des Jahres 1906.

Charles Stewart Rolls with his Rolls-Royce 20 H. P. on his way to winning the Tourist Trophy 1906.

geforderten Automobile gar nicht produzieren. So wurden vom Rolls-Royce 10 H. P. statt der vorgesehenen Stückzahl von 20 bis zum Jahre 1906 nur 16 Exemplare fertiggestellt. Der Rolls-Royce 15 H. P. kam nur auf sechs Exemplare. Sein Dreizylindermotor erwies sich als nicht ganz problemlos, denn das Laufverhalten zeigte sich unbefriedigend. Unvorteilhaft war dazu der unangemessen hohe Aufwand, weil der Motor nicht die Standardabmessungen der übrigen Modelle aufwies, sondern mit einzeln gegossenen Zylindern auf einem extra entworfenen Kurbelgehäuse hohe Werkzeugkosten bedingte. Es dauerte bis zum Spätsommer 1905, bevor der erste Rolls-Royce 15 H. P. zur Auslieferung kam.

Der von Charles S. Rolls versorgte Kundenkreis gab in der Mehrheit stärker motorisierten Automobilen den Vorzug und entschied sich für die Anschaffung von Rolls-Royce 20 H. P. und Rolls-Royce 30 H. P. Letzterer war mit sechs Zylindern eine Entwicklung, mit der nicht allein Rolls-Royce, sondern die gesamte Automobilindustrie noch im Pionierstadium steckte. Ein heikles Problem stellte sich mit den Torsionsschwingungen der mit wachsender Baulänge der Motoren immer empfindlicher reagierenden Kurbelwellen. Ein Bruch der überlasteten Kurbelwelle hatte mit kompletter Zerstörung des Motors zudem erheblich üblere Folgen als der Defekt eines austauschbaren Teiles. Gewarnt durch Kurbelwellenbrüche bei Testläufen auf dem Motorenprüfstand, erwog F. Henry Royce noch sorgfältig verschiedene Maßnahmen und veränderte den Motor, um einen derartigen Schaden auszuschließen.

Die penible Sorgfalt, mit der F. Henry Royce jedem Fehler nachspürte und in Tests prüfte, ob sich eine von ihm gefundene Verbesserung auch in der Praxis bewährte, sicherte den Anspruch, ein herausragend gutes Automobil an die Kunden zu liefern. Kehrseite der Medaille war, daß die schon von den Räumlichkeiten in der Cooke Street und dem Mangel an versierten Facharbeitern vorgegebenen Engpässe noch verstärkt wurden durch häufige Verzögerungen, weil dem Chefingenieur eine Lösung nicht gut genug erschien. Charles S. Rolls bemängelte, er hätte dreimal so viele Automobile verkaufen können, wie geliefert wurden.

Wenn also Verkaufsförderung der Grund war, warum er als erster Teilnehmer seine Meldung abgab, als auf der Isle of Man 1905 ein Rennen stattfand, dann hatte er sich bereits zu diesem Zeitpunkt festgelegt, eine erhebliche Vergrößerung der Firma anzustreben. Ganz gewiß war seine Rennsportbegeisterung der Hauptgrund für die Nennung. Lord Raglan hatte als Gouverneur der auf halbem Weg zwischen England und Irland gelegenen Isle of Man das Rennen um die Tourist Trophy ausgeschrieben. Er nutzte den Vorteil der Insel, weil in England Automobilrennen durch die Verordnung, die 20 Meilen pro Stunde (ca. 32 km/h) als Höchstgeschwindigkeit festschrieb, unmög-

Der in Messing ausgeführte Kühler zeigt schon die typische Form.

The brass radiator already shaped in the classical form.

Die Zündverstellung unterhalb des Lenkrades gibt die Werte in Englisch als »Early« und »Late« und weicht damit von der Mode ab, die französischen Begriffe »Advance« und »Retard« zu übernehmen.

The ignition-control below the steering wheel used the English terms »Early« and »Late« and avoided the confusing French terms »Advance« and »Retard«.

Die Ölversorgung der Aggregate konnte über die Schaugläser kontrolliert und nötigenfalls korrigiert werden.

Glass tubes allowed control of the oiling of vital parts.

Die Instrumentierung besteht aus einem Tachometer, dessen Skala bei 30 Meilen pro Stunde (ca. 50 km/h) endet und einem Öldruckmesser.

Instrumentation consists of a speedometer limited to 30 mph, and an oil pressure gauge.

Holzspeichenräder mit dem Firmennamen auf der Radnabe.

Wooden spoked wheels with the company's name on the hub.

Die Anzeige für den Öldruck.

The oil pressure gauge.

Die seitliche Begrenzungsleuchte und die Ballhupe.

Opera lamp and horn.

Rolls-Royce 10 H. P., Baujahr 1905, Chassis-Nr. 20165.
Ein Zweizylindermotor sorgte beim ersten Modell von Rolls-Royce für den Vortrieb.

A two-cylinder engine powered the first model from Rolls-Royce.

Die Entstehung von Rolls-Royce

lich gemacht wurden. Die Tourist Trophy war für gebrauchstüchtige Automobile gedacht, die vier Plätze aufweisen mußten. Die Bestimmungen enthielten bezüglich des Kraftstoffverbrauchs eine Begrenzung.

Mit dem Rolls-Royce 20 H.P. war ein Automobil vorhanden, das für die Tourist Trophy wie geschaffen war. Charles S. Rolls setzte sich für den Start von zwei Modellen dieses Typs ein; eines von ihm selbst gesteuert, ein weiteres in den Händen von Percy Northey. Um seine Siegeschancen so hoch wie möglich zu schrauben, setzte er über seine C.S. Rolls & Company zusätzlich einen Minerva ein. Im Rennen selbst geriet er aber unmittelbar nach dem Start in Kalamitäten. In Hinblick auf die begrenzte Spritmenge rollte er einen Hügel im Leerlauf hinunter und ruinierte beim allzu abrupten Einkuppeln das Getriebe seines Wagens. Während er zu ergründen versuchte, ob sein Fahrfehler oder Sabotage für den Defekt verantwortlich seien, umrundete Percy Northey den Kurs mit der zweithöchsten Geschwindigkeit aller Teilnehmer und belegte hinter einem Arrol-Johnston den zweiten Platz. Er war geschlagen worden, weil er 0,2 mph (ca. 0,3 km/h) zu langsam war.

Auch der zweite Platz im ersten britischen Rennen durfte als Erfolg betrachtet werden, zumal für ein Unternehmen, das erst im Jahr zuvor entstanden war. Es war der Lohn der präzise vorgenommenen Testfahrten, bei denen Charles S. Rolls zahlreiche Erkenntnisse gewonnen hatte, deren Berücksichtigung zu Änderungen an den für den Wettbewerb vorgesehenen Fahrzeugen führte. So verfügten diese aus Gründen der Gewichtsreduzierung über ein Fahrgestell und Achsen aus Nickelstahl. Statt eines Dreiganggetriebes kam eines mit vier Gängen zum Einsatz, in dem der dritte Gang die direkte Übersetzung darstellte und der vierte Gang einen drehzahlmindernden Overdrive. Der Erfolg blieb auch nicht ohne Einfluß auf C.G. Johnson, der die Überzeugung aufgab, sportliche Wettbewerbe seien für das Unternehmen wenig fruchtbringend. Seine Kehrtwendung war radikal, denn er meldete einen Rolls-Royce 30 H.P. für die Scottish Reliability Trials 1906 und fuhr den Wagen zu einem überlegenen Sieg. Im September 1906 fand sich auch Charles S. Rolls wieder auf der Isle of Man ein, um das zweite Rennen um die Tourist Trophy zu bestreiten. Erneut wurden zwei Rolls-Royce 20 H.P. eingesetzt, wobei wieder P. Northey das zweite Fahrzeug steuerte. Beide Fahrzeuge waren sorgfältig für die Aufgabe vorbereitet worden und verfügten als Neuerung über Drahtspeichenräder mit Schnellverschlüssen anstelle der im Vorjahr fest installierten Holzspeichenräder. Bei diesem Rennen hatte P. Northey das Pech, vorzeitig auszuscheiden, weil er eine Brükkeneinfassung streifte und die Vorderachse verbog. Charles S. Rolls dagegen fuhr einem ungefährdeten Sieg entgegen. Er erzielte eine Durchschnittsgeschwindigkeit, die fast sechs Kilometer höher lag als die seines nächsten Konkurrenten.

Mit der Verschiffung von zwei Automobilen in die USA betrat Charles S. Rolls im Dezember 1906 Neuland. Er nahm einen Rolls-Royce 20 H.P. mit und einen Rolls-Royce 30 H.P. Abgesehen von der Ausstellung der Rolls-Royce auf der New York Motor Show machte er Schlagzeilen, weil er in einem Fünf-Meilen-Sprintrennen auf dem Empire City Track von New York alle seine amerikanischen Konkurrenten schlug. Der Erfolg führte zur Einrichtung einer Agentur in New York als erste Auslandsniederlassung.

C.G. Johnson nutzte jede Möglichkeit, die Erfolge von Rolls-Royce in der Presse herauszustellen. Neben der Schaltung von Anzeigen führte er interessierten Journalisten in immer anspruchsvoll durchdachten Probefahrten die Vorzüge der Marke vor. Er war treibende Kraft, die Firma zu erweitern, und traf in der Anfangsphase nur eine Fehlentscheidung. Er veranlaßte F. Henry Royce zum Bau des Rolls-Royce

Rolls-Royce 30 H.P. Der Brougham von Barker war mit einem Preis von 950 £ im ersten Katalog von C.S. Rolls & Co. aufgeführt.

The first catalogue of C.S. Rolls & Co. gave a price of £ 950 for this Brougham by Barker.

Legalimit. Dabei handelte es sich um ein Fahrzeug mit Achtzylindermotor in V-Anordnung. Es sollte so leise sein, daß es von einem elektrisch angetriebenen Stadtwagen nicht zu unterscheiden sein würde. Zudem sollte die Getriebeübersetzung eine Überschreitung der erlaubten Höchstgeschwindigkeit (= legal limit) von 20 Meilen pro Stunde konstruktionsbedingt vereiteln. Die Aufgabe lud zusätzliche Anstrengung auf die belasteten Schultern von F. Henry Royce, dessen gesundheitlicher Zustand durch die seit vielen Jahren nicht beachtete Überarbeitung stark angegriffen war. Außerdem war das Projekt fragwürdig angesichts der ständig wachsenden Leistungsanforderungen an Automobile. Obwohl die Technik des V8-Motors mit einigen brillanten Lösungen aufwartete, entstanden nur drei derartige Fahrzeuge, und es handelt sich um das einzige Modell in der Firmengeschichte von Rolls-Royce, von dem kein Exemplar mehr existiert.

Es waren gewaltige Anstrengungen erfolgt, um innerhalb von zwei Jahren die Marke zu etablieren. Mit seinem an Besessenheit grenzenden Arbeitseifer hatte F. Henry Royce in kurzer Zeit fünf Automodelle vom Entwurf über Prüfungsphasen bis zur Herstellungsreife entwickelt. Mit ebenbürtiger Hingabe hatte Charles S. Rolls dem Namen Rolls-Royce Publizität verschafft und über Verkaufserfolge die wirtschaftliche Grundlage sichergestellt.

Die Gegebenheiten in der Fabrik in der Cooke Street in Manchester waren aber völlig unzureichend, um entsprechend der Nachfrage genügend Automobile zu produzieren. Arbeitskräfte und Material wurden zum Teil bei der Herstellung von Elektroartikeln abgezogen. Die räumliche Enge kennzeichnet am deutlichsten die Tatsache, daß F. Henry Royce kein Büro besaß, sondern seinen Arbeitsbereich in einer Ecke der Werkstatthalle eingerichtet hatte.

Mit der Paarung von Energie und Umsicht, die alle seine Handlungen auszeichnete, setzte sich Charles S. Rolls für eine Verbesserung ein, bei der ein von Grund auf für die Automobil-Fertigung konzipiertes Werk entstehen sollte. Mit der finanziellen Deckung durch eine kräftige Kapitalerhöhung und geplant von F. Henry Royce entstand 1906 und 1907 die modernste Automobil-Fabrik Großbritanniens. Sie verfügte als erste über eine werkseigene Teststrecke und einen Maschinenpark für die präzis maßhaltige Fertigung von Teilen. Die Stadt Derby hatte für die Neuansiedlung Industriegelände zur Verfügung gestellt und einen langfristigen Kontrakt für die preisgünstige Versorgung mit elektrischer Energie angeboten.

Die neue Fabrik wurde Produktionsort für den Wagen, der den Grundstein legte für den nächsten Abschnitt der Firmengeschichte.

Rolls-Royce »Legalimit«, Baujahr 1905. Eine Motorkonstruktion als V8 war 1905 unerhört modern. Wegen der unakzeptablen Beschränkung auf die (eigentlich gesetzlich vorgeschriebene) Höchstgeschwindigkeit von 20 mph (ca. 30 km/h) fanden sich kaum Abnehmer für diese Art Automobil.

A V8-engine was extremely modern in 1905. As the car did not exceed the (legal) speed limit of 20 mph there were less than a handful of customers for this type of car.

Rolls-Royce Silver Ghost

Auf der Londoner Olympia Show wurde im November 1906 ein neues Modell von Rolls-Royce ausgestellt. In Chassis-Form, also als Fahrgestell mit Motor, präsentierte der Stand von C. S. Rolls & Co. das erste Exemplar des Typs, der als Rolls-Royce Silver Ghost berühmt werden sollte. Bei der Vorstellung trug der Typ allerdings nicht den Namen Rolls-Royce Silver Ghost, sondern die Bezeichnung Rolls-Royce 40/50 H. P. Die Zahlenangaben bezogen sich auf die PS-Stärke (H. P. = horsepower) entsprechend der Steuerformel, deren Berechnung 40 PS ergab, und tatsächlich verfügbarer Leistung, die mit 50 PS angegeben wurde. Der Name Rolls-Royce Silver Ghost ist eine Schöpfung von C. G. Johnson und fand sich zunächst nur auf einem Namensschild an einem Vorführfahrzeug. Weil schon während der Produktionszeit dieser Name stärkere Verbreitung für den Fahrzeugtyp fand als die vom Werk gewählte Bezeichnung, wurde er für alle Fahrzeuge übernommen. Dies geschah nach einer angemessenen Frist – bei der Vorstellung des Nachfolgers 1925.

Das Ausstellungsstück auf der Olympia-Show zeigte sich mit abgeschraubter Ölwanne, und ein unter der Antriebseinheit plazierter Spiegel lud zur genauen Inspektion der Motorkonstruktion ein. Sie erwies sich als ein Meilenstein in der Entwicklung von Sechszylindermotoren, denn F. Henry Royce hatte mit Akribie all die Schwachpunkte ausgemerzt, die bisher der Verbreitung dieser Motorkonfiguration hinderlich gewesen waren.

Gegenüber dem vorher produzierten Rolls-Royce 30 H. P., dessen Motor mit ebenfalls sechs Zylindern wohl zum Besten gehörte, was bis dahin konzipiert worden war, zeigten sich neben einer Hubraumvergrößerung von 6177 ccm

Die Entstehung von Rolls-Royce

auf 7036 ccm zahlreiche Fortschritte, die dem neuen Triebwerk eine Sonderstellung einräumten.
Der Motor des Rolls-Royce Silver Ghost verfügte über zwei Zylinderblöcke mit je drei Zylindern, deren Zylinderköpfe nicht abnehmbar waren. Abdeckplatten ermöglichten den Zugang zu den Ventilen und die Einstellung der Stößel. Ein Indiz für Gedanken an Erleichterung später notwendig werdender Wartungsarbeiten, die bei anderen Herstellern noch nicht im Vordergrund standen.
Die Zylinderblöcke waren auf einem gemeinsamen Kurbelgehäuse verschraubt. In diesem Kurbelgehäuse drehte sich in sieben Lagern, die mehr als doppelt so stark dimensioniert waren wie beim Rolls-Royce 30 H. P., die Kurbelwelle. Sie war gegenüber dem Vorgängermodell kräftiger und deutlich kürzer ausgelegt. Die geringere Baulänge war das Resultat, weil nur noch zwei Zylinderblöcke aneinandergefügt waren. Diese Verringerung bedingte im Verein mit dem stärkeren Durchmesser, daß die gefürchteten Torsionsschwingungen nicht mehr zum Kurbelwellenbruch führen konnten. F. Henry Royce beharrte fanatisch auf perfekter Arbeitsausführung und ließ die Kurbelwellen mit höchster Sorgfalt auswuchten. Schleifspuren wurden von Hand auspoliert. Die gleichen Maßstäbe setzte er für den Nockenwellenantrieb, der über Zahnräder erfolgte. Für diese Aufgabe eine Steuerkette vorzusehen, verurteilte der Ingenieur als Eingeständnis von Konstrukteuren, die bessere zugunsten der billigeren Lösung verworfen zu haben. Wie schon bei dem – zum Teil zeitgleich mit dem Rolls-Royce Silver Ghost gebauten – V8-Motor des Rolls-Royce Legalimit kam eine Druckumlaufschmierung für den Ölkreislauf zum Einsatz. Sie machte Schluß mit der Batterie von handbedienten Ölpumpen, die an der Spritzwand der meisten anderen Automobile noch den Stand einer überholten Technik demonstrierten.
Bezüglich der Gemischaufbereitung erzielte F. Henry Royce eine ebenso überzeugende Lösung wie hinsichtlich der mechanischen Komponenten. Er entwickelte einen Vergaser mit separater Leerlaufdüse, der den Motor in jedem Betriebszustand optimal versorgte. Die Verbrennung des Gemischs wurde durch zwei Zündkerzen pro Zylinder sichergestellt, die jeweils einem eigenen Zündsystem angeschlossen waren.
Eine lederbelegte Konuskupplung bildete die Verbindung zwischen Motor und Getriebe. Letzteres war als Vierganggetriebe gebaut, dessen dritter Gang direkt und dessen vierter Gang als drehzahlmindernder Overdrive ausgelegt waren. Dieses Prinzip wurde übernommen von den im Tourist Trophy-Rennen des gleichen Jahres erfolgreichen Rolls-Royce 20 H.P. Eine Kardanwelle sorgte für die Kraftübertragung auf die Hinterachse.
Das Fahrgestell wies einen deutlich längeren Radstand auf als der bisher produzierte Rolls-Royce 30 H. P. und bot damit die Basis für große, geräumige, luxuriös ausgestattete Aufbauten, wie sie in Mode zu kommen begannen. Solide Verstrebungen stellten sicher, daß Verwindungen die Stabilität der Karosserien nicht zu beeinträchtigen vermochten. Der Motor war in einem Hilfsrahmen montiert und der Kühler flexibel gelagert, um jegliche Übertragung von Vibrationen zu unterbinden.
Zu ermessen ist der Abstand zwischen der Spitzenstellung des Rolls-Royce Silver Ghost und den konkurrierenden Herstellern mit vergleichbarem Angebot nur, wenn deren Produkte näher betrachtet werden. Die Daimler Motor Compa-

Rolls-Royce Silver Ghost, Baujahr 1912, Chassis-Nr. 1853. Der Aufbau als Tourer entstand unter den Händen des Eigners E. Rainsford (AUS). 1977 nahm der Wagen im Schloß Windsor an der Parade zu Ehren des 25jährigen Regierungsjubiläums I. M. Königin Elisabeth II. teil.

The tourer-body constructed by the owner E. Rainsford (AUS). In 1977 this Rolls-Royce paraded through Windsor Castle's inner quadrangle in honour of H. M. Queen Elizabeth II's Silver Jubilee.

ny zum Beispiel war seit 1900 Lieferant des britischen Königshauses und baute ohne Zweifel Fahrzeuge, die hohen Ansprüchen genügen sollten. Sie war aber außerstande, ihre neuentwickelten Sechszylindermodelle abzusetzen, weil Kurbelwellenschwingungen nicht verhindert werden konnten. Erst der für Daimler von Dr. Frederick Lanchester entwickelte Kurbelwellenschwingungsdämpfer behob das Problem. Die gleiche Lösung hatte F. Henry Royce bereits vorher unabhängig von Dr. F. Lanchester gefunden. Nachdem Testläufe die Eignung bewiesen hatten, kam er beim Rolls-Royce Silver Ghost zum Einbau. In einem Gentlemen's Agreement kamen F. Henry Royce und Dr. Lanchester überein, Rolls-Royce würde das Dr. Lanchester erteilte Patent nicht anfechten und umgekehrt sollten keine Forderungen auf Lizenzzahlungen gestellt werden. Ebenfalls am Beispiel Daimler läßt sich eine Problematik der Vergaserjustierung aufzeigen: Der Vergaser wurde gesteuert über eine Kombination von manueller Verstellung am Lenkrad und Zwangssteuerung entsprechend der Motordrehzahl. Genauso kompliziert, wie es zu erklären ist, funktionierte das System. Es wohnte ihm dazu ein großes Gefahrenmoment inne, weil bei Bergabfahrten die hohe Motordrehzahl aufrechterhalten und gelegentlich gesteigert wurde, so daß die Bremsen sowohl mit dem Fahrzeuggewicht wie mit dem ungeminderten Vortrieb des Motors überfordert waren.

Die Kardanwelle als Mittel der Kraftübertragung, wie sie beim Rolls-Royce Silver Ghost Verwendung fand, galt vielen Konstrukteuren als untauglich für Fahrzeuge mit starken Motoren. Es gab einen lebhaften Streit, ob nicht der Kettenantrieb vorzuziehen sei, der zudem angeblich geringeren Reifenverschleiß verursachte. Während einer Nonstopfahrt unter Aufsicht des Royal Automobile Club hatte ein Siddeley, bei dem die Kraft mittels Ketten von seitlich angebrachten Zahnrädern auf die Hinterräder übertragen wurde, auf ungefähr 11 000 km immerhin nur zwei Paar Ketten und Antriebszahnräder verschlissen. Zudem hatte ein Satz Reifen im Durchschnitt etwa 1000 km ausgehalten.

Skeptische Stellungnahmen waren am besten zu widerlegen durch überzeugende Beweise, die Zweifel hinsichtlich der Leistungsfähigkeit ausräumten. C. G. Johnson bewies sein besonderes Gespür für Publicity-wirksame Maßnahmen, indem er in einer Reihe von aufse-

Die Vorstellung des Rolls-Royce Silver Ghost erfolgte 1906 auf der Olympia Motor Show. Der Stand von C. S. Rolls präsentierte eine Rolls-Royce 30 H. P. Open Drive Limousine (vorne links), eine Rolls-Royce 30 H. P. Pullmann Limousine (hinten rechts) und das erste Fahrgestell mit Motor des neuen Rolls-Royce 40/50 H. P., wie er zunächst genannt wurde, im Vordergrund rechts. Deutlich zu sehen die abgenommene Ölwanne und der unter dem Motor plazierte Spiegel.

First exhibition of the Rolls-Royce Silver Ghost was at the 1906 Olympia Motor Show. C. S. Rolls's stand showed one Rolls-Royce 30 H. P. Open Drive Limousine (front left), one Rolls-Royce 30 H. P. Pullmann Limousine (background right) and chassis cum engine of the new Rolls-Royce 40/50 H. P., as it was known at that time, in the foreground right. In front of the chassis the oil sump and a mirror underneath the engine for better inspection.

Die Entstehung von Rolls-Royce

henerregenden Aktionen die besonderen Qualitäten des neuen Rolls-Royce demonstrierte. Er bediente sich dafür eines schon vom äußeren Eindruck her bestechenden Vorführfahrzeuges.
Das zwölfte (nicht das dreizehnte, wie sonst immer angegeben) Fahrgestell des Rolls-Royce Silver Ghost wurde poliert und erhielt einen Aufbau als offener Tourenwagen mit aluminiumfarbener Lackierung. Alle üblicherweise vernickelten Teile wie Kühler, Lampen, Spiegelhalter und Scheibeneinfassungen wurden massiv versilbert. Eine dunkelgrüne Lederpolsterung mit Knopfheftung harmonierte aufs Beste mit der eleganten Linie der Karosserie, die als Roi-de-Belges ausgeführt war. Roi-de-Belges war eine Bezeichnung, die Bezug nahm auf einen Karosserieentwurf, der dem belgischen König zugeschrieben wurde; mit der hinter vorgehaltener Hand geäußerten Ergänzung, er habe ihn erstmals für eine Geliebte realisieren lassen.
Ein über der Motorhaube angebrachtes Schild nannte den Namen des Wagens: »The Silver Ghost«. Zunächst trug nur dieses einzelne Auto diesen Namen. Weil er in fast allen Reportagen veröffentlicht wurde, setzte er sich als Bezeichnung für die ganze Modellserie durch.
Der Wagen leistete, was sein aufsehenerregendes Äußeres versprach, und überzeugte in einer Reihe von Testfahrten. Als Auftakt absolvierte er im Mai 1907 eine Tour über 2000 Meilen ohne jede Panne, und bei der unmittelbar anschließenden Prüfung durch Sachverständige des Royal Automobile Club konnten weder Verschleiß noch verborgene Defekte festgestellt werden. Einen Monat später setzte der Rolls-Royce Silver Ghost an zu einer Nonstopfahrt über 15000 Meilen. Zwar ergab sich nach einigen hundert Meilen ein unfreiwilliger Halt, weil ein Hahn in der Benzinleitung in die Verschlußposition geriet, mit einer Strecke von mehr als 14000 Meilen ohne unfreiwilligen Halt wurde aber anschließend der bis dahin bestehende Rekord um mehr als das Doppelte überboten. Die Fahrt hatte unter Aufsicht von Prüfern des Royal Automobile Club stattgefunden und auch sehr schwierige Wegabschnitte im schottischen Hochland nicht ausgelassen.
Die komplette Zerlegung des Wagens ergab, daß weder der Motor noch die Kraftübertragung irgendwelche Spuren meßbaren Verschleißes aufwiesen. Die Reifen hatten durchschnittliche Fahrleistungen von mehr als 4000 km absolviert. Lediglich im Lenkgestänge ließ sich etwas Spiel feststellen, und C.G. Johnson bestand darauf, Lenkhebel und Achsschenkelbolzen zu wechseln, um den Wagen in neuwertigen Zustand zu versetzen. Der Preis der Ersatzteile, deren Tausch die Prüfer gar nicht gefordert hatten, belief sich auf zwei Pfund, zwei Shilling und sieben Pence. Die belanglos niedrigen Instandhaltungskosten paßten nahtlos zu den günstigen Kraftstoff-Verbrauchswerten. Das Urteil der Prüfer lautete, der Rolls-Royce Silver Ghost sei in seiner Klasse in der Qualität nicht zu überbieten und in den Unterhaltskosten nicht zu unterbieten. Er hatte die Prüfung blendend bestanden.

Charles Stewart Rolls im Fahrersitz seines Balloon Cars. Im Betrieb von H. J. Mulliner war die Karosserie entstanden, die Staufläche für einen Ballon bot. Es handelt sich um einen mit dem Rolls-Royce Silver Rogue technisch identischen Wagen, dessen Motor mehr Leistung erzeugte als beim Rolls-Royce Silver Ghost.

Charles Stewart Rolls in the driver's seat of his balloon car. The car is technically identical to the Rolls-Royce Silver Rogue, whose engine produced more power than that of the Rolls-Royce Silver Ghost.

Links:
Die Namensplatte unter der Windschutzscheibe trägt die Bezeichnung »The Duchess« – so nannte Rudyard Kipling seinen Rolls-Royce.

The plate below the windscreen carries the title »The Duchess« – named by Rudyard Kipling who owned the car and who christened all his subsequent Rolls-Royces the same.

Rechts:
Die Vergaserseite des Motors im Rolls-Royce Silver Ghost.

The carburettor side of the Rolls-Royce Silver Ghost engine.

Ein weiteres Resultat der Nonstopfahrt war die Entscheidung des Royal Automobile Club, 15000 Meilen als Limit für solche Testfahrten festzusetzen, weil sie den Prüfern wegen des immensen Zeitaufwandes und der Eintönigkeit der routinemäßig wieder und wieder befahrenen Strecken recht unerquicklich erschienen.
Die Überlegenheit, mit der der Rolls-Royce Silver Ghost die Prüfungsanforderungen übertroffen hatte, fand eingehende Würdigung in ausführlichen Berichten in allen Publikationen der Motorpresse, und damit waren alle Kritiker zum Schweigen gebracht, und eine Flut von Bestellungen folgte.
Bis zur Fertigstellung der im Bau befindlichen neuen Fabrik war aber die ab September 1907 einsetzende Produktion auf vier Fahrzeuge pro Woche beschränkt. Erst mit der Eröffnung der Rolls-Royce-Werke in der Nightingale Road in Derby konnte mehr produziert und das Kundeninteresse befriedigt werden. Die Eröffnung fand am 9. Juli 1908 statt und wurde von Lord Montagu of Beaulieu vorgenommen, einem Freund von Charles S. Rolls und Herausgeber der frühesten britischen Auto-Illustrierten.
Im neuen Werk konzentrierte sich die Arbeit auf den Rolls-Royce Silver Ghost; die Produktion der anderen Modelle wurde eingestellt. Die Entscheidung basierte zum Teil auf der Überlegung, daß sonst die Bestellungen für den Rolls-Royce Silver Ghost nicht bewältigt werden konnten. Es spielte aber auch eine Rolle, in welchem Maß der Bau und die Ausstattung der Fabrik den finanziellen Spielraum eingeengt hatten. Die Entwicklungskosten für neue Modelle konnten nicht zusätzlich bereitgestellt werden. Eine weitere Einschränkung ergab sich aus dem deutlich verschlechterten Gesundheitszustand von F. Henry

Die Entstehung von Rolls-Royce

Rolls-Royce Silver Ghost, Baujahr 1913, Chassis-Nr. 27NA. Der Roi de Belges von Hooper zeigt eine Polsterung in einer damals sehr gefragten Farbe »Victorian Mourning Colour«, der Trauerfarbe von Königin Victoria.

The interior of this Roi de Belges by Hooper shows the fashionable »Victorian Mourning Colour«.

Das Lenkgehäuse trägt das Firmenemblem.

The steering box shows the entwined RR.

V. l. n. r.: Hives (im Mantel), Platford, Parsons, Sinclair, Radley und Friese – das Team von Rolls-Royce für die Alpenfahrt 1913. Im Hintergrund ein Rolls-Royce mit auf dem – plombierten – Kühler montiertem Dampfseparator.

F. l. t. r.: Hives (with coat), Platford, Parsons, Sinclair, Radley and Friese – the Rolls-Royce team for the 1913 Alpine Rallye. In the background a Rolls-Royce Silver Ghost sporting on the top of the – sealed – radiator a steam separator.

Royce, der dringend der Schonung bedurfte und mit Entwicklungsvorhaben zum Rolls-Royce Silver Ghost bereits an der Grenze seiner persönlichen Leistungsfähigkeit operierte.

Mit dem Ziel höherer Leistungsausbeute entwickelte F. Henry Royce auf der Basis des Motors aus dem Rolls-Royce Silver Ghost ein Triebwerk mit im Zylinderkopf statt seitlich im Block liegender Nockenwelle. 70 PS Leistung standen als Ergebnis seiner Bemühungen zur Verfügung, aber die Laufruhe des Basistriebwerks konnte nicht erreicht werden. Nur vier Automobile mit dem modifizierten Motor entstanden. Eines davon diente mit elegantem, zweisitzigen Speed-Model-Aufbau ab 1908 Charles S. Rolls vornehmlich für den Transport seines Ballons und später als Zugfahrzeug für einen Anhänger, auf dem er sein Flugzeug beförderte. Mehr und mehr konzentrierte sich das Interesse des Mit-Namensgebers der Firma nämlich auf das Fliegen mit den von den amerikanischen Brüdern Wright erfundenen Motor-Flugzeugen. Die anderen Fahrzeuge mit 70-PS-Motor wurden für Wettbewerbszwecke verwendet und als Testfahrzeug eingesetzt. Obwohl auf einer Motor-Show der Öffentlichkeit als Rolls-Royce Silver Rogue vorgestellt, blieb diesem Typ damit der Weg in die Hände des Publikums verschlossen.

Eine bemerkenswerte Änderung zeigte sich ab 1909 mit einem von 7036 ccm auf 7428 ccm vergrößerten Hubraum, der über einen längeren Hub erzielt wurde. Eine größere Bohrung kam nicht in Frage, wobei technische Überlegungen nicht maßgeblich waren, sondern steuerliche Gesichtspunkte. Die Motorleistung, zu jener Zeit Basis für die Festsetzung der Kraftfahrzeugsteuern, wurde mit Hilfe einer Formel ermittelt, die die Bohrung berücksichtigte und den Hub außer acht ließ. Eine zweite Änderung betraf das Getriebe, welches nur noch als Dreiganggetriebe mit direkter Übersetzung im dritten Gang zum Einbau kam. Die Straßenverhältnisse befanden sich noch in einem Zustand, der den Einsatz des Overdrive nur selten rechtfertigte. Zudem gingen Schaltvorgänge bei den nicht synchronisierten Getrieben nur in sehr seltenen Fällen zügig und geräuschlos vonstatten. Die Bezeichnung des Getriebes als »Crash-Box« verdeutlicht die Bewertung durch die Autofahrer. Geschätzt wurde der Rolls-Royce Silver Ghost vor allem deshalb, weil er gestattete, auch an verhältnismäßig starken Steigungen noch im zweiten Gang anfahren zu können, um dann unmittelbar in den dritten Gang zu wechseln. Danach brauchte nicht mehr heruntergeschaltet zu werden, weil die Motorabstimmung auch bei Drehzahlen um 300 U/Min. noch für Vortrieb sorgte und beim erneuten Beschleunigen der Motor spontan und ruckfrei ansprach.

Mit wachem Sinn für die Gegebenheiten erkannten Charles S. Rolls und C. G. Johnson, wie mangelhaft viele Chauffeure mit dem Automobil nur umzugehen verstanden. Nicht verwunderlich angesichts der in besseren Häusern üblichen Praxis, den bisher als Kutscher beschäftigten Hausdiener als Chauffeur einzusetzen. Dabei ergaben sich Situationen wie die, wo ein Chauffeur einen Rolls-Royce Silver Ghost nach dem Erklimmen eines steilen Hügels in einen neben der Straße gelegenen Teich steuerte.

Die Entstehung von Rolls-Royce

Mit dem Vierspänner, für den er vorher zuständig war, hatte er es ebenso gehalten, um den angestrengten Pferden eine Abkühlung zu gewähren. Nicht allein die in Lohn stehenden Chauffeure bedurften einer eingehenden Unterweisung; viele selbststeuernde Herrenfahrer wiesen einen vergleichbaren Mangel an Kenntnissen im Umgang mit motorisierten Fortbewegungsmitteln auf. Nach längerer Planung richtete Rolls-Royce eine werkseigene Fahrschule ein, die im Oktober 1910 den ersten Lehrgang anbot. Ausschlaggebend war ein Erlebnis von C.G. Johnson bei einem Kundenbesuch. Von der Pflege, die der Chauffeur dem Rolls-Royce angedeihen ließ, war er sehr angetan, von den unbedacht riskanten Fahrmanövern jedoch zu Tode geängstigt worden. Mit diplomatischem Geschick wurden die Eigentümer darauf hingewiesen, daß der Besuch der werkseigenen Fahrschule für Chauffeure unerläßlich und für Selbstfahrer höchst empfehlenswert sei. Die Idee erwies sich als fruchtbringend nicht allein für die Absolventen der Fahrlehrgänge in der Rolls-Royce Driver's School of Instruction, sondern auch für das Ansehen der Marke. Dies stieg mit dem hervorragenden Eindruck, den die pfleglich behandelten Fahrzeuge machten.

Einen ernsten Mißstand stellten überladene, weil nicht auf das Fahrwerk und die Motorleistung abgestimmte Karosserien dar. Verschlimmert wurde die Situation, sobald die unabhängigen Karosseriebauer nach eigenem Geschmack Bohrungen und Halterungen am Fahrwerk anbrachten, wenn dies für die Verankerung des Aufbaues notwendig erschien, ohne Fragen bezüglich der Stabilität des Chassis zu stellen. C.S. Rolls & Co. informierte die Käufer und die von die-

Rolls-Royce Silver Ghost, Baujahr 1911, Chassis-Nr. 1524. Die Karosserie wurde stiltreu vom Eigentümer C. Wright (AUS) selbst gebaut.

The owner C. Wright (AUS) built this body following traditional lines.

sen beauftragten Karosseriebauer über bestimmte Vorgaben, die bezüglich der Aufbauten einzuhalten seien. Auf Kosten von C.S. Rolls & Co. entwarf Montagu Graham-White, der sich mit Karosserieentwürfen für französische Hersteller einen Namen gemacht hatte, eine ganze Palette von Modellen, die von zweisitzigen Sportaufbauten bis zu Limousinen mit sieben Sitzen reichte. Seine Arbeit trug Früchte, denn bei Rolls-Royce waren Fahrgestell und Motor mit den von dritter Seite produzierten Aufbauten perfekt abgestimmt.

Eine hauseigene Fahrschule und die Betreuung bezüglich der Karosseriewahl waren Leistungen, die kein anderer Fahrzeugbauer der damaligen Zeit bot. Diese von den Käufern sehr wohl honorierten Anstrengungen wurden abgerundet durch ein Service-Angebot, das die ständige Einsatzbereitschaft der Automobile in der Hand der Kundschaft sicherte. Reisende Mechaniker besuchten die Kunden in regelmäßigen Abständen oder auf Anforderung und nahmen notwendige Einstell- und Korrekturarbeiten sowie Reparaturen direkt in der Garage vor. Ein solcher Werkskundendienst war nicht deshalb bemerkenswert, weil er besser als bei anderen Herstellern war, sondern weil er einzigartig war. Nur Rolls-Royce versorgte die eigenen Produkte in dieser Art und bot damit in jener Zeit eine völlig ungewöhnliche Dienstleistung.

Charles S. Rolls nahm vom Tagesgeschäft in dem Maß Abstand, in dem seine Leidenschaft für die Fliegerei wuchs. Er hatte in den USA die Gebrüder Wright kennengelernt und deren Leistungen im Bau motorisierter Flugzeuge als zukunftsweisend erkannt. Er unterstützte sie, als sie in Europa ihre Flugmaschinen vorstellten, und ließ sich für den eigenen Gebrauch einen Wright-Doppeldecker bauen. Als erster Mensch unternahm er einen Hin- und Rückflug über den Ärmelkanal, was eine Fülle von Ehrungen zur Folge hatte. Nur einen Monat nach diesem Erfolg, im Juli 1910, stürzte sein Flugzeug bei einer Flugschau in Bournemouth ab, und er erlag den schweren Schädelverletzungen, die er beim Aufschlag auf das Flugfeld erlitten hatte.

Im gleichen Jahr drohte die Firma auch den zweiten Gründer zu verlieren, denn der Gesundheitszustand von F. Henry Royce verschlechterte sich rapide. Nach dem Urteil seiner Ärzte war die Lebenserwartung auf höchstens drei Monate begrenzt. Mit brillantem Organisationstalent verhinderte C.G. Johnson den Verlust des Chefingenieurs der Firma. Er fand eine Lösung, wie F. Henry Royce als Konstrukteur weiterwirken konnte, ohne durch die Beanspruchung des Firmenbetriebes belastet zu werden. Zunächst bestand er darauf, F. Henry Royce habe nach seinem Zusammenbruch auch

Die Entstehung von Rolls-Royce

tatsächlich eine lange Erholungspause einzulegen. Er begleitete ihn auf einer Reise nach Ägypten und lud ihn anschließend in seine Villa an der Côte d'Azur ein. In dem Ort Le Canadel, wo neben C.G. Johnson etliche prominente Franzosen Häuser besaßen, gefiel es dem Rekonvaleszenten so gut, daß auch für ihn mit dem Bau einer Villa begonnen wurde. Bevor das Haus fertiggestellt war, trat eine gefährliche Verschlechterung des Gesundheitszustandes ein. F. Henry Royce mußte nach London gebracht werden und hatte sich einer schweren Operation zu unterziehen. Er überstand den chirurgischen Eingriff und erholte sich, blieb aber Halbinvalide und war für den Rest seines Lebens auf die Fürsorge einer Krankenschwester angewiesen.

Arbeiten konnte er nur noch in den Konstruktionsbüros, die in seinen Häusern eingerichtet wurden. Unterstützung erfuhr er von einem Stab von Ingenieuren und Zeichnern, die am gleichen Ort Quartier bezogen, und eine Flut von Briefen, Zeichnungen und Memoranden stellte den Kontakt mit dem Werk dar, ergänzt durch häufige Testfahrten. Für letztere wurden Rolls-Royce an die englische Südküste geschickt, wo F. Henry Royce die Sommermonate in seinem Haus in

Rolls-Royce Silver Ghost, Baujahr 1921, Chassis-Nr. 133LG. Mit Sicherheit geräuschlos, aber keineswegs geruchlos folgt dieser Rolls-Royce Silver Ghost mit Aufbau als Landaulet seinem Weg.

Absolutely silent, but not without an exhaust smell this Rolls-Royce Silver Ghost Landaulette proceeds.

Abb. Seiten 40/41: Vorn Rolls-Royce Silver Ghost, Baujahr 1913, Chassis-Nr. 2500E, hinten Rolls-Royce Silver Ghost, Baujahr 1910, Chassis-Nr. 1390. Zwei außergewöhnliche Rolls-Royce Silver Ghost. Im Vordergrund ein Torpedo von Hamshaw, wie er als London-Edinburgh-Typ Berühmtheit erlangte. Der hintere Wagen ist ein von Jarvis gebauter Zweisitzer nach dem Vorbild des Balloon Car von C. S. Rolls.

A pair of remarkable Rolls-Royce Silver Ghosts. In the foreground a Torpedo by Hamshaw, the car that earned its merits as London-Edinburgh type. The car behind is a Two Seater by Jarvis copying the Balloon Car of C. S. Rolls.

St. Margaret's Bay in Kent verbrachte; im Winter mußten die Testwagen den Weg bis nach Le Canadel in Südfrankreich unter die Räder nehmen. Diese Praxis bewährte sich und wurde beibehalten, auch als 1917 ein Umzug von St. Margaret's Bay nach West Wittering in Sussex erfolgte, weil das bisher bewohnte Haus aufgegeben werden mußte; es lag in der Reichweite deutscher Kampfflugzeuge.

Die geänderten Umstände hatten zur Folge, daß F. Henry Royce die Rolls-Royce-Werke, von einer Ausnahme abgesehen, nie wieder betrat. Dies wirkte sich nicht nur für ihn positiv aus, sondern auch für die Firma. Sein Streben nach Perfektion hatte wiederholt Produktionsunterbrechungen wegen geringfügiger Änderungen veranlaßt. Dazu war er bekannt für seine drastischen Zurechtweisungen, wenn er entdeckte, daß eine Arbeit nicht in der bestmöglichen Art und Weise ausgeführt worden war. C. G. Johnsons Lösung erwies sich als segensreich für den Konstrukteur und für sein Werk, und sie wurde beibehalten bis zum Tod von F. Henry Royce im Jahre 1933.

In der Zeit der Abwesenheit des Chefingenieurs faßte der Vorstand von Rolls-Royce einen Beschluß, dessen Ergebnis einen enormen Bekanntheitsgrad erlangte und zum wichtigsten Markenzeichen der Firma wurde. Der Bildhauer Charles Sykes schuf die Kühlerfigur »Spirit of Ecstasy«. Weil er als Maler einen ebenso guten Ruf genoß wie als Bildhauer, band das Werk diesen Künstler auch mit Aufträgen für Illustrationen zu den Publikationen von Rolls-Royce an die Marke.

Im harten Wettbewerb der Luxuswagenproduzenten hatte sich der Rolls-Royce Silver Ghost 1911 einer neuen Herausforderung zu stellen. Ein Napier hatte die Strecke von London nach Edinburgh zurückgelegt, ohne daß auch nur ein Schaltvorgang notwendig geworden war. Die Vermutung, ein stark untersetztes Getriebe hätte diese unerhörte Leistung bewirkt, erwies sich als falsch, weil der Napier anschließend auf der neueröffneten Rennstrecke von Brooklands eine Geschwindigkeit von 123 km/h erreichen konnte. Rolls-Royce war sich der enormen Wirkung einer solchen Leistung auf die an Motorfahrzeugen interessierten Kreise bewußt.

Man antwortete, ohne zu zögern, mit dem Einsatz eines Rolls-Royce Silver Ghost, der in gleicher Weise von London nach Edinburgh fuhr, ohne einen einzigen Gangwechsel, und anschließend auf dem Brooklands-Ring ein Tempo von 126 km/h erreichte. Das bessere Ergebnis erzielte der Rolls-Royce mit deutlich geringerem Kraftstoffverbrauch. Er lag um drei Liter pro hundert Kilometer niedriger als bei dem konkurrierenden Napier. Chauffiert hatte den Rolls-Royce Silver Ghost London-Edinburgh-Typ Ernest Hives. Kurze Zeit später fuhr er den gleichen Typ mit stromlinienförmig karossiertem Sonderaufbau auf der Rennstrecke von Brooklands und wurde mit einem Tempo von 163,3 km/h gestoppt. Sein Weg in der Firma führte ihn – etwas langsamer – ebenfalls zur Spitze. Fünfundzwanzig Jahre später war er Vorstandsvorsitzender von Rolls-Royce, und seine Verdienste wurden gewürdigt mit der Erhebung in den Adelsstand als Lord Hives.

Im folgenden Jahr passierte ein niederschmetternder Vorfall. Er war geeignet, den Slogan »Das beste Auto der Welt« in Frage zu stellen, der nach einer Schlagzeile in der »Pall Mall Gazette« vom November 1911 übernommen worden war. Eine der schwierigsten Prüfungsfahrten für Automobile waren die österreichischen Alpenfahrten, die wegen der teilweise horrenden Steigungen der Paßstraßen von Fahrern und Automobilen das Äußerste verlangten. Ein von James Radley gemeldeter Rolls-Royce Silver Ghost vom London-Edinburgh-Typ versagte an der Turracher Höhe, als es darum ging, mit vier Personen an Bord anzufahren. Der Start gelang erst, nachdem die Mitfahrer ausgestiegen waren. Konsterniert suchte man bei Rolls-Royce nach der Ursache für diesen Vorfall. Das Versagen wurde als Desaster empfunden, weil gerade erst eine Niederlassung in Wien eröffnet worden war. Aus Testreihen in Schottland kannte man als Leistungsvermögen des Rolls-Royce Silver Ghost, auch steilere Steigungen als an der Turracher Höhe zu bewältigen. Außer acht geblieben war, daß die deutlich dünnere Atmosphäre in großer Höhe, wie in den Alpen, die Motorleistung herabsetzte.

Die erste Aufgabe, die sich F. Henry Royce stellte, sobald er nach seiner Operation wieder am Zeichenbrett arbeiten konnte, war die Überarbeitung des Rolls-Royce Silver Ghost vom London-Edinburgh-Typ mit dem Ziel, die österreichischen Alpenfahrten zu gewinnen. Die Verdichtung des Motors wurde angehoben, durchsatzfreudigere Vergaser sicherten auch in großer Höhe einwandfreie Gemischaufbereitung, und sie verfügten über eine Kaltstarteinrichtung. Der Kühler wurde vergrößert und mit einer Einrichtung zur Dampfseparation versehen. Modifikationen am Fahrgestell gewährten größere Bodenfreiheit. Vier dergestalt den Fahrbedingungen auf dem Kontinent angepaßte Fahrzeuge schickte Rolls-Royce für die österreichischen Alpenfahrten 1913 in die K.u.K.-Monarchie. Drei Autos starteten als Werksteam mit den Fahrern Friese (dem Leiter der Rolls-Royce-Vertretung in Wien), Hives und Sinclair. Ein viertes Auto war James Radley im Tausch gegen den Vorjahreswagen ausgehändigt worden. Mit je einem Wagen in Standardausführung begleiteten die Werksmechaniker und C.G. Johnson die Wettbewerbsfahrzeuge.

Die Rolls-Royce Silver Ghost dominierten die österreichische Alpenfahrt des Jahres 1913. Mit einer Spitzengeschwindigkeit von über 130 km/h zählten sie zur Gruppe

Die Entstehung von Rolls-Royce

der besonders schnellen Teilnehmer. Auf der Etappe zwischen Salzburg und Innsbruck überholten sie am Aufstieg zum Katschberg in geschlossener Formation jenen Wagen, der mit erheblichem Zeitvorsprung abgefahren war, um die Zeitnehmer der Rennleitung ans Tagesziel zu bringen, und trafen eine Stunde vor diesen am Ziel ein; es gab keine Strafpunkte. Auf dem Weg über den Loibl-Paß distanzierte James Radley auf seinem Rolls-Royce Silver Ghost den nächstplazierten Wettbewerber mit einem Abstand von mehr als drei Minuten. Auf den Hinweis auf eine extrem schwere Wegstrecke bei Klagenfurt reagierte er, indem er in der Nacht zwischen zwei Etappen 400 km hin und wieder zurück fuhr und den betreffenden Abschnitt genau in Augenschein nahm. Als Ergebnis der österreichischen Alpenfahrt ergab sich für Rolls-Royce in jeder Prüfung der erste Platz. Es wurden sämtliche Trophäen gewonnen, mit Ausnahme des Mannschaftspreises, der an Audi ging, weil der von Sinclair gesteuerte Rolls-Royce Silver Ghost kurz vor dem Ziel mit einem nicht am Wettbewerb teilnehmenden Minerva zusammengestoßen und deshalb aus der Wertung ausgeschieden war.
Im gleichen Jahr 1913 brach ein weiterer Triumph der englischen Marke die bis dahin unangefochtene Vorrangstellung französischer Produzenten auf der iberischen Halbinsel. Der motorsportbegeisterte spanische König Alfonso XIII. hatte die Ausrichtung des Grand Prix von Spanien angeregt. Für die Teilnahme ging eine Nennung von Don Carlos de Salamanca ein, dem Repräsentanten der spanischen Niederlassung von Rolls-Royce. Einen zweiten Wagen meldete das Werk mit dem Fahrer Eric Platford. Don Carlos de Salamanca stürmte mit seinem Rolls-Royce Silver Ghost mit einer Durchschnittsgeschwindigkeit von fast 90 km/h über die Rennstrecke, die zahlreiche Gebirgspässe einschloß. E. Platford erreichte den dritten Platz, knapp geschlagen von einem Lorraine-Dietrich. Lohn der Mühe waren zahlreiche Kaufanfragen und daraus resultierend ein stabiler Absatzmarkt für Rolls-Royce in Spanien und Verbindungen nach Lateinamerika.
Auf der Basis solch befriedigender Ergebnisse zog man bei Rolls-Royce einen Schlußstrich unter das Kapitel Wettbewerbe. Für die Zukunft versagte man Werksunterstützung bei Fahrten mit kompetitivem Charakter. Zur Begründung wurde angeführt, der Rolls-Royce Silver Ghost sei zwar leistungsstark ausgelegt, aber nicht als Sportwagen für Geschwindigkeitswettbewerbe konzipiert. Auch ohne Werksunterstützung startete im Folgejahr James Radley erneut bei den österreichischen Alpenfahrten und absolvierte sie als einziger Teilnehmer ohne Strafpunkte.

Don Carlos de Salamanca gewann am 15. Juli 1913 den Grand Prix von Spanien auf dem Kurs von Guadarrama mit diesem Rolls-Royce Silver Ghost. Zur Ausstattung gehörte bereits elektrische Beleuchtung.

Don Carlos de Salamanca after winning the Gran Premio del R.A.C.E. on the 15th of July, 1913 at the Guadarrama Circuit. Note electric lighting.

BM 8794

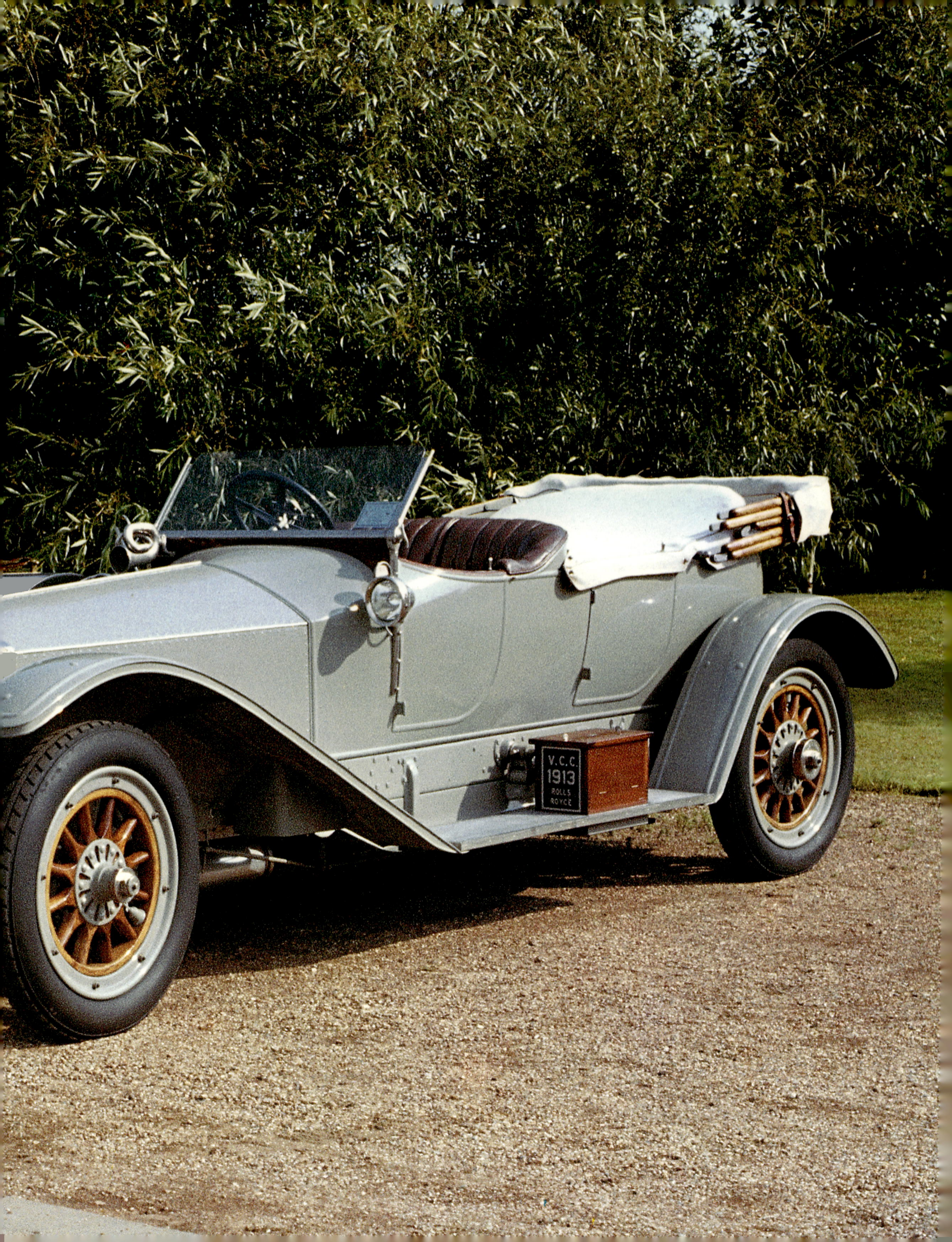
V.C.C.
1913
ROLLS
ROYCE

Abb. Seite 43: Zwecks Prüfung durch F. Henry Royce brachte Alec Harvey-Bailey diesen Rolls-Royce Silver Ghost (Baujahr 1913, Chassis-Nr. 7 CA) früh im Jahr 1914 nach Le Canadel.

This Rolls-Royce Silver Ghost was brought to Le Canadel by Alec Harvey-Bailey early in 1914 for F. Henry Royce to view.

Die höchste Auszeichnung, die ein britischer Hersteller erlangen konnte, bestand darin, den Royal Warrant zu führen. Mit dem Hinweis »By Appointment to His Majesty King Edward VII« gelang der Nachweis höchster Gunst für die Erzeugnisse des Hauses, weil er die Stellung als Hoflieferant auswies. Zur Betrübnis von C. G. Johnson, der die kaufmännischen Geschicke leitete, blieb das englische Königshaus der einmal gewählten Marke Daimler treu. Zar Nikolaus II. von Rußland dagegen orderte zwei Rolls-Royce Silver Ghost und brach mit der Tradition, Delauney-Belleville zu fahren; allerdings kam wegen der ausgebrochenen Kriegshandlungen nur ein Rolls-Royce Silver Ghost zur Auslieferung an den kaiserlichen Fuhrpark. Mit dem König von Ägypten und zahlreichen indischen Maharadschas standen weitere exklusive Adressen in der Kundenliste. Die häufig exotischen Ausstattungswünsche zumal der indischen Potentaten wurden regelmäßig in der Presse beschrieben. Im Effekt erhielt Rolls-Royce die Eigenschaft zugeordnet, die Automobile zu bauen, die in allen Teilen der Welt besondere Wertschätzung genossen.

Diese Anerkennung war das Ergebnis der von F. Henry Royce verfolgten Arbeitsweise, alle Komponenten des Fahrzeuges ständig zu überprüfen und in der Materialqualität wie in der Abstimmung aufeinander optimale Lösungen zu suchen. Neuerungen, wie etwa elektrische Anlasser, fanden erst Eingang in die Produktion, wenn ihre Funktion in ausgiebigen Versuchsreihen als auf Dauer pannenfrei und verschleißarm befunden worden war. Für einen Rolls-Royce Silver Ghost, der von dritter Seite eine Zusatzausrüstung erhielt, erlosch sofort die ansonsten für drei Jahre gewährte Garantie. Sie erlosch zum Beispiel für die bei Barker karossierte Limousine von Francis Treherne-Thomas, als dieser auf der Hinterachse Doppelbereifung aufziehen ließ. Grund für die Änderung war der Gewinn an Sicherheit, weil bei einer Reifenpanne noch ein Reifen Luftdruck behielt und weil mehr Bremskraft auf die Straße gebracht werden konnte. Der Rolls-Royce Silver Ghost wies ja Bremsen nur an den Hinterrädern auf, und eben diese verfügten bei Doppelbereifung über die doppelte Berührungsfläche mit der Straße. F. Treherne-Thomas akzeptierte den Widerruf der Garantie keineswegs. Er beharrte darauf, seinen Wagen nach einer ausgedehnten Tour über den Kontinent zur Inspektion ins Werk zu geben. Das Ergebnis der vorgenommenen Überprüfung ergab die Erneuerung der Garantie. Die sol-

Rolls-Royce Silver Ghost Armoured Car. Aus dem Jahr 1924 stammt der Panzerwagen mit modifiziertem Geschützturm und Stahlscheibenrädern, den das Foto 1935 im Einsatz in Ägypten zeigt.

The car with modified turret and steel disc wheels was built in 1924, the photo shows her on duty in Egypt in 1935.

Die Entstehung von Rolls-Royce

cherart bewiesene Eignung des Rolls-Royce Silver Ghost zur Ausrüstung mit Doppelbereifung führte zur ab Werk vorgenommenen Doppelbereifung der Hinterräder bei den gepanzerten Rolls-Royce des I. Weltkrieges.

Der Kriegsausbruch 1914 traf Rolls-Royce völlig überraschend und löste die Furcht vor einem Niedergang des Werkes aus, weil schlagartig keine Automobile mehr geordert wurden in der Klasse, in der man sich etabliert hatte. Die Angst war nicht ungerechtfertigt angesichts der erheblich verminderten Produktion von Automobilen. Die Fertigung kam aber nicht zum Erliegen, weil Rolls-Royce Silver Ghost mit gepanzertem Aufbau in nahezu allen Kriegshandlungen von Frankreich bis Deutsch-Ostafrika zum Einsatz kamen. Insbesondere bei den Feldzügen im Nahen und Mittleren Osten überwanden diese »Armoured Cars« mit minimaler Wartung Riesendistanzen und erwiesen sich als wirksames Kampfmittel. Lawrence von Arabien erteilte ihnen das Lob: »Ein Rolls-Royce in der Wüste war mehr wert als Edelsteine.« Die Langlebigkeit der Panzerfahrzeuge wird dadurch bewiesen, daß etliche von ihnen zu Beginn des II. Weltkrieges immer noch im Dienst standen. In der Republik Irland wurden die letzten Exemplare bis 1956 regulär eingesetzt.

Das wirtschaftliche Überleben sicherten der Firma aber die von Regierungsseite erteilten Aufträge für den Bau von Flugzeugmotoren, auf die in einem getrennten Kapitel eingegangen wird.

Eine große Anzahl vorher in Privathand befindlicher Rolls-Royce Silver Ghost wurde während des Krieges mit einem Aufbau als Ambulanzfahrzeug eingesetzt; andere dienten als Kurierfahrzeuge oder Beförderungsmittel für die Inspektion der Front. Als sie nach Kriegsende von der Armee ausgemustert und im Rahmen von Auktionen versteigert wurden, lagen die

Die Entstehung von Rolls-Royce

Abb. Seite 45: Rolls-Royce Silver Ghost, Baujahr 1910, Chassis-Nr. 1388. Der Roi de Belges Tourer stammt von Barker. Zu diesem Haus unterhielt Rolls-Royce besonders enge Beziehungen.

Roi de Belges Tourer by Barker, the company was recommended by Rolls-Royce as coachbuilders.

erzielten Preise teilweise beim Doppelten dessen, was sie einst neu gekostet hatten. Die Nachfrage überstieg das Angebot bei weitem. Der Bedarf an Neufahrzeugen war noch größer, brachte den Herstellern aber auch schnell die Erkenntnis, wie sich die Zeiten geändert hatten. Die Kosten für Material, Werkzeug und Löhne stellten sich erheblich teurer dar und machten empfindliche Preiserhöhungen unumgänglich. Der Preis für das Chassis des Rolls-Royce Silver Ghost hatte vor dem I. Weltkrieg bei 985 £ gelegen; von Januar 1919 bis Dezember 1919 stieg er von 1350 £ auf 1850 £. Zum Teil lag die Preiserhöhung auch begründet in qualitativen Verbesserungen, denn die Plattformfederung der Hinterachse war ersetzt worden durch Cantilever-Federung, und ein elektrischer Anlasser gehörte zur Grundausstattung.

Ein wichtiges Ausstattungsmerkmal wurde aber gerade bei einem Automobil von so hohem Niveau vermißt – die Vierradbremse. F. Henry Royce meldete gegen deren Einführung Einwände an, weil das Gewicht der ungefederten Massen an den gelenkten Vorderrädern erhöht würde, das Fahrverhalten sich deutlich änderte und die Bedienung des Bremspedals erheblichen Kraftaufwand verlangte. Bei der Suche nach einer Lösung wurde er bei der Konkurrenz fündig. Der Hispano-Suiza verfügte über einen Bremskraftverstärker, der ihn beeindruckte, aber nicht ganz zu überzeugen vermochte, weil er nur bei Vorwärtsfahrt funktionierte. Nach dem System Hispano-Suiza arbeitete F. Henry Royce an einer eigenen Lösung und entwarf ein Servo-Gerät, das bei Vorwärts- wie bei Rückwärtsfahrt wirkte und auf leisesten Pedaldruck ansprach. Blockierte Vorderräder und infolgedessen außer Kontrolle geratene Fahrzeuge sollte es bei Rolls-Royce nicht geben. Die Auslegung des Bremskraftverstärkers umfaßt auch ein Hebelsystem zur Regelung der Kraftverteilung. Dieses stellt sicher, daß bei blockierten Rädern stets die Vorderräder wieder freigegeben werden und die Lenkbarkeit gewährleistet ist. Ausgleichswellen wirken ungleichmäßigem Ziehen entgegen.

Die Entwicklungsarbeiten hatten sich über einen längeren Zeitraum hingezogen, denn parallel arbeitete man für das Nachfolgemodell Rolls-Royce New Phantom und für ein ganz neues Modell, den Rolls-Royce 20 H. P. Zwar waren erste Presseberichte über die besseren Bremsen schon 1923 erschienen, und die Olympia Show 1924 sah ein entsprechend ausgerüstetes Ausstellungsmodell, aber erst im späteren Verlauf des Jahres wurden die ersten Fahrzeuge auch verkauft. Allerdings konnte jeder ab November 1923 ausgelieferte Rolls-Royce Silver Ghost auf Kosten des Werkes nachgerüstet werden.

Zwischen 1906 und 1925 entstanden in den Fabriken in Manchester und Derby 6173 Rolls-Royce Silver Ghost. Dieser Wagentyp wurde mehr als jeder andere zum Synonym für Luxus und Reichtum – und Einfluß. Viele, die zu den Mächtigen der Welt gehörten, zählten auch zum Kreis der Rolls-Royce-Eigner. So wie schon der Zar von Rußland Rolls-Royce Silver Ghost gewählt hatte, fanden sie sich auch im Fuhrpark Lenins. Nach der erfolgreichen Revolution ließ er zwei Fahrzeuge ordern, von denen eines Halbkettenantrieb und Skiführung der Vorderräder für den Betrieb im Winter aufwies. Dem japanischen Kaiser waren 1922 ebenfalls zwei Rolls-Royce Silver Ghost geliefert worden. Die Zahl der Aristokraten und Wirtschaftsmagnaten, die Rolls-Royce Silver Ghost fuhren, war Legion.

Mit der von allen Seiten bewiesenen Anerkennung verband sich für Rolls-Royce die Selbsteinschätzung, das beste Automobil der Welt zu bauen. Neue Modelle mußten diesem hohen Anspruch gerecht werden.

41
5
SA 1804

Die Entwicklungen in den »Goldenen Zwanzigern«

Abb. Seite 46/47: Rolls-Royce Silver Ghost, Baujahr 1925, Chassis-Nr. S176MK. Zur ersten Serie von amerikanischen Rolls-Royce Silver Ghost mit Linkslenkung und Mittelschalthebel gehört dieser von Rolls-Royce Custom Coachwork als »Pickwick Sedan« bezeichnete Wagen.

This Pickwick Sedan by Rolls-Royce Custom Coachwork is from the first series of American Rolls-Royce Silver Ghost with left-hand drive and centre gear change.

Oben links: Seitenlampen mit Firmenemblem.

Sidelamps with company's logo.

Oben rechts: Motor in blendendem Zustand.

Outwardly a perfect engine.

Unten links: Chassis-Platte der US-Produkte.

US Rolls-Royce chassis plate.

Unten rechts: Linkslenkung und Mittelschalthebel für den US-Markt.

LHD and centre gearchange for the American market.

Die Entwicklungen in den »Goldenen Zwanzigern«

Neue Produkte für eine Welt im Wandel

Der I. Weltkrieg hatte enorme Umwälzungen bewirkt. Die politische Landschaft, die gesellschaftlichen Strukturen und die ökonomischen Gegebenheiten hatten einschneidende Veränderungen erfahren, und dieser Prozeß war noch nicht abgeschlossen. Für die Führungsmannschaft von Rolls-Royce stellte sich die Aufgabe zu entscheiden, welche Entwicklungen für die Anforderungen des Automobilmarktes der Zukunft erfolgversprechend schienen.

Die richtige Antwort auf diese Frage zu finden war wichtig, aber nicht dringlich. Finanziell verfügte der Autohersteller über eine solide Basis. Zwar blieben zunächst neue Bestellungen aus, die die profitbringende Produktion von Flugzeugmotoren sichergestellt hätten. Der Absatz des Rolls-Royce Silver Ghost war indessen mehr als zufriedenstellend, weil ein Nachkriegsboom für eine entsprechende Auftragslage sorgte.

Über künftige Projekte herrschte keineswegs Einigkeit in der Führungsspitze. C. G. Johnson favorisierte den Gedanken, zusätzlich zur Herstellung von Rolls-Royce in England eine weitere Produktionsstätte in den USA einzurichten. Er variierte damit eine Überlegung aus der Zeit vor dem Weltkrieg. Im Jahre 1911 hatte er vorgeschlagen, ein Werk in Frankreich einzurichten und in Verfolgung dieser Idee von »Automobiles Rolls-Royce de France« bereits begonnen, nach geeigneten Betriebsgrundstücken Ausschau zu halten. Da während des I. Weltkrieges eine Produktionsstätte in den USA für die Herstellung von Flugzeugmotoren eingerichtet worden war und Mitarbeiter des Stabes von Rolls-Royce sich dort etabliert hatten, legte C. G. Johnson ein Konzept zur Gründung von »Rolls-Royce of America« vor.

F. Henry Royce sah größere Chancen in der Ergänzung des Typenprogrammes. Er erwog die Gefahr, ins Abseits zu geraten, wenn der Rolls-Royce Silver Ghost, das einzige Modell des Hauses und eine Entwicklung aus der Vorkriegszeit, infolge einer zu erwartenden Marktänderung nicht mehr in kostendeckenden Stückzahlen abgesetzt werden konnte. Er war nicht nur ein vorzüglicher Konstrukteur, sondern auch ein ebenso umsichtiger Kaufmann, der bedachtsam die Strömungen des Marktes beobachtete und die richtigen Schlüsse zu ziehen vermochte. Für große chauffeurgesteuerte Limousinen sah er eine sinkende Nachfrage vorher. Seiner Ansicht nach stand zu erwarten, Automobile würden mehr und mehr vom Besitzer selbst gesteuert. Eine sorgfältige Prüfung der bei verhältnismäßig geringem Hubraum leistungsstarken Rennwagen von Peugeot und Mercedes hatte ihn davon überzeugt, daß technisches Raffinement zukünftig die Marke für Leistungssteigerung setzen würde und nicht Hubraumvergrößerungen. Er war vertraut mit den modernsten Entwicklungen im Hochleistungsmotorenbau und hatte schon vor dem Krieg ein Patent für den Antrieb von doppelten obenliegenden Nockenwellen angemeldet. Seine Ansicht war wohlabgewogen.

Es kam nicht zu einer Auseinandersetzung, welcher Richtung Vorrang einzuräumen sei. Die Firma war gut situiert, und Vorstand und Aufsichtsrat gaben grünes Licht sowohl für die Einrichtung von Rolls-Royce of America wie für die Entwicklung eines »kleineren« Modells als Ergänzung zum Rolls-Royce Silver Ghost.

Claude Goodman Johnson.
Sein Einfluß auf die Geschicke der Firma war so bedeutend, daß er als »Bindestrich im Namen Rolls-Royce« bezeichnet wurde.

His position was so important, that he was called »The Hyphen in Rolls-Royce«.

Die Entwicklungen in den »Goldenen Zwanzigern«

Rolls-Royce Silver Ghost aus den USA

Während in Europa die Verheerungen des I. Weltkrieges die Ökonomie verwüsteten und das soziale Gefüge sprengten, prosperierte in den Vereinigten Staaten von Amerika die Wirtschaft. In einem für europäische Verhältnisse kaum vorstellbaren Ausmaß hatte die Automobil-Industrie jenseits des großen Teiches einen Aufschwung erfahren. Automobile wurden als Massenprodukte am Fließband hergestellt und in Stückzahlen abgesetzt, die in die Millionen gingen.

Obwohl die USA der erste Auslandsmarkt waren, den Rolls-Royce mit einer eigenen Verkaufsagentur hatte erschließen wollen, war die Zahl der dorthin exportierten Fahrzeuge ingesamt gering. Zwischen 1906 und 1910 waren nur 81 Rolls-Royce an amerikanische Käufer ausgehändigt worden. Das Bild besserte sich in den folgenden Jahren etwas, nachdem C. G. Johnson anläßlich eines Kontrollbesuches dem von Charles S. Rolls ausgesuchten Importeur kündigte und eine effizientere Vertriebsorganisation einrichtete.

Mit einem Einfuhrzoll von 45 Prozent hatten die Amerikaner eine sehr wirksame Handelsbarriere aufgebaut. Sie war auch nach der Verringerung auf 33 Prozent in der Nachkriegszeit noch hoch genug, um den Gedanken an eine Fertigung im Lande selbst zur Umgehung des prohibitiven Zolles nahezulegen. Ein zweiter Faktor unterstützte einen solchen Gedanken. Mit dem Kriegseintritt der USA im Jahre 1917 war ein Kontingent von Rolls-Royce-Ingenieuren in die USA versetzt worden, um bei der Produktion von Flugzeugmotoren zu assistieren und die Fertigung von Teilen dafür zu beaufsichtigen. Wegen des schon im folgenden Jahr abgeschlossenen Waffenstillstandes hatten diese Bemühungen aber für die Verwendung im Kriegseinsatz keine Folgen mehr. Allerdings war damit ein Stab von hochqualifizierten Mitarbeitern in den USA etabliert.

Die Produktion des Rolls-Royce Silver Ghost in den USA bot die Chance, die Mitarbeiter in Übersee zu beschäftigen und das größte Autoabsatzgebiet der Welt ohne Zollschranke zu bedienen. Rolls-Royce of America wurde im Oktober 1919 als selbständige Aktiengesellschaft gegründet, für die das Kapital in den USA gesammelt worden war, die aber dem englischen Stammwerk weisungsgebunden blieb. Diese ungewöhnliche Konstruktion sollte sicherstellen, daß alle US-Fahrzeuge exakt dem in England gebauten Vorbild entsprachen. Rolls-Royce Ltd. stellte alle Produktionsunterlagen zur Verfügung, gestattete die Benutzung jeden Patentes und hatte über sämtliche neuen Entwicklungen Kenntnis zu geben.

In Springfield (Massachussetts) wurde ein Fabrikgebäude erworben und ausgerüstet. Der Ort war ein Zentrum der Präzisions-Mechanik, wo Waffen, Motorräder und Automobile erzeugt worden waren. Die Möglichkeit, ohne große Mühe die erforderliche Anzahl entsprechend ausgebildeter Arbeitskräfte gewinnen zu können, war ein Faktor, der für die Wahl des Standortes ausschlaggebend war. Bewußt hielt man Abstand zum Auto-Zentrum Detroit, um die solitäre Stellung von Rolls-Royce zu betonen. Zur Qualitätssicherung waren weitere Kräfte aus England für das amerikanische Vorhaben abgestellt worden.

Nach nur einem Jahr wurde der erste Rolls-Royce Silver Ghost aus der Fertigung des USA-Ablegers vorgestellt; dabei unterblieb der Hinweis, daß das Fahrgestell und die Kurbelwelle aus England importiert worden waren. Es gibt Quellen, die besagen, bis zum Ende der Produktion seien keine eigenen Kurbelwellen eingebaut worden, sondern stets aus dem Werk in England eingeführte. Mit einem Preis von 14500 US-$, der für einen gediegen, aber nicht extravagant karossierten Wagen erreicht wurde, war der Rolls-Royce Silver Ghost das teuerste Luxusauto auf dem amerikanischen Markt. Die Konkurrenz etwa in Form des Pakkard mit V12-Motor war im Bereich von 6800 US-$ angesiedelt, und selbst das bis dahin teuerste Automobil der Neuen Welt, der Pierce-Arrow mit einem Preis von 8550 US-$, lag deutlich unter der 10000-Dollar-Grenze. Nur eine Marke hatte vorher die 10000-Dollar-Schallgrenze durchbrochen. Der Locomobile kostete 11000 US-$; aber als Fahrzeug mit Dampfantrieb gehört er in eine andere Kategorie und eignet sich nicht zu Vergleichen.

Der Preis des Rolls-Royce Silver Ghost erwies sich nicht als Verkaufsbremse. Der Auftragseingang beschleunigte die Produktionsaufnahme auch des Fahrgestelles. Im

Januar 1921 rollte der erste komplett in Springfield gebaute Rolls-Royce Silver Ghost auf die Straße; ab März 1921 wurde eine Fertigungsrate von fünf Automobilen pro Woche verzeichnet.
Mit Beginn der Auslieferung traten Schwierigkeiten auf, die schnell deutlich machten, wie wenig vorteilhaft eine strikte Identität zwischen dem in England und dem in den USA gebauten Rolls-Royce war. Sie zeitigte für die Eigentümer nämlich bemerkenswerte Nachteile. So war zum Beispiel der Rolls-Royce Silver Ghost das einzige Auto auf dem amerikanischen Markt mit einer 12-Volt-Anlage. US-Hersteller rüsteten ihre Fahrzeuge durchweg mit elektrischen Anlagen von 6 Volt Spannung aus. Für den Rolls-Royce-Eigner war schon der Wechsel einer Glühbirne problematisch, weil Ersatz nur auf Bestellung zu bekommen war. Im Fahrbetrieb erwies sich zudem die Rechtslenkung als nachteilig, denn im Unterschied zu England herrschte in den USA Rechtsfahrgebot. Zwar hatten auch amerikanische Hersteller Fahrzeuge mit Rechtslenkung angeboten – aber bis auf wenige Ausnahmen schon in der Vergangenheit umgestellt. Die hohe Verkehrsdichte nötigte dazu, dem Fahrer die Position zu geben, die ihm die beste Übersicht ermöglichte. In Europa hatte es in dieser Hinsicht gar keine Überlegungen gegeben. Nicht allein Rolls-Royce baute seine Automobile mit Rechtslenkung, sondern eine Vielzahl von Herstellern auf dem Kontinent. Zu deren prominenten Vertretern zählten, um nur einige zu nennen, Alfa-Romeo, Bugatti, Hispano-Suiza und Isotta-Fraschini.
Nur 25 Rolls-Royce Silver Ghost wurden in Springfield bis zur letzten Schraube identisch mit ihren englischen Schwestermodellen gebaut, dann koppelte sich die Entwicklung ab.
Der inzwischen zum Chef der Entwicklungsabteilung aufgestiegene E. Hives wurde in die USA zur Klärung der aufgetretenen Probleme gesandt. Resolut veranlaßte er den Wechsel der Lieferanten bei Komponenten wie Zündmagnet und Lichtmaschine; die englischen Zulieferer Watford und Lucas wurden ersetzt durch Bijur und die amerikanische Niederlassung von Bosch. Im gleichen Zug wurde die Umstellung der Räder auf solche der Wire Wheel Corporation of America veranlaßt, die in den USA besser gewartet werden konnten als die bis dahin verwendete Sonderausführung nach englischem Muster. E. Hives unterbreitete nach seiner

Rolls-Royce Silver Ghost. Die Limousine zeigt eine bemerkenswerte Windschutzscheibe, die Blendung durch entgegenkommenden Verkehr ausschließen sollte.

A limousine fitted with a unique windscreen which was claimed avoided night-driving reflections.

Rolls-Royce Silver Ghost. Für Werksaufnahmen wählte Rolls-Royce gerne den Eingang zum Kunstmuseum von Springfield als Hintergrund.

The entrance to the Springfield Art Museum was a popular background for Rolls-Royce works photographs.

Prüfung dem Stammwerk den Vorschlag, auch für die in England gefertigten Rolls-Royce elektrisches Zubehör aus amerikanischen Quellen zu beziehen, weil es qualitativ besser sei. Seine Ausführungen wurden aufmerksam registriert. Rolls-Royce zeigte von da an eine Verbundenheit mit Entwicklungen und Anstößen, die von amerikanischen Anbietern ausgingen.

Mit der prompten Reaktion und der daraus resultierenden zügigen Umstellung waren aber nur einige Sorgen der Verkaufsorganisation behoben. Amerikanische Käufer waren gewohnt, ein Automobil auszusuchen und häufig direkt aus dem Verkaufsraum mitzunehmen. Sie standen damit im Gegensatz zu den Gepflogenheiten auf dem europäischen Markt. Dort war es üblich, ein Luxusautomobil in Form von Fahrgestell mit Motor zu bestellen und dann in einem gegebenenfalls monatelang dauernden Prozeß bei einem unabhängigen Karosseriebauer nach den Wünschen des Besitzers Blechkleid und Innenausstattung anfertigen zu lassen.

Rolls-Royce of America trug den Kundenwünschen Rechnung, indem eine Anzahl standardisierter Karosserien zur Auswahl angeboten wurde. Von 1923 bis 1926 sorgte die eigens gegründete Rolls-Royce Custom Coachwork Organization dafür, daß von renommierten Karossiers vorgegebene Aufbauten auf Rolls-Royce-Fahrgestelle gesetzt wurden. Ein Käufer konnte den Wagen seiner Wahl unmittelbar mitnehmen, wenn ihm bezüglich Farbgebung und Innenraumdetails eines der vorrätig gehaltenen Modelle zusagte. In der Linienführung konservativ elegant und bei der Namensgebung betont britisch, erwiesen sich die kompletten Rolls-Royce Silver Ghost als erfolgreiche Lösung für den Anspruch auf prompte Befriedigung, den die amerikanischen Abnehmer meistens mit dem Kaufwunsch verbanden.

Auch andere Marktgegebenheiten wurden von Rolls-Royce beachtet. Drei Jahre nach Produktionsaufnahme wurde die elektrische Anlage auf eine Spannung von 6 Volt umgerüstet. Die Umstellung auf Linkslenkung bedingte erhebliche konstruktive Veränderungen und war ab 1923 zunächst nur auf ausdrückliche Order erhältlich. Ab 1925 wurde sie zur Standardausführung. Gleichzeitig wurde das Vierganggetriebe mit rechts vom Fahrersitz befindlichem Schalthebel zugunsten eines Dreiganggetriebes aufgegeben, dessen Betätigung über einen Mittelschalthebel erfolgte.

Im letzten Produktionsjahr 1926 fanden, außer senkrecht statt waagerecht angeordneter Kühlerlamellen, keine einschneidenden Änderungen mehr Eingang in die Serie, weil zu dieser Zeit der Rolls-Royce Silver Ghost in England schon durch ein Nachfolgemodell abgelöst worden war. Seine Produktion wurde auch im Werk in Springfield bereits vorbereitet.

Bedingt durch die Notwendigkeit, jeden Änderungswunsch zunächst mit dem Werk in Derby abzuklären, von wo im Gegenzug gelegentlich neue Vorschläge kamen, traten erhebliche zeitliche Verzögerungen

Rolls-Royce Silver Ghost, Baujahr 1924, Chassis-Nr. S324LF. Am 17. Januar 1925 erwarb der legendäre Millionär Howard Hughes den Rolls-Royce mit Aufbau als Piccadilly zu einem Preis von fast 15000 $; er gab einen erst wenige Tage alten Duesenberg in Zahlung – für 5977,50 $.

This Rolls-Royce with Piccadilly coachwork was purchased on the 17th of January, 1925 by the famous millionaire Howard Hughes who paid some 15000 $; a Duesenberg only several days old was taken in part exchange – for 5977,50 $.

Die Entwicklungen in den »Goldenen Zwanzigern«

auf. Flexible Reaktionen auf amerikanische Kundenwünsche und Markteigenheiten waren schon deshalb illusorisch, weil von der Idee über die Konstruktionszeichnung bis zur Zustimmung aus England und darauf folgend die Produktionsänderung in den USA stets ein zeitlicher Verzug von bis zu zwei Jahren auftrat. Deutlich wird das Dilemma an dem Beispiel der 4-Rad-Bremsen, mit denen die Rolls-Royce Silver Ghost in England zum Schluß der Fertigungszeit ausgerüstet beziehungsweise nachgerüstet wurden: Die Rolls-Royce Silver Ghost in den USA waren mit 4-Rad-Bremsen nicht lieferbar.
Es spricht für die Qualität der Rolls-Royce Silver Ghost von Rolls-Royce of America und für die Überzeugungskraft der Verkaufsorganisation, wenn die Verkaufsziffern nach anfänglichen Schwierigkeiten in dem bei der Gründung angestrebten Bereich lagen. In manchen Jahren wurden sogar Gewinne erzielt, die aber nicht ausreichten, um die Verluste der Startphase auszugleichen.
Nach den Buchstaben der vertraglichen Vereinbarungen zwischen Rolls-Royce of America und Rolls-Royce Limited (London & Derby) war der amerikanische Ableger verpflichtet, jedes neue Modell ins Programm aufzunehmen, das in England entwickelt worden war. Danach wäre der neue Rolls-Royce 20 H.P. auch in Springfield zu bauen gewesen. Derartige Überlegungen wurden aber nicht ernsthaft verfolgt, weil der Rolls-Royce 20 H.P. von der Konzeption her nicht für den amerikanischen Markt geeignet erschien.

Rolls-Royce Silver Ghost, Baujahr 1925, Chassis-Nr. S176MK. Stoßstangen fanden sich in den USA eher als in England. F.H. Royce lehnte sie ab mit der rüden Begründung, »nur miserable Fahrer« benötigten sie.

Bumpers were more commonly fitted in the USA than in England. F.H. Royce disliked them and stated »only rotten drivers« needed them!

Rolls-Royce 20 H.P.

Eine Ergänzung der Produktpalette durch ein Automobil von gleich hohem Qualitätsstandard, wie ihn der Rolls-Royce Silver Ghost aufwies, wurde von F. Henry Royce als richtige Antwort auf die geänderten Bedingungen der Zeit nach dem I. Weltkrieg angesehen. Er machte die Einschränkung, ein zusätzliches Modell solle zunächst nur die Basis verbreitern und gegebenenfalls wieder eingestellt werden, wenn der Rolls-Royce Silver Ghost die Produktionskapazität voll auslaste.
In den Gesamtabmessungen deutlich kleiner gehalten als der bis dahin als einziges Modell gefertigte Wagen, mit nur halb so großem Hubraum und erheblich geringerem Preis sollte der neue Typ angeboten werden. Seine Zielgruppe waren diejenigen, die ein Auto selbst fahren wollten oder ein Fahrgestell mit weniger wuchtigem Aufbau als bis dahin für die Marke üblich ausstatten lassen wollten.
Startzeitpunkt für die Entwicklungsarbeiten war das Jahr 1919. Das Projekt lief zunächst unter dem Codenamen Kite und wurde dann umgetauft auf Goshawk (= Hühnerhabicht). Diese Benennung geschah in Anlehnung an die Flugmotorenproduktion, für deren einzelne Ausführungen, wie in einem anderen Kapitel beschrieben, immer ein Raubvogel als Namensgeber Pate gestanden hatte.
Als 1906 der Rolls-Royce Silver Ghost konstruiert worden war, verging zwischen erster Konstruktionszeichnung und fertigem Automobil eine Zeitspanne von weniger als einem Jahr. Gleichfalls bemerkenswert zügig waren seine Vorgängermodelle auf die Räder gestellt worden. Diesmal vergingen nahezu drei Jahre, bis 1922 der erste Rolls-Royce 20 H.P. fertiggestellt war. Die Ursachen dafür lassen sich durch zwei Umstände erklären: Erstens waren durch die in Springfield/USA aufgenommene

Die Entwicklungen in den »Goldenen Zwanzigern«

Rolls-Royce 20 H. P., Baujahr 1926, Chassis-Nr. GAJ 29. Die Six Light Limousine stammt von Maddox und weist eine zugepfeilte Windschutzscheibe auf.

Six Light Limousine by Maddox, note v-shaped windscreen arrangement.

Fertigung des Rolls-Royce Silver Ghost eine erhebliche Anzahl Mitarbeiter unabkömmlich, zweitens war die Aufgabe, ein neues Automobil zu entwerfen, deutlich komplexer geworden. So waren beim Rolls-Royce Silver Ghost erst im Wege der Nachrüstung elektrische Komponenten wie Beleuchtungsanlage und Anlasser eingebaut worden. Beim Rolls-Royce 20 H. P. dagegen wurden diese Bauteile schon als Grundausstattung eingeplant.

Mit einem Testzentrum in Laval im Departement Mayenne, etwa 80 Kilometer südöstlich von St. Malo, verfügte Rolls-Royce über eine Einrichtung, in der Fahrzeuge strapaziösen Dauertests auf französischen Landstraßen unterzogen werden konnten. Ein Ort in Frankreich war als Stützpunkt gewählt worden, weil Probefahrten im Umkreis des Werkes Gerüchten über bevorstehende Neuerungen ständig Nahrung gegeben und den Absatz der vorhandenen Fahrzeuge beeinträchtigt hätten. Außerdem boten die geradlinig geführten Straßen Frankreichs eher die Voraussetzungen für Fahrten mit hohem Tempo als die des überalterten englischen Wegenetzes. Fiel ein Bauteil aus, ohne mindestens 10.000 Meilen problemfrei Dienst getan zu haben, wurde es überarbeitet. Die Verbesserung wurde erneut geprüft und erst für den Einbau in die Serie freigegeben, wenn keine Beanstandungen auftraten. P. Northey war mit den Tests der Prototypen des Rolls-Royce 20 H. P. beauftragt. Seine Bindung an die Firma datierte aus deren Anfangstagen; er hatte 1905 beim Tourist-Trophy-Rennen auf der Isle of Man einen Rolls-Royce gelenkt. Weil sich die örtlichen Polizeibehörden »nicht kooperativ« verhielten, wurde das Testzentrum in Laval zugunsten eines solchen in Chateauroux aufgegeben, etwa 240 Kilometer südlich von Paris. Eine komplette Werkstatt für Demontagen und Kontrollen am Ort wurde dort eingerichtet.

Das genaue Studium der Herstellungsprozesse in den USA beeinflußte die Konzeption des neuen Modells. F. Henry Royce akzeptierte ohne Vorbehalte die in den Vereinigten Staaten entwickelten Methoden, mit denen kostenbewußte Konstruktionen ohne Einbußen beim Qualitätsniveau möglich wurden. Er hatte einen Neffen nach Detroit geschickt, der ihn über die in den amerikanischen Autowerken systematisch angestellten Erhebungen zur Vereinfachung von Planung und Konstruktion zu informieren hatte.

Der Rolls-Royce 20 H. P. wurde von einem Motor mit sechs Zylindern in Reihe und etwas mehr als drei Litern Hubrauminhalt angetrieben. Seine Brennraumkapazität lag damit nur bei der Hälfte derjenigen, über die der Motor des Rolls-Royce Silver Ghost verfügte. Im Unterschied zu dessen Konstruktion mit zwei Blöcken zu je drei Zylindern zeigte der Rolls-Royce 20 H. P. einen in einem Stück gegossenen Zy-

Rolls-Royce 20 H. P., Baujahr 1927, Chassis-Nr. GUJ74. Die Karosserie folgt einer in den Dreißigern populären Linie – sie wurde auch erst in dieser Zeit von Ranalah aufgebaut, nachdem der Originalaufbau (ein Cabriolet von Gill) Schaden genommen hatte.

The lines of the coachwork are following the vogue of the Thirties – in fact it was erected during this period by Ranalah after the original coachwork (Cabriolet by Gill) was written off.

linderblock und einen ebenfalls einteiligen, abnehmbaren Zylinderkopf. Verschraubt war der Block auf einem zweiteiligen Kurbelgehäuse. Das Bemühen um thermische Gesundheit des Triebwerks hatte sorgfältig strukturierte Kühlwasserführungen zum Ergebnis. In die Ölwanne integriert war ein Ölfiltergehäuse. Die verbesserten metallurgischen Kenntnisse gaben den Ausschlag für die Verwendung von Aluminiumkolben und Ventilen aus Chromstahl in einer Qualität, die dem noch heute verwendeten Austenit sehr nahekommt.

Die Leistung des Motors betrug etwa 53 PS. Die nach der Formel für die Steuerberechnung ermittelte Zahl 20 H.P. (H.P. = horsepower) war nur für Steuerzwecke von Belang. Der Motor wurde zum Ausgangstriebwerk für alle Konstruktionen in der Reihe der »kleinen« Rolls-Royce für die nächsten 37 Jahre. Nachhalten läßt sich dies am Abstand der Zylindermittelpunkte, die von Triebwerk zu Triebwerk gleich blieben, wenn auch alle anderen Kenngrößen erhebliche Veränderungen erfuhren. Über eine Einscheiben-Trockenkupplung war der Motor mit dem Getriebe verbunden. Dieses Dreiganggetriebe, dessen Schaltwechsel über einen Mittelschalthebel vorgenommen wurden, war mit dem Motor verblockt und nicht wie beim Rolls-Royce Silver Ghost separat angeordnet.

Im Unterschied zum Kühler des großen Bruders lagen beim Rolls-Royce 20 H. P. die Lamellen waagerecht in der einem griechischen Tempelportal nachempfundenen Kühlermaske. Ihre Öffnung erfolgte nicht thermostatisch gesteuert, sondern manuell durch den Fahrer. Dieser erhielt die Kühlwassertemperatur von einem Thermometer im Armaturenbrett mitgeteilt. Zwei Neigungswinkel der Lenksäule standen zur Wahl. Ein steilerer für Aufbauten wie Limousinen, Sedanca de Villes und Landaulets, weil diese überwiegend von Chauffeu-

Die Entwicklungen in den »Goldenen Zwanzigern«

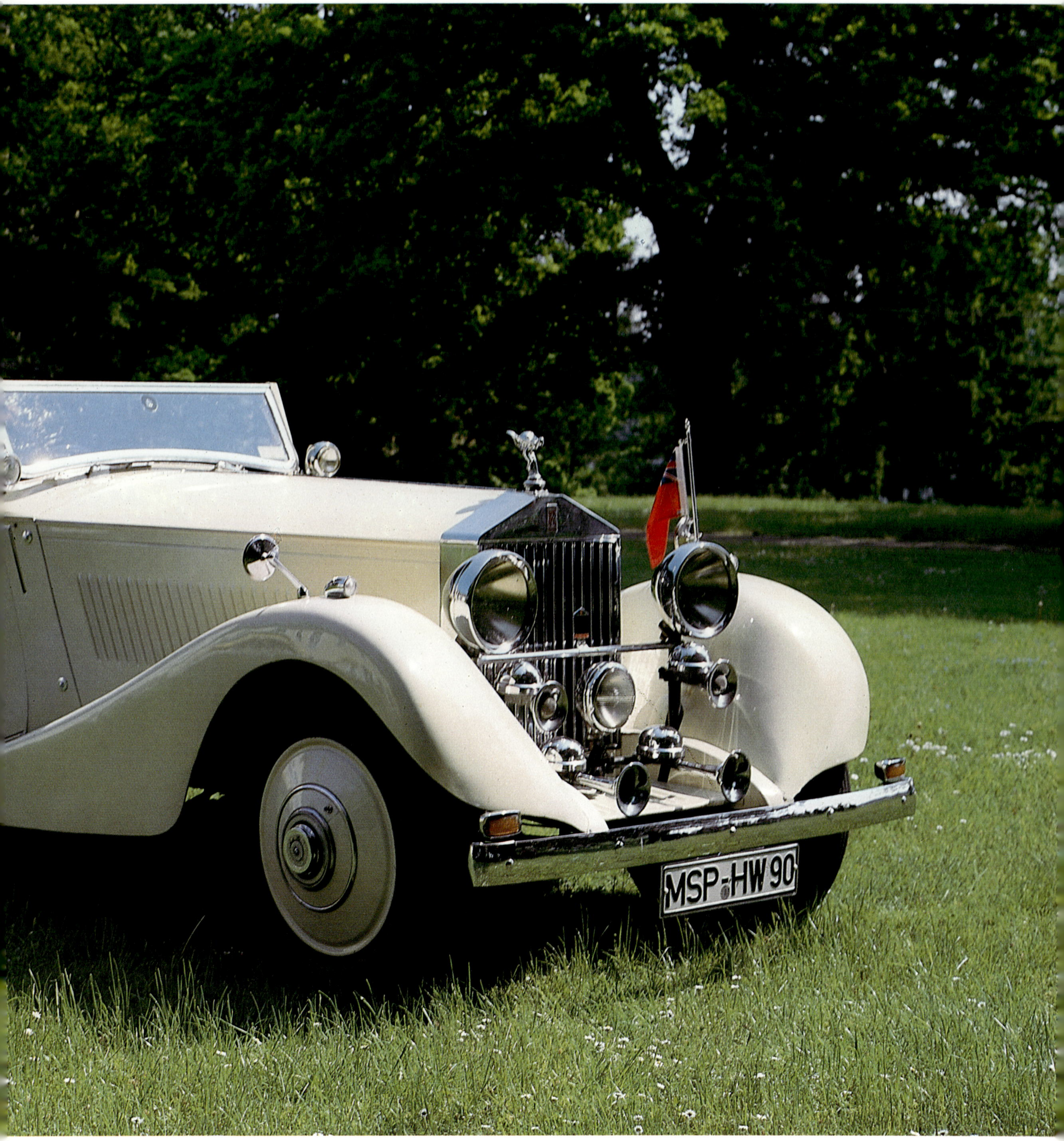

Verbesserungsmaßnahmen endeten bei Rolls-Royce nicht mit dem Auslaufen einer Serie. Für den Rolls-Royce 20 H. P. läßt sich dies an den Auspuffkrümmern belegen. Ab Anfang der 30er Jahre kamen im Tausch nur noch verrippte Ausführungen, die Hitzespannungen besser widerstanden, zum Einbau.

Development at Rolls-Royce did not stop with the end of a model series. The exhaust manifold of the Rolls-Royce 20 H. P. is but one example. From the beginning of the thirties a finned version, which could resist the heat better, was supplied.

ren gesteuert wurden und damit für den Fahrgastraum hinter der Trennscheibe mehr Raum blieb. Ein flacherer war vorgesehen für Aufbauten wie Tourer und Coupes.

In der Presse war schon einige Zeit vor dem Erscheinen über den Rolls-Royce 20 H.P. spekuliert worden, allerdings erwartete man ein vierzylindriges Auto. Nach ersten Prüfungsfahrten mit dem neuen Sechszylinder lobten die Presseberichte das Fahrverhalten sowie die Qualität der Verarbeitung und gaben einen Seitenhieb auf die US-Einflüsse. Ein Getriebe mit nur drei Gängen und Mittelschalthebel galt als Charakteristikum für einen Wagen amerikanischer Provenienz. Teils erhielten die Rolls-Royce 20 H.P. Lichtmaschinen des US-Herstellers Westinghouse. Einzelne Reporter kamen zu dem Fazit, es handele sich um einen gewiß hochwertigen Wagen von wenig bemerkenswertem amerikanischen Zuschnitt.

Derlei Rügen seitens der Berichterstatter erwiesen sich für den Erfolg der im Oktober 1922 vorgestellten Neuerscheinung nicht als Handicap. Mit einem Preis von 1100 £ für Fahrgestell mit Motor stellte die Anschaffung eines Rolls-Royce 20 H.P. eine Investition dar, die um 750 £ unter der des Rolls-Royce Silver Ghost lag. Damit richteten Käufer ihr Augenmerk auf Rolls-Royce, für die sonst die Anschaffung eines Wagens dieser Marke nicht zur Wahl gestanden hätte. Erleichtert wurde die Entscheidung für den Rolls-Royce 20 H.P., weil erstmals komplette Automobile von Rolls-Royce angeboten wurden. Beim angesehensten britischen Karosseriebauer, Barker in London, wurden Rolls-Royce 20 H.P. entsprechend werkseigenen Entwürfen mit Aufbauten versehen. Die Entscheidung hatte nicht den naheliegenden Grund, ähnlich wie in den USA komplette Autos anzubieten, um die Wartezeit zwischen Kauforder und Fahrzeugübernahme zu vermeiden. Derartige Wünsche waren nur in Einzelfällen laut geworden. Die Karosseriebauer und ihre wenig flexible Technik hatten den Ausschlag gegeben. Das meiste Ansehen genossen jene Betriebe, die ihre Ursprünge noch auf die Zeit des Kutschenbaues zurückführen konnten. Sie boten handwerkliche Präzision durch ein Team von außerordentlich erfahrenen und gut aufeinander eingespielten Spezialisten.

F. Henry Royce hatte aber wiederholt bemängelt, wie leichtfertig es war, die Technik des Kutschenbaues ohne weiteres auf die Karosserien für Kraftfahrzeuge zu übertragen. Höhere Geschwindigkeiten und Vibrationen in Frequenzen, denen eine Kutsche nie ausgesetzt war, verursachten Risse und Brüche im Rahmenwerk und in der Beplankung von Autokarosserien. Gelegentlich fielen diese bei harter Beanspruchung auseinander oder vom Fahrgestell. Der eigens als Verbindungsmann zwischen Werk und Karosseriebauern eingesetzte Mitarbeiter H. Ivan F. Evernden beklagte, statt struktureller Änderungen und Suche nach neuen Lösungen zur Erhöhung der Stabilität fänden sich durchweg größer dimensionierte und erheblich schwerere Aufbauteile. Er war mit F. Henry Royce einer Meinung. In Verbindung mit dem durch die Höhe der Aufbauten bedingten, erheblichen Luftwiderstand wurde die Leistung auch durch unnötiges Gewicht geschmälert. H.I.F. Evernden erstellte eine Reihe präzise gezeichneter Karosserieentwürfe, nach denen bei Barker Aufbauten verschiedener Art entstanden.

Im November 1925 erfuhr der Rolls-Royce 20 H.P. eine deutliche Veränderung mit dem Einbau von 4-Rad-Bremsen. Ihre Auslegung entsprach denen, die für den Rolls-Royce Silver Ghost entwickelt worden waren. Zugleich beugte man sich dem Kundenwunsch und wechselte vom Dreiganggetriebe mit Mittelschalthebel zu einem Vierganggetriebe, dessen Schalthebel rechts neben dem Fahrersitz aufragte. Der Rolls-Royce 20 H.P. genoß besondere Wertschätzung, weil er ebenso schaltfaul gefahren werden konnte wie der Rolls-Royce Silver Ghost. Daher ist der Wechsel eher als Erfüllung einer modischen Forderung zu bewerten denn als konstruktives Erfordernis.

Die Entwicklungen in den »Goldenen Zwanzigern«

Ein Jahr bevor 1929 mit einer erreichten Produktionsziffer von 2885 Exemplaren die Fertigung des Rolls-Royce 20 H.P. eingestellt wurde, erhielt der Kühler die Lamellen senkrecht angeordnet. Die Überlegung von F. Henry Royce, über eine Ausweitung des Angebotes zusätzliche Käufer zu gewinnen und ein Einsteigermodell zu konzipieren, hatte sich als richtig erwiesen. Der Rolls-Royce 20 H.P. war für den Hersteller der erfolgreichste Wagen in dieser Dekade und wurde zum Ahnen einer Modellreihe, die mit wachsendem Erfolg neben den »großen« Rolls-Royce eigenständig weitergeführt wurde.

Rolls-Royce 20 H.P.

Rolls-Royce 20 H.P., Baujahr 1927, Chassis-Nr. GHJ 54. Verwandtschaft mit dem »Barrel Sided Tourer« von Barker wird deutlich beim Aufbau von Horsfield & Son.

Following the lines of Barker's »Barrel-Sided Tourer« this coachwork was erected by Horsfield & Son.

Die Entwicklungen in den »Goldenen Zwanzigern«

Rolls-Royce Phantom I (New Phantom)

Kontinuierlich vorgenommene Verbesserungen hatten die Notwendigkeit für die Ablösung des Rolls-Royce Silver Ghost durch einen Nachfolger hinausgezögert. Es ließ sich aber nicht verleugnen, wie deutlich dieser in die Jahre gekommen war. Als die Entwürfe für den 1922 vorgestellten Rolls-Royce 20 H.P. den letzten Schliff erhielten, lag der Schwerpunkt der Entwicklungsarbeit im Hause Rolls-Royce bereits bei dem Wagen, der den Rolls-Royce Silver Ghost ersetzen sollte.

Mit dem Namen Rolls-Royce New Phantom präsentierte sich der neue Typ erstmals im Mai 1925 in den Schauräumen der Londoner Niederlassung, 14–15 Conduit Street. Es handelte sich um keine radikale Neuschöpfung, sondern um eine Kombination der besten Lösungen, die bei den letzten Ausführungen des Rolls-Royce Silver Ghost und beim Rolls-Royce 20 H.P zu finden waren.

Das Fahrgestell entsprach weitgehend demjenigen, das vom Rolls-Royce Silver Ghost her vertraut war. Es gab zwei Ausführungen. Eine, deren Radstand 3,64 m maß, und eine weitere mit 3,82 m. Für die Version mit längerem Radstand war ein Aufpreis von 50 £ zu bezahlen. Die für den Rolls-Royce Silver Ghost entwickelte Vierrad-Bremsanlage mit Servounterstützung hatte sich so gut bewährt, daß sie auch beim neuen Typ verwendet wurde.

Für den Vortrieb sorgte ein Aggregat mit sechs Zylindern in Reihe und einem Hubraum von 7668 ccm. Gegenüber dem ursprünglich quadratisch ausgelegten Motor des Vorgängers war der neue ein Langhuber. Die Bohrung betrug 108 mm und der Hub knapp 140 mm. Zwei Zylinderblöcke mit je drei Zylindern waren verbunden durch einen einteiligen, abnehmbaren Zylinderkopf, in dem die Ventile angeordnet waren. Dieses Bauprinzip zeigte Verwandtschaft mit der Antriebsquelle des Rolls-Royce 20 H.P. So wie dessen Kühlerlamellen von Hand zu verstellen waren, war es auch für die senkrecht in der Kühlermaske stehenden Lamellen des Rolls-Royce New Phantom vorgesehen. Gegenüber der thermostatgesteuerten Regelung, die seit 1923 den Rolls-Royce Silver Ghost ausgezeichnet hatte, erfolgte damit ein Rückschritt.

Der neue Typ erschien genau zur richtigen Zeit, um die abbröckelnden Verkaufsziffern zu stabilisieren. Alle Verlautbarungen, die an die Öffentlichkeit gegeben wurden, legten stets Wert auf die Feststellung, es lägen mehr Bestellungen vor, als erledigt werden könnten, und Wartezeiten seien unvermeidlich. Angesichts einer Halde von nahezu 300 unverkauften Rolls-Royce Silver Ghost – dem besseren Teil einer Jahresproduktion – war derlei Reklame nicht streng an der Wahrheit ausgerichtet. Eine Verschrottung wurde unumgänglich, wenngleich der Sprachgebrauch Rolls-Royce sie verharmlosend umschrieb mit »reduced to produce«. Eine solch radikale Maßnahme sollte eigentlich vermieden werden. Der Rolls-Royce New Phantom wurde angeboten in Ergänzung zum Rolls-Royce Silver Ghost mit dem ausdrücklichen Hinweis, dieser bliebe weiterhin erhältlich. Die Offerte wurde aber nur in ein oder

zwei Fällen angenommen. Panzerfahrzeuge, wie sie der I. Weltkrieg hervorgebracht hatte, wurden bis zum Jahr 1928 angefertigt – und zwar immer in Form des Rolls-Royce Silver Ghost.
Der Rolls-Royce New Phantom erfreute sich regen Zuspruchs, und für ihn traf die Aussage zu, wonach der Auftragseingang die Produktionsmöglichkeiten überstieg. Der Erfolg war bemerkenswert, weil die

Armaturenbrett des unten abgebildeten Rolls-Royce Phantom I.

Facia of the lower car.

Rolls-Royce Phantom I, Baujahr 1927, Chassis-Nr. 61LF. In Australien wurde das Coupé bei Martin & King gebaut. Hinter der Fahrertür der Zugang zum Abteil für die Golfausrüstung.

Martin & King in Australia built the Coupé. Nicely fitted behind the driver's entrance is a trap-door to a compartment for the golf equipment.

Rolls-Royce Phantom I (New Phantom)

Konkurrenz in der Luxusklasse schärfer geworden war. Mit einer Vielfalt, die für jeden Kundenwunsch ein maßgeschneidertes Angebot präsentierte, glänzte insbesondere Daimler. Als Antriebsquellen wurden Sechszylinder- und Achtzylinder-Reihenmotoren sowie Zwölfzylindermotoren in V-Anordnung offeriert; allen Motoren gemeinsam war die Besonderheit von Drehschieberventilen nach Knight-Patent. Ernstzunehmende Konkurrenten waren Lanchester und Leyland. An den Herrenfahrer, der Leistungsstärke über Laufruhe stellte, wandten sich Bentley und Sunbeam. Ungeachtet der Verteuerung durch erheblichen Einfuhrzoll verzeichneten von den kontinentaleuropäischen Wettbewerbern die belgische Marke Minerva und der aus Frankreich stammende Hispano-Suiza eine nicht geringe Nachfrage. Um die Situation, in der sich der Rolls-Royce New Phantom bewähren mußte, richtig zu verstehen, dürfen auch die amerikanischen Anbieter nicht außer acht gelassen werden. Cadillac, Packard und Lincoln fanden Abnehmer, obwohl die Wartung mangels Werkstätten, die Ersatzteile vorrätig hielten, schwierig und durch Verzögerungen behindert war.

Treibende Kraft bei den Veränderungen am Rolls-Royce Silver Ghost war ohne Frage F. Henry Royce mit dem Anspruch, Perfektion anzustreben. Diese Forderung erfuhr eine Verstärkung und wurde zum Selbstläufer durch den Konkurrenzdruck. Aus der Fülle von Verbesserungen, die dem Rolls-Royce New Phantom während einer nur vier Jahre dauernden Herstellungsperiode angediehen, ragen drei heraus. Sie betrafen das Fahrgestell, um Mängel der Fahreigenschaften zu eliminieren, die Karosserie, um die Höchstgeschwindigkeit anzuheben, und den Motor, um Leistung und Laufruhe positiv zu beeinflussen.

Das Fahrgestell des Rolls-Royce New Phantom war fast identisch mit dem des Rolls-Royce Silver Ghost. Bestückt mit der neuen Maschine, deren PS-Zahl fast 25 Prozent höher lag, geriet es an die Grenze seiner Leistungsfähigkeit. Bei zügiger Fahrt auf welligem Fahrbahnbelag konnten Räder zu springen beginnen und mit diesem Verhalten den Komfort erheblich beeinträchtigen. Die Vorderachse neigte zu Verspannungen, wenn heftige Bremsmanöver bei hohem Tempo erforderlich wurden. Ab 1926 kamen an der Vorderachse hydraulische Stoßdämpfer zum Einbau; ab 1927 fanden sie sich rundum. Den etwa um diese Zeit in Mode kommenden Niederdruck-Ballonreifen stand Rolls-Royce sehr reserviert gegenüber. Mit ihrer Breite und einem erheblichen Walkmoment beeinflußten sie die Präzision der Lenkung, die zudem deutlich mehr Kraftaufwand verlangte. Ein Hinweis im Handbuch untersagte die Bestückung der Vorderräder mit

Die Entwicklungen in den »Goldenen Zwanzigern«

Ballonreifen. Mit einer Änderung am Rahmen schuf F. Henry Royce ab 1928 die Voraussetzung für eine Unterbringung des oder der Reserveräder am Fahrzeugheck. Die dadurch bedingte ausgewogenere Gewichtsverteilung erhöhte den Fahrkomfort. In einer Zeit ohne Verstellmöglichkeit der Stoßdämpfer konnte nämlich zum Beispiel eine siebensitzige Limousine bei voller Besetzung sänftengleich gleiten, aber deutlich merkbare Fahrbahnstöße fühlen lassen, wenn nur ein Fahrgast befördert wurde. Schon bei der Bestellannahme wurde der Kunde gebeten, anzugeben, mit wieviel Personen das Auto üblicherweise besetzt wäre und für welchen Zweck es vorzugsweise Einsatz fände. Jeder Wagen erhielt das Federungssystem speziell angeglichen an die zu befördernde Fahrgastzahl und daran, ob Stadtverkehr oder Überlandtouren Schwerpunkt des Einsatzgebietes sein sollten.

Der Rolls-Royce New Phantom war noch nicht lange auf dem Markt, als Geschwindigkeitsmessungen auf der Brooklands-Rennstrecke für eine Überraschung sorgten. Eine unwillkommene Überraschung, denn die Stoppuhren attestierten dem neuen Modell, das einen normalen Aufbau in Form eines offenen Tourers trug, eine geringere Höchstgeschwindigkeit, als sie der Rolls-Royce Silver Ghost vom London-Edinburgh-Typ im Jahre 1911 zu erreichen vermocht hatte. Dieser war zu einem Zeitpunkt, der immerhin vierzehn Jahre zurücklag, mit einem Spitzentempo von knapp mehr als 126 km/h über die Rennstrecke geeilt. Trotz der über den langen Zeitraum gemachten Fortschritte lag das Spitzentempo des Nachfolgers unter 120 km/h. Geschwindigkeit wurde weder von den Erwerbern noch vom Firmenvorstand als das wichtigste Kriterium für die Beurteilung des Rolls-Royce angesehen. Dennoch sorgte die Minderung eines wichtigen Leistungsdatums für Aufregung.

C.G. Johnson bestand darauf, Abhilfe zu schaffen. Seinem Vorschlag zufolge sollte der Standardausführung eine mild getunte Alternative zur Seite gestellt werden. Auf den Einwand, statt über leistungssteigernde Eingriffe am Motor könne höhere Endgeschwindigkeit auch mit gewichtsreduzierenden Änderungen an der Karosserie erreicht werden, lenkte er ein. Gemäß seiner Anweisung wurde bei Barker ein Rolls-Royce New Phantom mit einem leichten Tourer-Aufbau eingekleidet – und konnte beim Geschwindigkeitstest in Brooklands nicht überzeugen. Nach einem Entwurf von H.I.F. Evernden entstand daraufhin bei Barker ein kompromißlos auf Leichtbau ausgerichteter Tourer. Obwohl der Karosseriebauer Skepsis äußerte, bestätigte diese Version, daß zu schwere Aufbauten die Geschwindigkeit begrenzt hatten. Der Leichtbau lief über 143 km/h. Nach dem gleichen Entwurf erhielten weitere Rolls-

Rolls-Royce Phantom I, Baujahr 1926, Chassis-Nr. 82UF. Hooper erstellte den Aufbau als Town Car. Weißwandreifen sind eine spätere Applikation, die den Rolls-Royce Phantom I gut kleiden.

Town Car by Hooper. White wall tyres are a later addition, which many think enhances this Rolls-Royce Phantom I…

Die Entwicklungen in den »Goldenen Zwanzigern«

Royce New Phantom zu Testzwekken Leichtbaukarosserien, die von Hooper und Jarvis gebaut wurden.
Einer Änderung der charakteristischen Kühlerform, die F. Henry Royce vorgeschlagen hatte, widersetzte sich C. G. Johnson. Der Kühler bedingte zugegebenermaßen eine erhebliche Beeinträchtigung der Windschlüpfigkeit, aber als Markenzeichen war er sein Gewicht in Gold wert.
In der Entwicklungs-Abteilung von Rolls-Royce sprach man von dem auf Betreiben von C. G. Johnson entstandenen Leichtbau-Tourer nur als »Claude Johnson Special«. Einflußnahme auf weitere Entwicklungen blieb ihm aber versagt. Er starb im April 1926 nach kurzer Krankheit.
Mit großem Erfolg hatte er die Firmengeschicke gelenkt. Der Verlust durch den frühen Unfalltod von Charles S. Rolls und die krankheitsbedingte Einschränkung der Leistungsfähigkeit von F. Henry Royce hatten dank seines Einsatzes keine Einbrüche für die Firma zur Folge. C. G. Johnsons Position wird pointiert getroffen mit der Beurteilung, er sei der Bindestrich im Namen Rolls-Royce gewesen. Anerkennung genoß neben seinem kaufmännischen Geschick, das dem Unternehmen eine blendende finanzielle Basis sicherte, auch seine Befähigung, neuen Strömungen Rechnung zu tragen. Er hatte sich bereitgefunden, schon ab 1920 die Position eines Arbeitsdirektors bei Rolls-Royce zu etablieren. Forderungen der Belegschaft waren in der Folge auf dem Verhandlungsweg beraten und Arbeitskämpfe vermieden worden. Sein Ableben riß eine Lücke, die der nach ihm berufene Basil Johnson, sein Bruder, nicht auszufüllen vermochte. B. Johnson stand zudem in Distanz zu F. Henry Royce und unterlag dem Fehler, dessen Einfluß zu unterschätzen, als er ihn mehrfach überging. Nach zwei Jahren mußte er

Rolls-Royce Phantom I, Baujahr 1926, Chassis-Nr. 123NC. Coupé von Jackson mit interessanten Fahrtrichtungsanzeigern.

Coupé by Jackson; note the traffic indicators.

Rolls-Royce Phantom I, Baujahr 1927, Chassis-Nr. 10EX. Der erste Leichtbau-Tourer entstand unter Aufsicht von H. I. F. Evernden bei Barker. Das Foto zeigt ihn nach der Zulassung für einen Privatkunden – vorher trug er das Kennzeichen CH5877.

Open Streamline Sports Tourer by Barker to a design from H. I. F. Evernden. The photo shows the car when licensed for a customer – the previous license plate read CH5877.

seinen Hut nehmen, und nach einer Interimsperiode übernahm E. Arthur Sidgreaves den Posten des kaufmännischen Direktors für die Zeit bis 1945.

Der Rolls-Royce New Phantom verfügte über einen Zylinderkopf aus Stahlguß. Dieser Zylinderkopf wurde 1928, beginnend mit der durch CL gekennzeichneten Fahrgestell-Serie, abgelöst durch einen Aluminiumkopf. Damit sollte die vorher kritisierte Neigung des Motors zu »klingeln«, das heißt unzeitgemäß zu zünden bzw. nach dem Abstellen weiterzulaufen, kuriert werden. Im neuen, aus Aluminiumguß gefertigten Zylinderkopf waren zu diesem Zweck die Zündkerzen – zwei pro Zylinder – anders positioniert als im ursprünglich aufgesetzten Stahlgußkopf. Im gleichen Zug wurde die Verdichtung erhöht und damit eine Leistungssteigerung von etwa 10 Prozent erzielt. Obwohl Rolls-Royce Fragen nach der Leistung mit »ausreichend« beschied und exakt gemessene PS-Zahlen nicht veröffentlicht wurden, kommt eine Schätzung von 90 bis 100 PS für die frühen und 100 bis 110 PS für die späteren Serien der Wahrheit wohl sehr nahe. Bei einem Hubraum von knapp acht Litern konnten solche Werte erreicht werden, ohne in Grenzbereichen zu operieren. Laufruhe und Langlebigkeit waren das Ergebnis der moderaten Leistungsausbeute.

Die Standfestigkeit des Motors lag in einem Bereich, der sogar den Betrieb mit Kompressor verkraftete. Ein gewisser Capt. Kruse ließ seinen 1925 gekauften Rolls-Royce New Phantom von dem Spezialisten Amherst Villiers – der kurze Zeit später mit den Kompressor-Bentleys Bekanntheit erlangte – mit einem Kompressor aufladen. Für den Betrieb des Kompressors sorgte ein kleiner Vierzylindermotor, der auf dem Trittbrett vorne links installiert wurde. Sobald er von der Existenz der Leichtbau-Tourer hörte, schwenkte Capt. Kruse auf die neue Linie ein. Sein Kompressor-Rolls-Royce wurde an Dorothy Paget verkauft – auch ihr Name war später eng mit den Kompressor-Bentleys verbunden – und ein eigentlich für den Export nach Indien vorgesehener Leichtbau-Tourer kam als schnelles Transportmittel in die Hände von Capt. Kruse. Ebenfalls mit Hilfe eines Kompressors beatmete Douglas Fitzpatrick den Motor seines Wagens. Dieser hatte vor der Umrüstung im Jahr 1939 schon dreizehn Jahre Dienst getan. Kurbelwelle und Lager zeigten sich den höheren Drücken bei aufgeladenem Betrieb gewachsen.

Zu diesem Zeitpunkt trug der Rolls-Royce New Phantom bereits den Namen Rolls-Royce Phantom I. Er wurde umgetauft, um ihn von seinem Nachfolger, dem Rolls-Royce Phantom II, deutlich abzugrenzen.

Rolls-Royce Phantom I aus den USA

Zeitgleich mit der Umstellung in England den Nachfolger für den Rolls-Royce Silver Ghost auch bei der amerikanischen Dependance aufzulegen, war nicht gelungen. Die eigenwillige Unternehmenspolitik, ein Zweigwerk unabhängig einzurichten, aber nur weisungsgebunden arbeiten zu lassen, zeigte sich einmal mehr als Schwachstelle. Es dauerte ein ganzes Jahr, nachdem der Rolls-Royce Phantom I in England bereits auf dem Markt war, bevor das erste Exemplar im amerikanischen Werk in Springfield, Massachusetts, fertiggestellt wurde.

Vorausgegangen war, wie nicht anders zu erwarten, ein drastischer Umsatzrückgang bei den dort noch produzierten Rolls-Royce Silver Ghost. Nach der Markteinführung des neuen Modells in England warteten amerikanische Käufer auf den Wechsel auch in Springfield und zeigten keine Bereitschaft mehr, mit dem Rolls-Royce Silver Ghost ein Automobil anzuschaffen, das in nächster Zukunft veraltet erscheinen mußte. Die Tatsache der unmittelbar bevorstehenden Ablösung konnte die Werksleitung auch nicht verschleiern, indem alle an Zulieferer gesandten Teile-Zeichnungen mit einem Stempel versehen wurden, der eine falsche Fährte legen sollte. »Aero & Marine Division« lautete der Aufdruck. Während das Werk zwecks Herstellung des neuen Modells umgerüstet wurde, mußten aus England 100 Fahrgestelle mit Motor eingeführt werden. Sie gingen an Kunden, die darauf beharrten, die neueste Ausführung eines Rolls-Royce zu erhalten. Wegen der hohen Zollschranke verblieb aus diesem Handel kein Gewinn für Rolls-Royce of America. Die ursprünglich verfolgte Absicht, völlige Identität zwischen englischem und amerikanischem Produkt sicherzustellen, war bereits während der Bauzeit des Rolls-Royce Silver Ghost aufgeweicht worden. Der Rolls-Royce Phantom I aus Springfield, der auch in den

USA zunächst als Rolls-Royce New Phantom lanciert wurde, unterschied sich von vornherein in etlichen Punkten von seinem englischen Gegenstück. Er verfügte über eine zentrale Fahrwerksschmierung System Bijur und über thermostatgesteuerte Kühlerlamellen. Damit entfielen die arbeitsintensive und gelegentlich vernachlässigte Versorgung von 44 Schmierstellen am Fahrwerk und die Einstellung der Kühlerlamellen über eine Handbetätigung mit Hebeleinrichtung am Armaturenbrett. Diesen besseren Detaillösungen stand als Manko gegenüber, daß immer noch keine Vierrad-Bremsen zum Einbau kamen. Die Werkzeugkosten für die Herstellung der notwendigen Fertigungsvorrichtungen lagen für den kapitalschwachen amerikanischen Betrieb zu hoch.

Die ersten 66 Rolls-Royce Phantom I wurden mit Bremsen nur an der Hinterachse ausgeliefert. Später wurden sie mit einem enormen Kostenaufwand, nach und nach im Werk mit Bremsen auch an der Vorderachse sowie mit dem getriebeunterstützten Bremskraftverstärker nachgerüstet. Noch 1929, als in England schon seit dem Vorjahr der Motor mit einem Aluminiumzylinderkopf aufgewertet war, stattete Rolls-Royce of America 50 Rolls-Royce Phantom I mit Zylinderköpfen aus Stahlguß aus. Die nachteiligen Folgen des zeitlichen Verzugs erwiesen sich als Handicap. Wenn Käufer ein Fahrzeug in England orderten und importierten, lag der Grund weniger im Snobismus als in der Absicht, die modernste Version erhalten zu wollen.

In bezug auf die Aufbauten hatten die amerikanischen Rolls-Royce Phantom I formal gelungenere und im Betrieb praktischer durchdachte Lösungen zu bieten als jene, die auf der anderen Seite des Atlantiks aus den Werkshallen rollten. Ihr Äußeres überzeugte mit harmonischen Linien und einer perfekt auf die Wünsche des Benutzers ausgerichteten Innenraumgestaltung. Rolls-

Rolls-Royce Phantom I, Baujahr 1928, Chassis-Nr. S151RP. Bei Auburn entstand der Salamanca de Ville. Er bestätigt die bei Rolls-Royce vertretene Ansicht, daß amerikanische Karossiers den englischen ebenbürtig und gelegentlich überlegen waren.

Auburn was responsible for this Salamanca de Ville. A good example underlining Rolls-Royce's opinion that American coachbuilders were in the same class as the English, and sometimes superior.

Rolls-Royce Phantom I. Bei diesem Speedster von Brewster sind die Lamellen mit eigenem Rahmen vor den Kühler gesetzt.

The Speedster by Brewster shows radiator shutters which are fixed in their own frame in front of the radiator.

Royce of America bemühte sich um die Erfüllung jeden Wunsches, der geäußert wurde. Nicht einmal von tiefgreifenden Änderungen des Fahrgestells wurde abgesehen, was belegt wird durch einige Rolls-Royce Phantom I, deren Fahrgestell auf Kundenwunsch beträchtlich verlängert wurde. Im Gegensatz zur abwertend geäußerten Feststellung von F. Henry Royce »only rotten drivers« (»nur miserable Fahrer«) benötigten Stoßstangen, waren die amerikanischen Rolls-Royce Phantom I in der Regel mit solchen versehen. In England verging noch ein erheblicher Zeitraum, bevor sie Akzeptanz fanden, denn sie erhöhten das Fahrzeuggewicht.

Ein Rückblick auf die zweite Hälfte der zwanziger Jahre ist heute immer getrübt durch die Kenntnis der Weltwirtschaftskrise von 1929. Die Manager von Rolls-Royce of America waren sich der drohenden Gefahren ebensowenig bewußt wie andere Wirtschaftsführer und vertraten optimistisch die Ansicht, es sei nur eine Frage der Zeit, bis die Erfolgsschwelle überschritten würde. Sie verwiesen auf die Kaufkraftunterschiede zwischen England und den USA und zogen daraus den Schluß, daß eine glänzende Entwicklung bevorstünde. Unberücksichtigt blieb, um wieviel stärker der Wettbewerb in der Luxuswagenklasse in den USA war und wie schwach die Position eines Unternehmens sich darstellte, wenn es nur mit einem einzigen Modell den Markt bediente.

Wegen der riesigen Distanzen auf dem nordamerikanischen Kontinent erfolgte 1928 die Gründung von Rolls-Royce of Canada, Ltd. Diese Gesellschaft sollte mit einer Hauptniederlassung in Montreal, Quebec, und gegebenenfalls weiteren Niederlassungen in anderen Großstädten des nördlichen Nachbarn der USA den Verkauf und die Wartung der Rolls-Royce sicherstellen, die in Kanada abgesetzt werden sollten. Viel Erfolg war der Neugründung nicht beschieden.

Rolls-Royce of America wurde 1929 nicht allein vom Hieb des Börsenkrachs und dem darauf folgenden Zusammenbruch des Marktes getroffen. Mit dem Rolls-Royce Phantom II wurde in diesem Jahr auf dem alten Kontinent der Rolls-Royce Phantom I abgelöst. Die Fertigung dieses Nachfolgemodells in den USA war aus Kostengründen unmöglich. Beim besten Willen waren die Mittel nicht aufzutreiben, um die Fabrik entsprechend auszustatten. Der Rolls-Royce Phantom II war ein von Grund auf neues Automobil. Der Rolls-Royce Phantom I dagegen stellte bis auf den Motor nur einen überarbeiteten Rolls-Royce Silver Ghost dar. Dennoch hatte schon in seinem Fall die Umstellung der Produktion nur mit Schwierigkeiten realisiert werden können – bei besserer Wirtschaftslage.

Der Niedergang des so hoffnungsvoll begonnenen Zweigwerkes in den USA zog sich über etliche Jahre hin. Aus England wurden über 100 speziell für den amerikanischen Markt abgestimmte Rolls-Royce Phantom II in Form von Fahrgestell mit Motor geliefert. Sie wurden im Auftrag von Rolls-Royce of America mit Karosserien komplettiert und über die eigene Absatzorganisation vertrieben und betreut. Gleichzeitig wurden, überwiegend aus den vorhandenen Lagerbeständen, etwa 250 Rolls-Royce Phantom I zusammengebaut und mit zum Teil deutlichem Preisabschlag verkauft.

Mit der hochangesehenen Karosseriebaufirma Brewster war 1926 eine Perle in den Unternehmensbereich von Rolls-Royce of America eingegliedert worden. Brewster hatte sich an die Produktion eines Luxuswagens gewagt und dabei finanziell übernommen. Als die Lage 1934 völlig desolat schien, wollte Rolls-Royce of America aus dem immer noch glänzenden Namen Brewster Vorteil ziehen und legte ein »Brewster Town Car« auf. Mit einschneidenden Änderungen, insbesondere einer deutlichen Verlängerung, wurde das Fahrgestell eines Ford V8 für die Aufnahme einer speziell hergestellten Karosserie bearbeitet. Die Fahrzeuge verkauften sich nur schleppend.

Die Entwicklungen in den »Goldenen Zwanzigern«

Auf Druck von Rolls-Royce (London & Derby) änderte im gleichen Jahr 1934 Rolls-Royce of America den Firmennamen in Springfield Manufacturing Corporation. In England legte man Wert darauf, den Namen Rolls-Royce von jeder Verbindung zu einem konkursreifen Unternehmen fernzuhalten.

Mit der deutlichen Absetzbewegung hatte Rolls-Royce ein Risiko unbeachtet gelassen. 1935 wurde der Konkurs erklärt, und 1936 erwarb der Autohersteller Pierce Arrow die Maschinenanlagen und Restbestände der Springfield Manufacturing Corporation mit Ausnahme der Fabrikgebäude. Weil im Zuge dieser Transaktion auch Rechtsansprüche erworben wurden, hätte Pierce Arrow gemäß Vertrag auf das gesamte Knowhow und auf die Patente von Rolls-Royce Zugriff nehmen können. Pierce Arrow befand sich aber selbst bereits in Schwierigkeiten und realisierte die Chance gar nicht, die sich bot. Zwei Jahre später folgte der eigene Konkurs.

Den extravaganten Karosserielinien wurde der bequeme Einstieg zu den Rücksitzen geopfert.

Because of extravagant lines there was no comfortable access to the rear seats.

Rolls-Royce Phantom I, Baujahr 1930, Chassis-Nr. S132PR. Aus Geheimhaltungsgründen auf dem Dach des Brewster-Gebäudes in New York fotografiert: Das Super Sports Coupé für den New York Salon 1930. In England gab es schon seit einem Jahr den Nachfolger Rolls-Royce Phantom II …

For secrecy reasons photographed on the roof of the Brewster building in New York: Super Sports Coupé to be exhibited at the New York Salon 1930. In England the successor Rolls-Royce Phantom II had been available since 1929 …

Rolls-Royce 20/25 H.P.

Mit dem Rolls-Royce 20 H.P. hatte sich ein feiner Erfolg eingestellt. Diesen zum Ausgangspunkt für eine Modellreihe »kleinerer« Rolls-Royce in Ergänzung zu den Rolls-Royce Phantom zu machen, lag auf der Hand. Das Jahr 1929 sah das Debüt der ersten Weiterentwicklung in der neuen Linie. Der Rolls-Royce 20/25 H.P. erschien als Nachfolger für den Rolls-Royce 20 H.P.

Die signifikante Änderung stellte der Motor dar. Durch Erweiterung der Bohrung war der Hubraum auf 3669 ccm angewachsen. In Verbindung mit einer höheren Verdichtung von 4,6:1 stellte sich ausrei-

Die Entwicklungen in den »Goldenen Zwanzigern«

chend Leistung ein. Die gelegentlich bemäkelte Behäbigkeit des Rolls-Royce 20 H.P., deren Ursache nicht in der Motorcharakteristik, sondern in zu schweren Aufbauten zu suchen war, stellte keinen Kritikpunkt mehr dar. Der Rolls-Royce 20/25 H.P. passierte mühelos die Marke von 100 km/h; bei leichter Karosserie mit geringer Stirnfläche zeigte der Tachometer als Höchstgeschwindigkeit einen Wert von mehr als 120 km/h an.

Der Leistungszuwachs hatte nichts an den geschätzten Qualitäten des Rolls-Royce geändert. Der Motor lief nahezu geräuschlos. Die weitverbreitete Fahrweise, zügig in den höchsten Gang zu schalten und diesen nicht mehr zu verlassen, akzeptierte der Rolls-Royce 20/25 H.P. wegen des größeren Drehmomentes williger als sein Vorgänger. Im Unterschied zu diesem verfügte er über Kühlerlamellen, die sich thermostatisch geregelt öffneten und schlossen. Für den Fahrer bedeutete diese Bedienungserleichterung den Wegfall der Betätigung eines Verstellhebels im Armaturenbrett, mit dem beim Rolls-Royce 20 H.P. ein Mechanismus zur Verstellung der Kühlerlamellen bewegt wurde.

Keine Unterschiede gab es beim Fahrgestell. Nicht einmal eine Änderung der Fahrgestell-Nummern ließ Rückschlüsse auf den Wechsel zu. Die letzten Rolls-Royce 20 H.P. trugen die Fahrgestell-Nummern GXO 1 bis GXO 10. Mit den Num-

Rolls-Royce 20/25 H.P., Baujahr 1935, Chassis-Nr. GOH35. Der Sports Saloon von Hooper präsentiert sich in einem perfekt restaurierten Zustand. Die in vielen Schichten aufgetragene Nitrolackierung zeigt eine spiegelglatte Oberfläche.

This Sports Saloon by Hooper in perfect restored condition. The paintwork is of a glass-finish.

Rolls-Royce 20/25 H. P., Baujahr 1930, Chassis-Nr. GDP40. H. J. Mulliner baute den Four Light Saloon nach Patent Weymann. Mr. Weymann hatte den Karosseriebau um eine leichte, klapperfreie Variante bereichert, bei der über den Holzrahmen keine Bleche, sondern beschichtete Tuchflächen gezogen wurden.

H. J. Mulliner built this Four Light Saloon after Weymann's patent. Mr. Weymann's method for a light, rattlefree coachwork was to clad waterproof cloth in place of aluminium panels over a wooden frame.

mern GXO 11 bis GXO 111 wurde diese Serie bei den ersten Rolls-Royce 20/25 H. P. fortgeführt.
Die Folgen der Weltwirtschaftskrise wurden auch für Rolls-Royce spürbar, sie führten aber nicht zum Zusammenbruch der Nachfrage. Ein wichtiger Grund mag in dem enormen Prestigegewinn liegen, den die Firma genoß, weil sie in die Schlagzeilen geraten war als Inhaber der Geschwindigkeitsweltrekorde zu Lande, zu Wasser und in der Luft. Mit dem R-Motor hatte Rolls-Royce einen Hochleistungsmotor gebaut, der zunächst im Flugwettbewerb um die Schneider-Trophy Furore machte und ein englisches Flugzeug auf Weltrekordgeschwindigkeit beschleunigte. Mit der gleichen Kraftquelle bestückt, erreichten auch der Rennwagen »Bluebird« von Malcolm Campbell und das Rennboot »Miss England« von Kaye Don das Ziel, auf dieser Welt die schnellsten zu sein. Ohne Frage wirkten sich solche Erfolge für Rolls-Royce in einer schwierigen Zeit positiv aus.
Die Arbeit an den Automobilen wurde ohne Unterbrechungen in immer neue Verbesserungen umgesetzt. Schon im Jahr nach der Einführung des neuen Typs erhielt er das Fahrgestell verlängert. Die Motoraufhängung wurde flexibler ausgelegt, die Zündspule und der Auspuffkrümmer gegen im Test überlegene Versionen getauscht. Eine Anhe-

Links: Rolls-Royce 20/25 H. P., Baujahr 1935, Chassis-Nr. GOH35. Die übersichtliche Zusammenfassung der Instrumente in einer Gruppe.

Grouped in the centre of the facia are the clearly visible instruments.

Rechts: Rolls-Royce 20/25 H. P., Baujahr 1930, Chassis-Nr. GDP40. Im Innenraum des hochbauenden Saloon störte weder Kardantunnel noch Trennscheibe.

The inside was encumbered neither by the transmission-tunnel nor division.

Die Entwicklungen in den »Goldenen Zwanzigern«

bung des Verdichtungsverhältnisses auf 5,25:1 erhöhte die Motorleistung und trug der gestiegenen Kraftstoffqualität Rechnung. Ab 1932 stieg die Verdichtung auf 5,75:1. Mit dem Leistungszuwachs verbunden war die Einwirkung erheblich höherer Kräfte auf die Kurbelwelle. Als flankierende Maßnahme wurde dieses Bauteil zunächst in einer widerstandsfähigeren Werkstoffqualität ausgeführt und 1934 verstärkt.

Eine deutliche Verbesserung der Fahreigenschaften und günstigen Einfluß auf das Komfortempfinden der Fahrgäste versprachen neuentwickelte Stoßdämpfer, die ab 1933 zum Einbau kamen. Weil sie nicht ganz die Erwartungen erfüllten, entschloß sich Rolls-Royce, ab 1934 auf einstellbare Stoßdämpfer umzustellen. Sie ließen sich über einen Hebel am Lenkrad stufenlos verstellen und sorgten für eine Dämpfung, die Fahrbahnstöße nicht mehr zu den Insassen durchdringen ließ. Unterstützt wurde die gelungenere Fahrwerksabstimmung durch Stabilisatoren, die vom folgenden Jahr an eingebaut wurden.

Die Linie der »kleineren« Rolls-Royce, die mit dem Rolls-Royce 20 H.P. begonnen worden war, fand mit dem Rolls-Royce 20/25 H.P. eine überaus gelungene Fortsetzung. Mit einer Stückzahl von 3827 Exemplaren erwies er sich als das meistverkaufte Modell der Zwischenkriegszeit. Ohne die Beeinträchtigungen der Weltwirtschaftskrise, deren Beginn mit der Markteinführung dieses Typs zusammenfiel, hätte der Erfolg vielleicht noch deutlicher ausfallen können.

Die geänderten Eckdaten des Wirtschaftslebens ließen Rolls-Royce nicht unbeeinflußt. Sie gaben den Mahnern eine Basis, die verlangten, über das Preis-Leistungs-Verhältnis müsse nachgedacht werden, und kritisierten, es würde mit zu großem Kostenaufwand produziert. Angesichts einer nachweisbaren Geldentwertung seit Einführung des Rolls-Royce 20 H.P. im Jahre 1922 erschien es unerklärlich, warum der Preis für den Rolls-Royce 20/25 H.P. keine Angleichung erfahren hatte. Seit 1922 kostete der »kleine« Rolls-Royce 1100 £. Die Verbesserungen, die in der Zwischenzeit wertsteigernd vorgenommen worden waren, und der Modellwechsel hatten keine Preisanhebung zur Folge. Die Kritik bewirkte nichts. Selbst für das Nachfolgemodell des Rolls-Royce 20/25 H.P., den 1936 eingeführten Rolls-Royce 25/30 H.P., wurden unverändert 1100 £ verlangt.

Dem Vorwurf bezüglich zu großen Kostenaufwands bei der Herstellung folgten dagegen Ansätze zu Einsparungsmaßnahmen. Rolls-Royce produzierte so viele Fahrzeugkomponenten wie möglich im eigenen Betrieb. Nennenswerte Zukäufe waren in der Vergangenheit nur bezüglich der elektrischen Ausstattung erfolgt – und in solchen Fällen wurde den Lieferanten aufgegeben, detailliert vom Werk vorgegebene Spezifikationen einzuhalten. Bei der letzten Fahrgestell-Serie des Rolls-Royce 20/25 H.P. machte Rolls-Royce erstmals auch für Einbauteile der Fahrzeugmechanik von den Angeboten selbständiger Firmen Gebrauch. Die Kupplung stammte von Borg & Beck, und die Lenkung fertigte Marles. Die Ersparnis für Rolls-Royce war deutlich, obwohl die Fremdfirmen einen höheren Preis verlangten als von anderen Autobauern. Rolls-Royce hatte nicht darauf verzichtet, eigene Qualitätsstandards zwingend vorzugeben.

Rolls-Royce 20/25 H.P., Baujahr 1934, Chassis-Nr. GWE24. Als Shooting Brake – dieser ist von Charlesworth – war der Rolls-Royce 20/25 H.P. schon eine rare Erscheinung, als er noch neu war. Nur Einzelexemplare dürfte es heute noch geben.

As a Shooting Brake – this one is by Charlesworth – the Rolls-Royce 20/25 H.P. was a rare bird even in its days. Presumably only a handful survived.

Links:
Der Picknickkoffer für den Imbiß unterwegs.

A very suitable picnic basket.

Rechts:
Rolls-Royce Phantom II, Baujahr 1931, Chassis-Nr. AJS250. Der St. Martin-Brougham von Brewster wurde auf ein speziell für den Export in die USA gefertigtes Fahrgestell gesetzt.

St. Martin Brougham by Brewster which was mounted on a chassis specially produced for export to the USA.

Unten:
Der Fahrer konnte die auf einer Platte zusammengefaßten Instrumente auf einen Blick erfassen.

Quite convenient for the driver was the central arrangement of the instrument board.

Die Entwicklungen in den »Goldenen Zwanzigern«

Rolls-Royce Phantom II und Rolls-Royce Phantom II Continental

Rolls-Royce Phantom II, Baujahr 1935, Chassis-Nr. 141TA. Für einen Besteller in Ägypten entstand das wuchtige Sidelight Cabriolet bei Hooper.

A massive Sidelight Cabriolet by Hooper for an Egyptian customer.

Mit einer Ankündigung in der Zeitschrift »The Autocar« vom 20. September 1929 wurde das Ende der Produktion des Rolls-Royce Phantom I bestätigt. Er machte Platz für den Rolls-Royce Phantom II, der im Oktober 1929 auf der Olympia Motor Show in London debütierte. Den noch auf der Warteliste geführten Bestellern eines Rolls-Royce Phantom I wurde nahegelegt, zum Rolls-Royce Phantom II zu wechseln.

Bei eingehender Betrachtung zeigte sich der Nachfolger nicht als von Grund auf neu entwickelt. Der Motor aus dem Rolls-Royce Phantom I war – in überarbeiteter Form – beibehalten und in ein völlig neues Fahrgestell gesetzt worden. Dieses Vorgehen zeigte Anlehnung an den Wechsel vom Rolls-Royce Silver Ghost zum Rolls-Royce Phantom I, als in das vorhandene Fahrgestell ein neuer Motor kam.

Hier ist eine Einschränkung anzubringen. Die Kraftquelle im Rolls-Royce Phantom II wies einen anderen Zylinderkopf auf als im Rolls-Royce Phantom I. Mit Hilfe eines Querstromzylinderkopfes war der Durchsatz erhöht und die PS-Zahl angehoben worden. Der Zylinderkopf war aus Aluminium gefertigt und gestattete in Verbindung mit geringfügigen Modifikationen der Kolben eine Anhebung der Verdichtung auf 4,75:1. Bezüglich der Grundauslegung mit sechs Zylindern, die sich mit einem Hubraum von 7668 ccm auf zwei Zylinderblöcke verteilten, diese verschraubt auf einem einteiligen Kurbelgehäuse, war indessen keine Änderung erfolgt. Gleichfalls beibehalten blieb die Doppelzündung mittels Zündspule und Zündmagnet. Die Nebenaggregate waren lediglich im Motorraum anders positioniert.

Das Fahrgestell offerierte zeitgemäße Neuerungen. Nennenswert war die Verwendung von Halbelliptik-Federn für beide Achsen. Bei der Hinterachse waren sie unter dieser durchgezogen. Dies ergab zusammen mit dem niedrigen Rahmen eine mit 230 mm beträchtliche Verringerung der Höhe. Auch mit einer konservativ ausgeführten und entsprechend hochbauenden Karosserie zeigte der Rolls-Royce Phantom II kein antiquiertes Erscheinungsbild. Den Trend zu einer niedrigeren Bauhöhe unterstützte der nach einem Jahr erfolgte Wechsel von 21-Zoll-Rädern auf 20-Zoll-Räder, dem sich später ein weiterer Wechsel auf Räder mit einem Durchmesser von nur noch 19 Zoll anschloß.

Motor, Kupplung und Getriebe waren zu einer Einheit zusammengefaßt. Statt in einem Hilfsrahmen wurde die Motoraufhängung direkt mit dem Chassis verschraubt. Resultat dieser Maßnahme war eine merkliche Versteifung des Fahrgestells im Bugbereich. Mit einer zentralisierten Fahrwerksschmierung, die sich in den USA an allen dort gebauten Rolls-Royce Phantom I bewährt hatte, wurde in England erst jetzt der Rolls-Royce Phantom II versehen. Das System versorgte nicht alle Schmierstellen, weil die beweglichen Teile wie Vorderradaufhängung, Achsen und Kardanwelle weiterhin auf die Versorgung von Schmiernippeln mit einer separaten Fettpresse angewiesen waren. Es dauerte bis 1933, ehe die Ingenieure bei Rolls-Royce ihre Vorbehalte gegen flexible Ölführungen aufgaben und eine pedalbetätigte zentrale Fahrwerksschmierung von Luvax-Bijur einsetzten. Aus dem gleichen Jahr datieren die ersten Rolls-Royce Phantom II mit Telecontrol-Stoßdämpfern. Die Einstellung der Stoßdämpfer an der Hinterachse geschah mit Hilfe eines Hebels am Lenkrad und war ein deutlicher Fortschritt im Bemühen um mehr Fahrkomfort, weil auf die Wirkung der Stoßdämpfer jetzt entsprechend der Fahrzeugbeladung oder dem Straßenzustand Einfluß genommen werden konnte.

Eine Neuerung fand sich mit den systematisch zusammengefaßten Anzeigeinstrumenten, die in der Mitte des Armaturenbrettes gruppiert waren. F. Henry Royce hatte den Anstoß gegeben, die Anordnung zu überdenken, da die bis dahin verstreut angeordneten Instrumente teilweise nur schlecht ablesbar waren. Jetzt präsentierten sich die Anzeigen für Geschwindigkeit, Öldruck, Ladezustand, Kühlwassertemperatur und Uhrzeit in einer Gruppe auf einer ins Armaturenbrett eingepaßten Trägerplatte. Wegen ihrer ovalen Form erhielt sie den Spitznamen »Soup-Plate« – was in der sinngerechten Übersetzung als Suppenterrine ein wenig schwerfällig klingt. Die Anordnung in der Mitte bot den Vorteil, sowohl für Rechts- wie für Linkslenker zu passen.

Zur Verkürzung der Wartezeit zwischen Bestellung und Auslieferung eines Rolls-Royce Phantom II diente ein auf Gummielementen montierter Hilfsrahmen. Auf diesem konnte bereits die Karosserie errichtet werden, während sich Fahrgestell und Motor noch in der Produktion oder im Test befanden. Obwohl das Angebot von Kunden gern angenommen wurde, blieb es nicht auf Dauer bestehen, weil der Hilfsrahmen ein zusätzliches Gewicht darstellte. Jegliche Gewichtszunahme schluckte unvermeidbar einen Teil der zur Verfügung stehenden Leistung.

Das Leistungspotential des Triebwerks war nahezu bis ans Limit ausgeschöpft. Dennoch ergab sich im direkten Vergleich mit Wettbewerbern ein deutlicher Abstand bei den Leistungsdaten. So stachen die Bentley $6\frac{1}{2}$ Liter und Bentley 8 Liter hinsichtlich Beschleunigung und Höchstgeschwindigkeit den Rolls-Royce Phantom II ebenso aus, wie er sich etwa dem Mercedes-Benz SS (Super Sport, in England nach Steuerformel Mercedes-Benz 38/250 genannt) und dem Hispano-Suiza J 12 geschlagen geben mußte. Ganz zu schweigen von den amerikanischen Luxuswagen etwa in Form von Pierce-Arrow, Duesenberg, Packard oder Marmon, die aus Motoren mit acht, zwölf oder gar sechzehn Zylin-

HYU 135C

Rolls-Royce Phantom II, Baujahr 1929, Chassis-Nr. 24EX. Der erste linksgelenkte Rolls-Royce Phantom II trug einen Closed Coupled Sports Saloon von Barker. Die Aufnahme entstand in Südfrankreich und zeigt neben dem Fahrzeug v. l. n. r. Royce' Pflegerin E. Aubin, F. H. Royce, E. Hives and A. G. Elliott.

The first LHD Rolls-Royce Phantom II, a Closed Coupled Sports Saloon by Barker. The photo was taken in south of France and beside the car are from left Royce's nurse E. Aubin, F. H. Royce, E. Hives and A. G. Elliott.

dern Leistung im Überfluß bereitstellten.
Rolls-Royce hatte glaubwürdig das Image gepflegt, Spitzenwerte bezüglich Geschwindigkeit und Beschleunigung seien nicht die maßgeblichen Kriterien für die Güte der eigenen Fahrzeuge, sondern den wichtigsten Rang nähmen perfekte Fahrkultur und problemlose, langlebige Betriebssicherheit ein. Mit diesem Anspruch hatte man auf dem heimischen und auf dem hart umkämpften internationalen Markt eine sichere Position errungen. Diese war nur zu halten, wenn bezüglich der Fahrwerte keine zu große Lücke toleriert wurde.
Mit einer Anhebung der Verdichtung und dem Einsatz einer modifizierten Nockenwelle wurde daher eine höhere Leistungsausbeute angestrebt. Bereits bei Tests hatte sich die Notwendigkeit ergeben, vorab eine Verstärkung der Auslaßventile und der Ventilfedern vorzunehmen. Der Leistungszuwachs stellte sich wie gewünscht ein, aber um einen hohen Preis. Nach Laufleistungen von teils nur 8000 bis 10000 Meilen wiesen die Nockenwellen schlimme Verschleißerscheinungen auf. Um so wenig Aufsehen wie möglich bemüht, wechselte Rolls-Royce die defekten Nockenwellen im Wege der Kulanz und kehrte schließlich zum Einbau der ursprünglichen Version zurück.
Der Übergang zum Einsatz eines synchronisierten Getriebes gelang dagegen ohne Schwierigkeiten. Zunächst, das heißt ab 1932, waren die Schaltwechsel zum dritten und vierten Gang erleichtert. Einige Zeit später wies das Getriebe auch für den zweiten Gang Synchronringe auf. Damit wurden die Schaltvorgänge vereinfacht, weil Doppelkuppeln und Zwischengas entfielen. Die Leistung des Motors konnte zügiger ausgenutzt werden. Im Gegensatz zum Rolls-Royce Silver Ghost und auch noch zum Verhalten beim Rolls-Royce Phantom I lief der Motor bei stärkerer Belastung aber nicht mehr nahezu lautlos. Er meldete sich leise, aber hörbar und übertrug Schwingungen auf das Fahrgestell.
Der bereits beschriebene Niedergang des US-Ablegers in Springfield sollte nach dem Willen des Rolls-Royce-Vorstandes nicht zum Verlust der Stellung auf dem amerikanischen Markt führen. Eigens unter Berücksichtigung der in den USA gewonnenen Erfahrungen entstanden mehrere Serien linksgelenkter Rolls-Royce Phantom II. Neben einem durchdacht auf amerikanische Verhältnisse abgestimmten Fahrwerk verfügten diese Automobile über mittig plazierte Schalt- und Handbremshebel. Nachfrage erreichte das Werk nicht allein aus der Neuen Welt, sondern auch vom europäischen Festland, wo sich etliche Besteller für den Rolls-Royce Phantom II mit dem Lenkrad auf der linken Seite entschieden.
Auf den Nachdruck, mit dem Rolls-Royce Anstrengungen unternahm, in den USA auch nach der Aufgabe des Zweigwerkes präsent zu bleiben, wirft der Testbetrieb in Chateauroux ein Schlaglicht. Während der Fertigungszeit des Rolls-Royce Phantom II von 1929 bis 1935 wurden nach und nach insgesamt elf Testwagen dieses Typs ausgiebigen Probefahrten in Frankreich unterzogen. In zwei Fällen handelte es sich bei den Testwagen um Links-

Die Entwicklungen in den »Goldenen Zwanzigern«

lenker. Für die im Vergleich zum Gesamtabsatz geringe Zahl von Rolls-Royce Phantom II, die in die USA gingen, trieb Rolls-Royce einen unverhältnismäßig großen Aufwand.
Die Initiative für die Schaffung eines Sondermodells, des Rolls-Royce Phantom II Continental, ergriff F. Henry Royce. Ihn hatten die Sports-Saloon-Karosserien fasziniert, die vereinzelt im Straßenbild auftauchten. Mit deutlich geringerer Baulänge als andere Karosserieausführungen boten sie vier Türen und Platz für vier oder fünf Passagiere. Die hintere Sitzbank war nicht über, sondern vor der Hinterachse angeordnet. Damit stand zwar deutlich weniger Platz zur Verfügung als in den herkömmlichen Limousinen, aber wegen der fehlenden Trennscheibe bot sich für die hinten Sitzenden dennoch genügend Fußraum. Dies insbesondere, wenn eine muldenförmige Gestaltung des Bodens das Ausstrecken der Füße bis unter die Vordersitze erlaubte.
Von F. Henry Royce kam nach genauer Inspektion eines Fahrzeuges dieser neuen Generation, eines Riley Nine Monaco, der Vorschlag, einen Rolls-Royce Phantom II mit besonders sportlicher Auslegung zu schaffen und mit einer Sports-Saloon-Karosserie zu versehen. In der Verkaufsorganisation wurde diese Anregung blank abgelehnt. Davon ließ sich F. Henry Royce nicht entmutigen. Der Rolls-Royce Phantom II stand zur Auswahl mit kurzem Radstand von 3,65 m und in einer längeren Version, deren Radstand 3,81 m maß. Angeblich für den eigenen Gebrauch orderte F. Henry Royce einen Rolls-Royce Phantom II mit kurzem Radstand.
Gemeinsam mit H.I.F. Evernden realisierte der Chefingenieur seine Vorstellungen. Die Federung wurde deutlich straffer abgestimmt für Überlandtouren mit hohem Tempo auf dem Kontinent. Dazu fanden Blattfederpakete mit nur fünf kräftigen Federblättern Verwendung. Beim Basismodell wurden Fahrbahnunebenheiten von Federpaketen mit zehn bzw. später neun dünneren Blattfedern abgefangen.
Nach einem detaillierten Entwurf von H.I.F. Evernden entstand bei Barker eine schnittige Karosserie, die zusätzlich Attraktivität über eine Lackierung in hellem Blau mit Perlmuttglanzeffekt gewann. F. Henry Royce prüfte das Auto und schickte H.I.F. Evernden zu einer Demonstrationsfahrt nach Frankreich und Spanien. Bei einem Wettbewerb im mondänen Badeort Biarritz gewann der Rolls-Royce Phantom II den

Rolls-Royce Phantom II, Baujahr 1933, Chassis-Nr. 178MY. Der Four Light Saloon von H. J. Mulliner zeigt viele Merkmale, wie sie den Rolls-Royce Phantom II Continental kennzeichneten. Puristen werden ihn aber nicht als solchen einstufen, denn er verfügt über das Chassis mit langem Radstand.

Four Light Saloon by H. J. Mulliner showing several characteristics of a Rolls-Royce Phantom II Continental. Purists will not call her one, because the chassis is of a long wheelbase type.

Rolls-Royce Phantom II, Baujahr 1930, Chassis-Nr. 27GY. Der Tourer wurde für den Maharadscha von Parlakimedi bei Barker hergestellt. Zu den Besonderheiten zählen Armaturenbrett und Türbeschläge in Perlmutt, weiße Instrumentenblätter und ein weißes Lenkrad.

The Tourer was built by Barker to the order of H. H. The Maharajah of Parlakimedi. Special features are a facia and door panels in mother-of-pearl, white dials and a white steering wheel.

Concours d'Elegance und katapultierte sich damit in den Mittelpunkt des Interesses. Erste Kaufanfragen waren an die Londoner Verkaufsorganisation zu melden. Weitere folgten, nachdem der Wagen in Madrid für Aufsehen gesorgt hatte. Bei der Rückkehr nach England wurde H. I. F. Evernden damit überrascht, daß die zunächst so ablehnenden Mitarbeiter aus dem Verkaufsstab bereits einen Prospekt vorlegen konnten. Den Prospekt für den Rolls-Royce Phantom II Continental.

F. Henry Royce konnte sich gutbuchen, mit seinem sicheren Gespür für ansprechende Automobile dem Unternehmen den Käuferkreis derjenigen erschlossen zu haben, die einen ausgesprochenen Luxuswagen, aber mit sportlichem Fahrverhalten, erwerben wollten. 281 Rolls-Royce Phantom II Continental konnten insgesamt an Käufer aus dieser Zielgruppe ausgeliefert werden. Die absolute Zahl mag nicht hoch erscheinen, sie stellte aber einen beachtlichen Prozentsatz der Gesamtproduktion von 1681 Rolls-Royce Phantom II dar.

Nach langem Suchen fand F. Henry Royce auch einen Ansatz für die Lösung des Problems der seiner Ansicht nach mit zu großem Gewicht gebauten Karosserien. Seit Anfang der zwanziger Jahre hatte er Dispute mit Karosseriebauern geführt, die zur Erzielung größerer Stabilität nur den Weg stärkerer Dimensionierung kannten. Zwangsläufig stellte sich damit eine leistungsmindernde Gewichtszunahme ein. Stärker ausgeführte Pfosten schränkten zudem die Sicht und damit die Übersicht des Fahrers ein. Bei einem Besuch in London erregte eine Karosserie die Aufmerksamkeit F. Henry Royce', die seinen Vorstellungen von einem stabilen, aber leichten und übersichtlichen Aufbau sehr nahekam. Geschaffen hatte sie ein Unternehmen mit dem Namen Park Ward, das erst wenige Jahre zuvor gegründet worden war. Dort beschritt man neue Wege, nicht bekümmert um die sonst vielfach noch gepflegten Anklänge an die Tradition des Kutschenbaues.

Die Entwicklungen in den »Goldenen Zwanzigern«

Arbeitstechniken und Materialwahl waren ausschließlich an den Erfordernissen des Automobil-Karosseriebaus orientiert. Altmodisch war nur der Anspruch auf perfekte Arbeitsausführung. In kurzer Zeit entwickelte sich ein enger Kontakt zwischen Rolls-Royce und Park Ward, verstärkt durch die zuvorkommende Kooperationsbereitschaft dieses Karossiers. Testwagen erhielten darauf überwiegend Aufbauten von Park Ward. Trotz dieser Verbindung zu einer ersten Adresse der Automobilindustrie drohte der Betrieb kurz vor Beginn des II. Weltkrieges in Liquidation zu gehen. Um dies zu vermeiden, wurde er von Rolls-Royce übernommen und blieb mit kaum beschnittener Eigenständigkeit bestehen.

Rolls-Royce Phantom II Continental, Baujahr 1932, Chassis-Nr. 74MS. Der Sports Saloon für die Sport-Version des Rolls-Royce Phantom II wurde hergestellt bei Freestone & Webb.

Freestone & Webb produced this Sports Saloon for the Continental version of the Rolls-Royce Phantom II.

Abb. Seite 82/83: Bentley 3 Liter, Baujahr 1922, Chassis-Nr. 166. Der Open Tourer von Gurney Nutting wurde nach Australien exportiert und befindet sich heute noch auf dem fünften Kontinent.

Exported to Australia was this Open Tourer by Gurney Nutting and still lives down under.

Der Werdegang von Bentley

9

Walter Owen Bentley

Walter Owen Bentley lebte von 1888 bis 1971. Seit 1919 gab es Automobile mit seinem Namen, ab 1931 verband sich dieser Name mit dem Begriff Rolls-Royce. Das Namensinitial ist in dem geflügelten Emblem enthalten, das auf den Kühlern aller Automobile zu finden ist, die nach ihm benannt sind.

Geboren wurde er am 16. September 1888 als neuntes Kind einer gutsituierten Familie, die ein großes Haus in einer geschätzten Wohngegend von London führte. Im Anschluß an eine Privatschulausbildung absolvierte er eine Lehre bei einer Eisenbahngesellschaft in Doncaster in Yorkshire. Schon während der Lehre legte er sich sein erstes Motorrad zu, ein 3 H. P. Quadrant. Seine Maßnahmen, diese Maschine mittels Demontage des Schalldämpfers zu frisieren, fanden nicht den ungeteilten Beifall seiner Eltern. Der Vater reagierte auf den Motorenlärm von der zur Bastelecke umfunktionierten Terrasse gelegentlich, indem er mit der Familienbibel nach dem Sprößling warf.

W. O. Bentley
Der eng mit dem Rennsport verbundene Konstrukteur auf einem Bild von 1919.

A 1919 photo of the engineer who was so closely connected to the motor sport.

Die Begeisterung von W. O. Bentley blieb ungedämpft, und nach einiger Zeit bewilligten die Eltern die Mittel für den Wechsel zu großvolumigeren Maschinen. Zunächst legte sich W. O. Bentley solche von Rex zu und stieg dann um auf eine amerikanische Indian. In schneller Folge beteiligte er sich an Bergrennen und Strecken-Wettbewerben und schnitt erfolgreich ab. Mit diesen Einsätzen begann eine Bindung an den Rennsport, die sich für das weitere Leben als prägend erwies.

Sein erstes Auto, einen Riley 9 H. P. mit unter dem Sitz befindlichem Motor und Kettenantrieb, kaufte W. O. Bentley während einer kurzen Tätigkeit als technischer Angestellter bei der National Motor Cab Company. Er trug dort die Verantwortung für die Betriebsbereitschaft von 250 Kraftdroschken und sollte ein Auge auf Kostensenkungsmaßnahmen gerichtet halten. Die zahlungskräftigen Eltern erlaubten ihm bald den Wechsel zu einem besseren Automobil; er leistete sich einen vierzylindrigen Sizaire et Naudin.

Mit 24 Jahren machte er sich selbständig, indem er – finanziert mit einem Vorschuß auf den Anteil am elterlichen Erbe – eine Teilhaberschaft an einer Importfirma für französische Automobile erwarb. Diese vertrat die Marken Buchet, La Licorne und D. F. P., was für Deroit, Flandrin et Parant stand. Wenige Wochen später zahlte sein drei Jahre älterer Bruder H. M. Bentley die anderen Teilhaber der Firma aus, und unter dem Namen Bentley & Bentley starteten die Brüder ins Geschäftsleben – mit mehr Begeisterung als Erfahrung.

Indem sie auf sportliche Erfolge als Werbeträger setzten, handelten sie genau richtig. Mit präzise getunten Fahrzeugen von D. F. P. – die anderen Marken waren aufgegeben worden – erzielte W. O. Bentley bemerkenswerte Erfolge. In der Presse wurden diese nach dem Motto »David tritt an gegen Goliath« wohlwollend kommentiert. Die Berichte erfüllten den Wunsch der Brüder nach Publicity. W. O. Bentley ging bereits nach kurzer Zeit über reine Tuningmaßnahmen hinaus und nahm immer tiefgreifendere Veränderungen am Motor des D. F. P. vor. Mit dem Einbau speziell gegossener Aluminiumkolben erzielte er eine Leistungsausbeute, die den Wagen für den Einsatz in bedeutenden Rennen tauglich machte.

Der Eintritt Englands in den I. Weltkrieg setzte der Entwicklung ein Ende. Bedachtsamer als mancher gleichaltrige Kamerad eilte W. O. Bentley nicht stracks zum Meldebüro für Freiwillige, um sich an die Front schicken zu lassen. Er erschien auf der Admiralität mit dem Vorschlag, die bewiesene Leistungssteigerung von Verbrennungsmotoren mittels Verwendung von Leichtmetallkolben für den Kriegseinsatz in Flugzeugmotoren zu übernehmen. Mit dem Rang eines Leutnants bestallt, wurde ihm die Aufgabe zugeteilt, zunächst die Verbesserung eines in Frankreich entworfenen Flugmotors zu betreuen. Daraus erwuchs der Auftrag für den Entwurf eigener Motoren, die sich im Einsatz ausgezeichnet bewährten.

Während der Zugehörigkeit zunächst zum Fliegerkorps der Marine und dann – nach deren Aufstellung – zur Royal Air Force, kam er in Kontakt mit einer ganzen Anzahl fähiger Motorenfachleute. Diese gewann er für seine Vorschläge mit einem ausgeprägten Talent für Teamarbeit. Bei Kriegsende wurde er als Captain geführt, und das Luftfahrtministerium zahlte für seine Konstruktionen den recht ansehnlichen Betrag von 8000 £.

Mit diesem Startkapital und einer kleinen Gruppe fähiger Mitarbeiter machte er sich unmittelbar nach Kriegsende daran, einen Sportwagen zu bauen, der seinen Namen tragen sollte.

Der Werdegang von Bentley

Der siegreiche Bentley 3 Liter nach dem 24-Stunden-Rennen von Le Mans 1924 in der Boxenstraße mit F. C. Clement, W. O. Bentley und J. Duff (v.l.n.r.).

Bentley 3 Litre after victory in the 24 Hour Race at Le Mans in the pits with from left F. C. Clement, W. O. Bentley and J. Duff.

Bentley 3 Liter

Mit ganz klaren Vorstellungen ging W. O. Bentley an die Arbeit, als der Entwurf für den ersten Bentley entstand. Er wollte den ersten ausgesprochenen Sportwagen in England schaffen und damit eine Marktnische füllen, die bisher nur die Anbieter vom europäischen Festland bedienten. Sein Grundgedanke war, aus einem nicht zu groß dimensionierten Motor mit Hilfe technischer Finessen so viel Kraft zu schöpfen, wie ohne Einbußen hinsichtlich der Standfestigkeit bei Dauerbeanspruchung nach dem Stand der Technik möglich war.
Er sah die Erfüllung dieser Ansprüche in einem Vierzylindermotor mit drei Litern Hubraum. Zylinderblock und Zylinderkopf waren in einem Stück gegossen. Ein nicht abnehmbarer Zylinderkopf vermied alle Probleme, die mit der Verwendung der noch nicht stark beanspruchbaren Zylinderkopfdichtungen auftreten konnten.
Als technische Leckerbissen offerierte der mit 149 mm Hub und 80 mm Bohrung als Langhuber ausgelegte Motor eine obenliegende Nockenwelle und pro Zylinder vier Ventile. Zwei synchronisierte Zündmagnete versorgten je zwei Zündkerzen pro Zylinder. Ein aus Aluminiumguß gefertigtes Kurbelgehäuse trug dem Bemühen um Leichtbau Rechnung und gewährleistete die Verminderung von Kühlungsschwierigkeiten dank besserer Wärmeableitung.
Eingebaut wurde dieses Hochleistungstriebwerk in ein konventionelles Fahrgestell. Dessen Auslegung war bewußt stabil gewählt, weil der Zustand der meisten Straßen zu wünschen übrig ließ und bei zügiger Fahrt die Federung und den Rahmen materialermüdenden Stößen aussetzte. Eine Ausstattung mit Bremsen nur an der Hinterachse stellte den Stand der Technik in dieser frühen Nachkriegsperiode dar. Die Vierradbremse fand sich zwar bereits vereinzelt bei anderen Marken, hatte sich aber noch nicht durchzusetzen vermocht. Ihrer weiteren Verbreitung standen die Probleme des außergewöhnlich hohen Kraftaufwandes für die Betätigung von vier Bremsen ebenso entgegen wie die noch nicht gelösten Probleme der Achsverwindung und dadurch bedingter Einflüsse auf die Lenkung.
Mit drei zugleich gefertigten Prototypen wurden ausführliche Probefahrten durchgeführt, und in einer langen Verbesserungsphase erlebte der ursprüngliche Entwurf zahlreiche Änderungen. Die erste Verlautbarung zu dem Bentley 3 Liter war am 29. November 1919 in der

Bentley 3 Liter, Baujahr 1926, Chassis-Nr. RE1395. Der Warnhinweis auf die 4-Rad-Bremsen war berechtigt, denn sie verkürzten den Bremsweg merkbar und legten Fahrern von Wagen mit nur zwei Bremsen an den Hinterrädern die Einhaltung eines größeren Abstandes nahe.

Warning triangle »4-Wheel-Brakes« was justified as the stopping distance became shorter and drivers of cars with only two rear wheel brakes did well to keep a safe distance.

Presse zu finden, gefolgt von einem lobenden Fahrbericht über den neuen Typ vom 24. Januar 1920. Erst im darauffolgenden Jahr kamen die ersten Bentley 3 Liter zur Auslieferung an die wartenden Kunden; von einem geregelten Verkauf konnte erst ab 1922 die Rede sein.

Entsprechend den guten Erfahrungen mit den D.F.P. der Vorkriegszeit setzte W.O. Bentley seine neuen Automobile sofort in Wettbewerben ein. Er betrachtete Erfolge in Renneinsätzen als die beste Form von Werbung, um dem Namen der neuen Marke schnelle Verbreitung zu verschaffen. Mit dem Gewinn des Teampreises im Tourist-Trophy-Rennen auf der Isle of Man 1922 wurde seine Überzeugung bestätigt. Die Leistungsfähigkeit der Bentley 3 Liter erfuhr eine ausführliche Würdigung in der Presseberichterstattung, und Bentley galt als Name eines Herausforderers, der Aufmerksamkeit verdiente. Es erfolgten weitere Nennungen und bemerkenswerte Erfolge in allen wichtigen Rennen auf der heimatlichen Insel. Daneben trat schon 1922 ein Einsatz in den USA. Beim 500-Meilen-Rennen von Indianapolis kam ein Bentley 3 Liter auf dem 13. Rang ins Ziel. Er hatte den Kurs mit einer Durchschnittsgeschwindigkeit von mehr als 128 km/h umrundet.

Für den schnellen Wagen erwies sich die Ausstattung mit nur zwei gebremsten Rädern als unzureichend. Ab 1923 kamen auch an der Vorderachse – die zu diesem Zweck überarbeitet worden war – Bremsen zum Einbau. Der Pedaldruck für die Bremsbetätigung verlangte enormen Kraftaufwand; neben vehementem Vortrieb stand aber nach der Änderung eine adäquate Verzögerung zur Verfügung.

Aus dem rasch wachsenden Kundenkreis wurden neue Ansprüche an den Bentley laut. Vor allem die Forderung nach einem Fahrgestell mit größerem Radstand für den Aufbau geräumigerer, komfortablerer Karosserien stand im Raum. Obwohl höheres Gewicht und geringere Windschlüpfigkeit infolge größerer Stirnfläche die Leistungen des Wagens drastisch reduzierten, kam das Werk den Wünschen nach und bot ab 1923 neben dem Standardmodell mit 2,98 m Radstand eine verlängerte Ausführung mit einem Radstand von 3,30 m an.

Im Erfolg beim Tourist-Trophy-Rennen lag der Ursprung für das im gleichen Jahr angebotene TT-Replica-Modell, das allerdings nur werksintern diesen Namen trug. Die Bezeichnung, die sich durchsetzte, war »Speed Model« und nahm Bezug auf den Punkt, in dem sich der Ableger vom Basismodell unterschied. Letzteres erreichte eine Spitzengeschwindigkeit von etwa 130 km/h bzw. etwa 120 km/h in der Ausführung mit langem Radstand. Der Bentley 3 Liter lief als Speed Model bis zu 145 km/h; ein Spitzentempo von 130 km/h wurde garantiert.

An den Verkaufsziffern für den Bentley 3 Liter war das Speed Model mit einem Satz von etwa 30

Der Werdegang von Bentley

Prozent beteiligt. Dies legte die Überlegung nahe, eine noch schnellere Ausführung in unmaskiertem Renntrimm anzubieten. Von 1925 bis 1927 wurde der Bentley 3 Liter Super Sports hergestellt. Mit einem auf 2,70 m verkürzten Radstand und einem Motor mit Teilen aus dem Rennwagenbau gehörte er zu der kleinen Elite von Kraftfahrzeugen, die die Grenze von 160 km/h zu überschreiten vermochten. Die Leistung wirkt eindrucksvoller, wenn in Meilen gemessen wird, weil mit 100 mph eine »magische« Ziffer erreicht wurde. Für das reine Wettbewerbsfahrzeug war aber der Kundenkreis eng begrenzt; auf 18 Bentley 3 Liter Super Sports, um genau zu sein.
Ein Privatbesitzer, John Duff, der eine Agentur für Bentley betrieb, gab den Ausschlag für die Beteiligung der Marke an den 24-Stunden-Rennen von Le Mans. Der von J. Duff 1923 gemeldete Bentley 3 Liter erreichte den vierten Platz. Dies geschah unter den Augen eines beeindruckten W. O. Bentley, der umgehend für das 24-Stunden-Rennen des folgenden Jahres ein Werksteam meldete. Der von diesem erfochtene Sieg in Le Mans brachte

Bentley 3 Liter, Baujahr 1922, Chassis-Nr. 67. Der ursprüngliche Aufbau von Wright wich dem offenen Tourer der Olympia Carriage Co.

The original coachwork by Wright was replaced by this Open Tourer created by Olympia Carriage Co.

YK 1053

Abb. Seite 88/89: Bentley 3 Liter, Baujahr 1925, Chassis-Nr. 1094. Der Karosserie in Anlehnung an die Linien von Vanden Plas ist neueren Datums. Zur Auslieferung kam der Bentley mit einem Aufbau von Gurney Nutting – der Firma, wo in einem Großfeuer auf einen Schlag 13 Bentley 3 Liter verlorengingen.

This replica of a Vanden Plas body is quite new. When delivered the Bentley carried coachwork by Gurney Nutting – the company where in a disastrous fire 13 Bentley 3 Litre were destroyed.

die Firma, die bis dahin nur nationale Beachtung gefunden hatte, international in die Schlagzeilen. Ein weiterer Sieg in Le Mans im Jahre 1927 war noch deutlich spektakulärer. Aus einem Team von drei Werkswagen waren zwei Fahrzeuge ausgefallen, weil sie in einen Unfall mit einem havarierten Rennteilnehmer verwickelt wurden. Das gleiche Schicksal hatte auch der dritte Bentley nicht vermeiden können, aber dieser hatte – in schwer beschädigtem Zustand – bis zum Schluß die Spitzenposition behauptet und als Sieger das Rennen beendet. Die Tapferkeit des Fahrers ebenso wie die Qualität des Bentley wurden nicht allein in der Motorpresse gelobt, sondern fanden Erwähnung in nahezu jeder Gazette des Vereinigten Königreiches. Es handelte sich um den letzten Renneinsatz ab Werk für den Bentley 3 Liter. In privater Initiative erfolgten noch viele Jahre lang Nennungen dieses Typs.
Auf der Rennstrecke von Brooklands war ein Bentley 3 Liter bis zum Ausbruch des II. Weltkrieges bei jedem Rennen im Einsatz. Umgerüstet zum Feuerlöschwagen sorgte er für Sicherheit auf schnellen Rädern.
Mit einem Wechsel von Rahmen und Vorderachse erfolgte 1928 nach fast zehnjähriger Bauzeit eine notwendige Modernisierung, aber in diesem und im Folgejahr konnte keine hohe Verkaufszahl mehr erreicht werden. Ein wichtiger Grund hierfür war die Konkurrenz aus dem eigenen Haus in Form der leistungsfähigeren Bentley 6½ Liter und Bentley 4½ Liter. Vier Bentley 3 Liter entstanden erst im Jahr 1936. Sie wurden aus bevorrateten Einzelteilen zusammengebaut, nachdem Rolls-Royce die Firma Bentley übernommen hatte. Weil bei diesem Vorgang auch Teile von anderen Modellen Verwendung fanden, stellen diese als »RC-Serie« (nach der Fahrgestell-Nummer) bezeichneten Bentley 3 Liter keine authentischen Typen dar.

Bentley 6½ Liter

Der Ursprung für den 1925 kreierten Bentley 6½ Liter lag in einem Mißerfolg. W. O. Bentley hatte beabsichtigt, mit einem Sechszylindermotor von viereinhalb Litern Hubraum in einem völlig neu entworfenen Fahrgestell die passende Ergänzung zum Bentley 3 Liter zu finden. Insbesondere sollte der hubraumstärkere Wagen nicht mit dem Manko des Bentley 3 Liter behaftet sein, der den Aufbau schwerer Karosserien mit einem deutlichen Verlust an Beschleunigung und Höchstgeschwindigkeit quittierte. Auf umfangreichen Probefahrten gewann W. O. Bentley die Überzeugung, daß ein Viereinhalb-Liter-Motor nicht genügen würde, um auch schweren Bentleys agiles Fahrverhalten zu ermöglichen.
Den deutlichsten Wink stellte eine Erfahrung auf französischen Landstraßen dar. Dort hatte der Prototyp nur mit Mühe mithalten können, als sich ein Überholduell mit einem anderen britischen Auto ergab. Es handelte sich um einen Wagen, von dem sich überraschend herausstellte, daß er ebenfalls als Prototyp auf Testfahrt war. – Ein Prototyp ausgerechnet von Rolls-Royce.
Eine Vergrößerung des Hubraums auf sechseinhalb Liter erwies sich als die geeignete Maßnahme, um eine Reisegeschwindigkeit von 120 km/h auch beim Aufbau wuchtiger und gewichtiger Karosserien zu gewährleisten. Leichtere Toureraufbauten gestatteten, den Bentley 6½ Liter in Geschwindigkeitsbereichen zu bewegen, die sonst nur reinen Rennfahrzeugen vorbehalten blieben.
In der – nur kleinen – Gruppe derjenigen, die sich den teuren Bentley leisten konnten, gab es Nachfrage sowohl für den Einsatz als leistungsfähiger Tourenwagen wie für den Einsatz als Wettbewerbsfahrzeug. Dies spiegelt sich in der Zahl der Varianten bezüglich des Radstandes, der mit acht unterschiedlichen Abmessungen dokumentiert ist. Bei einer Stückzahl von insgesamt 363 Exemplaren dieses Typs fragt man nach dem Sinn solcher Variationsbreite. Er ergibt sich aus der sorgfältigen Abstimmung des Bentley 6½ Liter auf die von den Abnehmern geäußerten Absichten hinsichtlich der späteren Verwendung.

Der Werdegang von Bentley

Für schwere, geschlossene Aufbauten, die eventuell eine Separation zwischen Fahrerabteil und Passagierraum aufwiesen, wurde der Radstand mit 3,66 m oder 3,80 m bemessen, im Ausnahmefall auch auf 3,87 m gestreckt. Nachdem eine Überarbeitung der Vorderachse zur Vermeidung von störenden Lenkeinflüssen den Einbau anderer Federn zur Folge hatte, maß der Radstand 3,69 m beziehungsweise 3,84 m. Für Selbstfahrer-Karosserien, in der Mehrzahl offene Tourer-Aufbauten, stand ein Fahrgestell mit kurzem Radstand von 3,35 m zur Verfügung; in einem Fall wurde ein Radstand von 3,51 m realisiert. Nach der Neupositionierung der Vorderachse legte auch das kurze Chassis beim Radstand 3 cm zu, und dieser betrug 3,38 m.

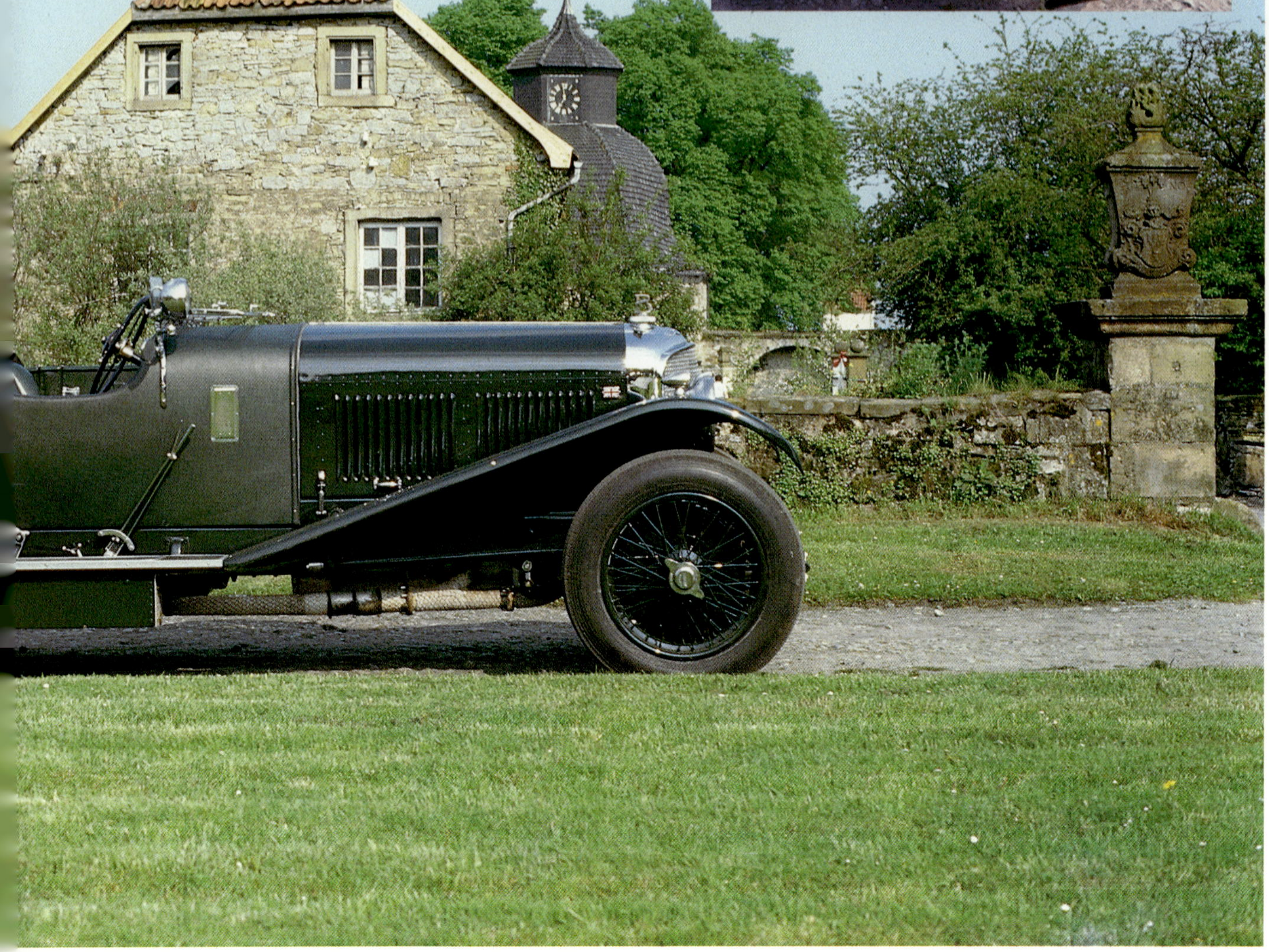

Bentley $6\frac{1}{2}$ Liter Speed Six, Baujahr 1929, Chassis-Nr. SB2760. Ähnlich diesem offenen Tourer erschienen die schweren Bentley zu Langstreckenrennen.

The heavy Bentleys which battled long distance races were similar to this Tourer.

Bentley $6\frac{1}{2}$ Liter

Der Motor des Bentley $6\frac{1}{2}$ Liter zeigte seine Verwandtschaft mit dem des parallel gebauten Bentley 3 Liter. Hier wie dort steuerten vier Ventile pro Zylinder die Versorgung der Brennräume. Eine Besonderheit stellte der Nockenwellenantrieb dar, bei dem die Kraftübertragung von Exzenterwellen bewirkt wurde. Ein Kurbelwellenschwingungsdämpfer und die – nach Ansicht einiger Automobilhistoriker erstmalige – Lagerung des Motors in Silent-Blocks aus Gummi stellten sicher, daß die ruhig laufende Maschine auch unter Belastung keine Vibrationen auf das Fahrgestell übertrug. Der drehmomentstarke Motor erlaubte die Verwendung eines recht hoch übersetzten Getriebes. Die Hinterachse wies je nach Wahl eine Übersetzung von 3,8:1 oder 4,1:1 auf.

Der Werdegang von Bentley

Ab 1927 kam der Bentley 6½ Liter mit einem Bremskraftverstärker nach System Dewandre zur Auslieferung. Vom gleichen Jahr an wies auch die Nockenwelle einen Schwingungsdämpfer auf. Dessen Einbau war erforderlich geworden, nachdem die bis dahin dämpfend wirkende, weil von der Nockenwelle angetriebene Lichtmaschine an einen anderen Platz versetzt worden war. Sie befand sich jetzt am Fuß des Kühlers und sorgte, halb aus diesem herausragend, für die charakteristische Frontansicht des Bentley 6½ Liter.

Mit dem Bentley Speed Six stellte das Werk im Oktober 1928 eine mit Blick auf Renneinsätze weiterentwickelte Ausführung vor, die sich vom Standardmodell vor allem durch Doppelvergaser abhob. Üblicherweise wurde der Bentley Speed Six mit Radständen von 3,51 m oder 3,57 m gebaut. Es gibt aber auch Exemplare mit einem Radstand von 3,87 m. Ein Tausch der vorderen Federpakete und in der Folge eine geänderte Aufhängung der Vorderachse hatte den Wegfall der Ausführung mit 3,51 m Radstand zur Folge. Es gab nur

Bentley 6½ Liter, Baujahr 1928, Chassis-Nr. FA2513. Bestellt wurde bei Barker ein 2sitziger Tourer. Als der Maharadscha von Bhaunagar realisierte, daß er auf der linken, also der unreinen Seite, des Fahrers würde Platz nehmen müssen, wurde die 4sitzige Ausführung verlangt.

A 2-seater was ordered by H. H. The Maharajah of Bhaunagar at Barker's. After H. H. realized he would have to sit to the left, i.e. the unclean side of the driver, a 4-seater was demanded.

noch die Version mit 3,57 m Abstand zwischen den Achsmittelpunkten. Für die Teilnahme am 24-Stunden-Rennen von Le Mans wurde eine Sonderanfertigung mit einem Radstand von 3,35 m auf die Räder gestellt.
Bis zum Erscheinen eines Bentley 6½ Liter auf der Rennstrecke von Le Mans verging aber einige Zeit. Bei Renneinsätzen innerhalb des Landes, mit Schwerpunkt auf der Rennstrecke von Brooklands, erwies sich nämlich schnell ein Schwachpunkt des Boliden. Er war so gewichtig ausgefallen und so potent motorisiert, daß sich die Reifen bereits auf mittleren Renndistanzen in Fetzen von der Karkasse schälten. Erst nachdem ein Übereinkommen mit dem Hersteller Goodrich Rubber getroffen worden war, fand dieser Konzern in ausgedehnten Versuchen eine Gummimischung, die für den Betrieb des schweren Wagens in Rennveranstaltungen widerstandsfähig genug war. Im Gegenzug für Goodrich's Unterstützung verwendete Bentley die Reifen dieses Herstellers für die Fahrzeuge der eigenen Marke. Wegen des Reifenproblems vergingen einige Jahre, bevor der Bentley Speed Six beim Le-Mans-Klassiker in der Starter-Liste auftauchte. Bis dahin hatten andere Reifenkonzerne den Qualitätsvorsprung von Goodrich mehr als wettgemacht – Bentley ließ die eigenen Rennwagen auf Pneus von Dunlop laufen.
Der erste Einsatz beim 24-Stunden-Rennen von Le Mans sah 1929 den Bentley Speed Six als Siegerwagen die Ziellinie überqueren. Der Hauptgeldgeber des Konzerns, Woolf Barnato, hatte als Co-Pilot zu diesem Erfolg beigetragen. Er war Erbe eines immensen Vermögens, das der Familie aus dem Besitz südafrikanischer Diamantenminen zugeflossen war. Woolf Barnato hatte die Geschäftsinteressen nach England und in die USA ausgeweitet und lebte auch vorwiegend in diesen Ländern. Er galt als ein hervorragender Rennfahrer und wurde von W.O. Bentley wegen seines talentierten Fahrens hoch geschätzt. Er bewies die Richtigkeit dieser Einschätzung, als er im folgenden Jahr erneut bei den 24 Stunden von Le Mans als Co-Pilot auf einem Bentley Speed Six den Siegeslorbeer für Bentley errang.
In nur zwei Jahren betrug der Absatz des Bentley Speed Six 182 Stück. Der im Hochpreisbereich angesiedelte Wagen erhielt entsprechend aufwendig ausgeführte Karosserien. W.O. Bentley ließ im Rückblick keinen Zweifel daran, daß er den Bentley Speed Six als sein Meisterstück betrachtete. Angesichts der dramatischen Verschlechterung der Marktsituation infolge des Schwarzen Freitags an der Wall Street im Oktober 1929, der den Beginn der Weltwirtschaftskrise markiert, war der Bentley Speed Six ein Erfolgsauto – aber er erschien zur falschen Zeit.

Bentley 4½ Liter Kompressor, Baujahr 1930, Chassis-Nr. HR3976. H. R. S. »Tim« Birkin, der die Kompressor-Bentleys initiiert hatte, gelangte mit diesem Blower Bentley 1930 im Grand Prix von Pau (F) auf den 2. Rang – der bemerkenswerteste Erfolg der aufgeladenen Version des Bentley 4½ Liter.

H. R. S. »Tim« Birkin, Bt., who had initiated the Blower Bentleys, managed to achieve 2nd place at the 1930 Grand Prix of Pau (F) – the most outstanding success of the blown version.

Der Werdegang von Bentley

Bentley $4\frac{1}{2}$ Liter.
In Malaysia kam der Bentley $4\frac{1}{2}$ Liter bei den Unabhängigkeitsfeiern im Jahre 1957 zu prominentem Einsatz, als er, die Flagge des neuen Staates führend, den Premierminister Tengku Abdul Rahman beförderte.

In Malaysia this Bentley $4\frac{1}{2}$ Litre was spotted in high profile when Chief Minister Tengku Abdul Rahman used her as transport in the Independence Celebrations 1957. Note Federation of Malaysia flag on side of bonnet.

Bentley $4\frac{1}{2}$ Liter

Eine befriedigende Erklärung für die Aufnahme des Bentley $4\frac{1}{2}$ Liter in das Produktionsprogramm ist nicht ohne weiteres zu finden. Der Bentley 3 Liter verkaufte sich zufriedenstellend und heimste auf den Rennstrecken einen Erfolg nach dem anderen ein. Ihm zur Seite stand mit dem Bentley $6\frac{1}{2}$ Liter ein Sechszylindermodell, das hinsichtlich Leistung und Laufruhe auch die Wünsche anspruchsvoller Kunden zu befriedigen vermochte. Auf den ersten Blick wirkt der Neuling wie eine hausgemachte Konkurrenz zu den etablierten eigenen Produkten.

Ein Hinweis auf die Gründe, die 1927 zur Einführung des neuen Typs führten, ergibt sich aus dessen erstem öffentlichen Auftritt. Ein Prototyp des Bentley $4\frac{1}{2}$ Liter vervollständigte beim 24-Stunden-Rennen von Le Mans im Jahre 1927 das Werksteam von Bentley, das aus zwei Bentley 3 Liter und besagtem Prototypen bestand. Es spricht vieles dafür, die Entstehung des Bentley $4\frac{1}{2}$ Liter von dem Standpunkt aus zu betrachten, daß der Bentley 3 Liter keine Möglichkeit weiterer Entwicklung mehr bot und der Bentley $6\frac{1}{2}$ Liter wegen der oben geschilderten Reifenprobleme zunächst die Rolle als Parademodell von Bentley auf den Rennkursen nicht auszufüllen vermochte.

Rennerfolge waren aber wegen der damit verbundenen Werbewirkung für den Hersteller Bentley lebensnotwendig. Der Bentley 3 Liter sah sich zunehmend stärker werdender Konkurrenz ausgesetzt. Sowohl die Sunbeam aus dem eigenen Lande wie auch die Lorraine Dietrich und Bugatti aus Frankreich folgten dem Konzept, überlegene Leistungen in Rennerfolge umzusetzen und mit der dadurch verbundenen Reklame den Absatz ihrer Fahrzeuge anzukurbeln. Ein starkes Moment für die beharrlichen Anstrengungen um ein reinrassiges Wettbewerbsfahrzeug bedeuteten auch die persönliche Bindung von W.O. Bentley an den Automobilsport und das Interesse der anderen Vorstandsmitglieder der Firma, die, wie etwa Woolf Barnato, aktive Rennfahrer waren.

Im ersten Einsatz beim 24-Stunden-Rennen überzeugte der Prototyp des Bentley $4\frac{1}{2}$ Liter auch sofort. Nur weil er in dem Unfall, in den alle Wagen des Werksteams verwickelt wurden, überaus schwere Blessuren davontrug, schied er aus und landete nicht wie erwartet auf einem der vorderen Plätze.

Gegen Ende des Jahres 1927 wurde die Serienproduktion des Bentley $4\frac{1}{2}$ Liter aufgenommen, und die ersten Wagen kamen auch noch im gleichen Jahr zur Auslieferung. Die Auslegung des Motors folgte den erprobten Grundzügen des Bentley 3 Liter. Es handelte sich um einen Vierzylindermotor, bei dem Zylinderblock und Zylinderkopf in einem Stück gegossen waren. Vier Ventile pro Zylinder wurden von einer obenliegenden Nockenwelle gesteuert. Die massive Kurbelwelle kam in zwei Ausführungen zum Einsatz. Für Rennen eine leichte Version mit etwas mehr als 21 Kilogramm Gewicht, üblicherweise aber eine schwerere Ausführung mit 32,4 Kilogramm. Dies ist ein weiterer Hinweis auf die Reifenprobleme, denen im Rennbetrieb mit so geringem Gewicht wie möglich ausgewichen werden sollte.

Angetrieben wurde von diesem Motor mittels eines eng abgestuften und hoch übersetzten Getriebes ein Fahrgestell, das mit einem Radstand von 3,30 m dem des Bentley 3 Liter entsprach.

Von dem neuen Typ wurden jeweils Serien von 25 Stück aufgelegt, und von einer Serie zur nächsten fanden Veränderungen Eingang in die Produktion. Es handelte sich um geringfügige Maßnahmen wie Änderungen des Kühlers oder Verwendung besser ausgewuchteter Kardanwellen, denn die Konzeption des Bentley $4\frac{1}{2}$ Liter war grundsolide. Stärker als die anderen Typen entwickelte er sich aber zum Entwicklungsträger für die Erprobung neuer Ideen.

Schon im frühen Stadium kam es zu Versuchen mit einem kurzen Fahrgestell von nur 2,98 m Radstand. Weil der Rahmen weniger zu Verwindungen neigte, gewann das Fahrverhalten dieser Version deutlich an Stabilität. Nach einiger Zeit führten diese Erkenntnisse zu einem Wechsel der Materialstärke beim Rahmenbau. Stärker dimensionierte Rahmenlängsträger kamen zur Verwendung. Mit dem Wechsel zu Elektron, einer Leichtmetallegierung mit dem Hauptbestandteil Magnesium, als Material für Motorbauteile, erfolgte ein wichtiger Schritt auf dem Weg zur Gewichtsreduzierung.

Nach der 1927 unfallbedingt mißglückten Premiere beim wichtigsten Auslandsstart, den 24 Stunden von Le Mans, war der Prototyp des Bentley $4\frac{1}{2}$ Liter wieder hergerichtet worden. Eingebunden in ein Team mit zwei neuen Fahrzeugen vom gleichen Typ rannte er 1928 erneut über die französische Rennstrecke. Der Sieg fiel an den Bentley, der von W. Barnato und Bernard Rubin gesteuert wurde.

Die Rennwagen von Bentley und die Fahrer, die sie steuerten, bildeten in den Augen der Öffentlichkeit eine Einheit. Dies kommt in der Benennung »Bentley Boys« zum Ausdruck, mit dem der Kreis der Bentley-Piloten bezeichnet wurde. Die Gruppe umfaßte wohlhabende Privatfahrer, die auf eigene Rechnung mit Werksunterstützung fuhren, ebenso wie talentierte Werksfahrer. In einer ansonsten hinsichtlich Rennerfolgen auf internationaler Ebene für Großbritannien wenig ergiebigen Zeit gewann Bentley vorwiegend wegen der Erfolge in Le Mans den Status als »der« britische Sport- und Rennwagen. Diese Einschätzung strahlte über das Mutterland hinaus auch in das mit diesem eng verflochtene Britische Empire. Gespeist wurde die Hochachtung für Bentley in reichem Maß natürlich auch, weil die vielbeachteten national ausgetragenen Rennen in steter Folge Bentley in den Siegerlisten führten.

Die Erfolge standen aber auf tönernen Füßen, weil nicht allein die Finanzierung des Werkes, sondern der kaufmännische Betrieb insgesamt in einer beklagenswerten Verfassung war. Mehrmals hatten die Geldgeber bei Kapitalschnitten erhebliche Beträge des investierten Kapitals verloren. Nur der finanzielle Einsatz von W. Barnato hatte die Gesellschaft am Leben erhalten. Als H. R. S. »Tim« Birkin, einer der »Bentley Boys«, den Vorstandschef W. Barnato für seinen Vorschlag gewonnen hatte, den Bentley $4\frac{1}{2}$ Liter mittels Kompressor-Aufladung noch leistungsfähiger zu machen, nutzte auch der Widerspruch von W. O. Bentley nichts. Dessen Opposition erwuchs nicht aus Bedenken wegen der immensen Kosten eines solchen Projektes, sondern weil der Konstrukteur vorhersah, welche Anpassungsschwierigkeiten auftauchen würden. Der Viereinhalb-Liter-Motor war nicht für den Lader-Betrieb konzipiert und mußte Schwächen zeigen, wenn das zündfähige Gemisch mit erheblichem Druck zugeführt wurde.

Innerhalb eines Jahres wurden vier Bentley $4\frac{1}{2}$ Liter mit Kompressoren nach Rootes-Prinzip ausgerüstet. Die Federführung dieser Entwicklung lag bei Charles Amherst Villiers und umfaßte tiefgreifende Änderungen am Motor, der nach dem Wechsel von Zylinderblock, Kurbelwelle, Pleueln, Kolben und Ölpumpe mit dem Original nur noch wenig gemeinsam hatte. Auf dem Prüfstand ergab sich mit einer Leistung von etwa 175 Brems-PS eine um 45 PS höhere Leistung als bei dem Basismodell. Auf den Rennstrekken wurde aber in kurzer Zeit offenbar, in welchem Maß die Standfestigkeit des Triebwerks Schaden genommen hatte. Insbesondere Schmierungs- und Kühlungsprobleme führten zum Versagen der Blower Bentleys«, die gewöhnlich nach wenigen in Rekordzeit durcheilten Runden mit Triebwerksschäden ausrollten.

Kaufmännische Überlegungen blieben unbeachtet, als eine Stückzahl von 50 Blower Bentleys in Serie gefertigt wurde, um die Voraussetzungen für eine Zulassung zum 24-Stunden-Rennen von Le Mans zu schaffen. Im Rennen des Jahres 1930 stellte dann ein Team von drei Bentley Speed Six den Werksein-

Der Werdegang von Bentley

satz, und drei Bentley $4\frac{1}{2}$ Liter Kompressoren waren von dritter Seite, von Dorothy Paget, gemeldet. D. Paget war eine Motorsportenthusiastin, die sich mit hohem finanziellem Engagement an der Schaffung des Kompressorwagens beteiligt hatte. Der einzige Erfolg der Blower Bentley bei diesem Auftritt bestand darin, dem ebenfalls mit Kompressor bestückten Mercedes-Benz SSK, den Carraciola und Werner fuhren, eine auf Biegen und Brechen geführte Jagd zu bieten. Alle Blower Bentley mußten im Verlauf der 24 Stunden mit defekter Maschine abgestellt werden. Den Mercedes-Benz ereilte das gleiche Schicksal – wegen Motorschadens konnte er das Rennen nicht zu Ende fahren. Sieger wurde Woolf Barnato, der einem Bentley $6\frac{1}{2}$ Liter vertraut hatte.

Der Verkauf der Bentley $4\frac{1}{2}$ Liter Kompressor lief im April 1930 an, zu einem Zeitpunkt, als die Weltwirtschaftskrise bereits ein bedrohliches Stadium erreicht hatte. Unter diesen Voraussetzungen wurden die Mittel für Renneinsätze allenthalben eingeschränkt. D. Paget entzog ihre Unterstützung allerdings nicht aus finanziellen Erwägungen, sondern aus Enttäuschung, nachdem die beste Plazierung in einem zweiten Rang beim Rennen von Pau bestanden hatte. Einer weiteren Entwicklung, die das Kompressor-Aggregat eventuell standfest für Renndistanzen gemacht hätte, war damit der Boden entzogen.

Rolls-Royce produzierte in den Jahren 1936/37 – annähernd zehn Jahre nach Produktionsende – aus vorhandenen Ersatzteilen, die bei der Übernahme von Bentley miterworben worden waren, noch sechs Bentley $4\frac{1}{2}$ Liter. Diese eingerechnet kam der Typ auf eine Stückzahl von 665 Automobilen. Sein Ableger, der Blower Bentley, brachte es einschließlich der für Rennzwecke gebauten Vorserienexemplare auf eine Zahl von 55 Stück.

Bentley 8 Liter

Als der größte in England gebaute Personenwagen trumpfte der Bentley 8 Liter im Jahr 1930 auf. Trotz des sich abzeichnenden finanziellen Desasters war auf der Basis einer Weiterentwicklung des Bentley $6\frac{1}{2}$ Liter ein Sechszylinder-Motor mit 7983 ccm Hubraum entstanden. In üblicher Bentley-Praxis zeigten sich pro Zylinder vier Ventile. Zylinderblock und Zylinderkopf waren in einem Stück gegossen. Alle bisher gesammelten Erfahrungen mit der Verwendung von Leichtmetall beim Aggregatebau waren in die Konstruktion eingeflossen.

Für den Antrieb stand Leistung im Überfluß zur Verfügung, und ohne Mühe überschritt der Bentley 8 Liter auch mit hochbauenden und schweren Karosserien die Marke von 100 Meilen. Mit einer Spitzengeschwindigkeit von mehr als 160 km/h auch in vollbeladenem

Bentley 8 Liter, Baujahr 1931, Chassis-Nr. YR5077. Bei dem Saloon von H. J. Mulliner ist das Wappen des Eigentümers sowohl auf den vorderen Türen wie auf den hinteren Türen unterhalb der Seitenfenster zu finden. Ein Zeichen, daß der Besitzer sich nicht nur chauffieren ließ, sondern auch selbst das Steuer führte.

The owner's crest is to be found on the front and on the rear doors of this Saloon by H. J. Mulliner. This indicates, that the owner was not always chauffered but used to take the steering wheel himself from time to time.

Bentley 8 Liter. Der Motor verbraucht ebensoviel Polierwatte wie Kraftstoff.

The engine consumes petrol and cotton wool at a shockingly high rate.

Zustand zählte er zur Elite unter den europäischen Automobilen. Von den englischen Konkurrenten, darunter auch der Rolls-Royce Phantom II, kam keiner an sein Leistungsvermögen heran. Zum Vergleich herangezogen werden konnten allenfalls Bugatti Royale, Maybach und Hispano Suiza. Mit diesen gemeinsam hatte er auch die Laufruhe und Elastizität des Motors. Im vierten Gang konnte der Bentley 8 Liter aus Fußgängertempo bis zur Höchstgeschwindigkeit beschleunigt werden.

Dies geschah, ohne die Insassen mit ungebührlicher Geräuschentfaltung zu belästigen. Die seidenweich laufende, blendend ausbalancierte Maschine war ebenso wie das Getriebe in Silentblocks aus Gummi gelagert. Die Übertragung von Motorvibrationen auf das Fahrgestell war auf diese Weise ausgeschlossen.

Die Abmessungen des Fahrgestells mit Radständen von 3,66 m und 3,96 m wiesen aus, daß der Bentley 8 Liter für den Aufbau geräumiger Limousinen- und Saloon-Karosserien vorgesehen war. Die führenden Karosseriebauer wetteiferten darin, in der Eleganz und in der Ausstattung hervorragende Aufbauten dieser Art auf das Fahrgestell des Bentley zu setzen. Daneben entstanden aber auch einige zweitürige Cabriolets und offene Tourer, die dank geschickter Linienführung zwar wuchtig, aber nicht schwerfällig ausfielen.

Der Werdegang von Bentley

Die Gesamtzahl des Bentley 8 Liter blieb auf 100 Stück begrenzt. Der Verkaufspreis für das Chassis war mit 1850 £ großzügig und profitbringend kalkuliert, denn die reinen Herstellungskosten bei Bentley Motors lagen knapp unter 1000 £. Die Kosten für den Rennbetrieb mit den Bentley Speed Six und Blower Bentley und der Kapitaldienst für die in der Vergangenheit gemachten Schulden zehrten den Profit aus dem Verkaufserlös der Bentley 8 Liter auf. Die wirtschaftlichen Änderungen um die Wende von den zwanziger zu den dreißiger Jahren beschnitten die Absatzchancen des großen Bentley zusätzlich. Er konnte den Niedergang nur verzögern, aber nicht verhindern.

Bentley 8 Liter, Baujahr 1931, Chassis-Nr. YX5114. 100 Meilen pro Stunde (ca. 160 km/h) übertraf der Bentley 8 Liter mühelos – zu einer Zeit, als »schnelle« Autos bei 60 Meilen pro Stunde ihr Limit erreichten.

The »magic« 100 mph was easily exceeded by the Bentley 8 Litre – at a time, when »fast« cars found their limit at around 60 mph.

Bentley 4 Liter, Erstzulassung 1932, Chassis-Nr. VA4088. Der Saloon von Thrupp & Maberly ist seit der Erstzulassung im Besitz der gleichen Familie und trägt noch den fast 60 Jahre alten Originallack.

This Saloon by Thrupp & Maberly has remained in one family ownership since delivery, and still shows the original paintwork of some 60 years of age.

Bentley 4 Liter

In einem Akt von Torschlußpanik, als vernünftige Überlegungen eher den Gang zum Konkursrichter zwecks Anstrengung eines Vergleichs nahegelegt hätten, entschied sich der Vorstand von Bentley Motors, mit einem neuen Modell um Marktanteile zu kämpfen. Ausgerechnet um Marktanteile, die von Rolls-Royce gehalten wurden, denn der Bentley 4 Liter war ganz eindeutig konzipiert, um als direkter Konkurrent gegen den Rolls-Royce 20/25 H. P. anzutreten.

W. O. Bentley hatte sich zu solchen Plänen skeptisch ausgesprochen. Sein Hinweis, bezüglich Beschleunigung und Spitzengeschwindigkeit erfülle der Debütant nicht die Vorstellungen, die von den Kunden des Hauses mit dem Namen Bentley verbunden würden, war ohne Gewicht geblieben. Er hatte auch auf den Entwurf keinen Einfluß, weil der Bentley 4 Liter aus dem Fahrgestell des Bentley 8 Liter und einem Motor nach einem Ricardo-Design zusammengefügt wurde.

Betrachtet im Abstand von 60 Jahren und nicht durch die Brille der Bentley-Puristen, die die Kritik von W. O. Bentley aus vollem Herzen teilen, war das Ergebnis dieser Kombination ein moderner Wagen, der durchaus in einer Klasse mit dem Rolls-Royce 20/25 H. P. rangierte und diesem in der Leistung sogar überlegen war.

Die Motorkonzeption brach mit allem, was bis dahin Bentley-typisch gewesen war. Im abnehmbaren Zylinderkopf waren die Einlaßventile angeordnet, die Auslaßventile standen seitlich im Zylinderblock. Kurbelgehäuse und Ölwanne waren in Elektron, der leichten Magnesiumlegierung, ausgeführt. Die kräftig dimensionierte Kurbelwelle lief in sieben Hauptlagern. Bei einer Drehzahl von 4000 U/min leistete der Motor 120 Brems-PS.

Bis auf Geringfügigkeiten war das Chassis identisch mit dem des

Der Werdegang von Bentley

Bentley 8 Liter – tatsächlich sollten wegen der krisenbedingt geringen Nachfrage nach diesem Typ wenigstens die bereits produzierten Fahrgestelle aufgebraucht werden und Geld in die Kasse bringen. Für den kleineren Wagen wurden die Fahrgestelle allerdings verkürzt auf Radstände von 3,40 m beziehungsweise 3,56 m. Eine Neuerung stellte die über eine zentrale Pumpe betätigte Fahrwerksschmierung nach System Tecalemit dar. Sie verringerte die Arbeit des Abschmierens auf Schmiernippel an der Kardanwelle und der Vorderachse.

Im Mai 1931 wurde der erste Bentley 4 Liter zugelassen. Bis zum Zusammenbruch der Firma entstanden genau 50 Stück, davon 39 mit kurzem, die restlichen elf mit langem Radstand. Keineswegs für alle Bentley 4 Liter fanden sich umgehend Käufer. Sie wurden mit der Konkursmasse von Rolls-Royce übernommen, aber en bloc an einen führenden Londoner Autohändler, die Firma Jack Barclay, verkauft und von diesem nach und nach auf den Markt gebracht. Der letzte Bentley 4 Liter erhielt erst im Juni 1933 die Zulassung für den Straßenverkehr.

Die Periode der Selbständigkeit hatte nur etwa ein Jahrzehnt umfaßt, aber in diesem Zeitraum war ein Automobilwerk von ganz ausgezeichnetem Ruf entstanden. Der Markenname Bentley wurde in einem Zug genannt mit den besten Herstellern in Europa. Der Erfolg der Bentley Automobile basierte auf den Fähigkeiten des Konstrukteurs W.O. Bentley; die ungenügenden Kenntnisse des Kaufmanns W.O. Bentley trugen zum Konkurs im Zuge der Weltwirtschaftskrise erheblich bei. Die in der ersten Phase geschaffenen Automobile werden von Liebhabern der Marke heute als »W.O.-Bentley« bezeichnet – eine Hommage an den Firmengründer. Auch die Bezeichnung »Cricklewood-Bentley« – nach dem Produktionsort Cricklewood bei London – findet sich.

Übernahme durch Rolls-Royce

Für Rolls-Royce hatte sich die seit Anfang der zwanziger Jahre aktive Marke Bentley mehr und mehr zum Wettbewerber entwickelt, weil sich deren Angebote an denselben Kundenkreis richteten, dem Rolls-Royce die eigenen Produkte andiente. Ungeachtet der sportlichen Auslegung bestachen die Automobile von Bentley mit ihrer Problemlosigkeit auch im Alltagsbetrieb. Weder verlangten sie ein höheres Maß an fahrerischem Können als andere Autos noch zollten sie dem sportlichen Charakter in Form höherer Pannenhäufigkeit Tribut. Sie waren zuverlässig, leistungsfähig und teuer – und genossen wegen der Sporterfolge einen Sonderstatus.

Dank zahlloser hervorragender Plazierungen bei Wettbewerben auf nationalen und internationalen Rennstrecken stand die Marke Bentley in England in hohem Ansehen. Als im Zuge der weltweiten wirtschaftlichen Rezession Bentley im Jahre 1931 Konkurs anmelden mußte, drohte die Situation für Rolls-Royce heikel zu werden. Interesse an einer Übernahme und Fortführung von Bentley zeigte ausgerechnet ein alter Rivale von Rolls-Royce. Es handelte sich um Napier.

Vor dem I. Weltkrieg hatte Napier beeindruckend erfolgreich Automobile in der Klasse gebaut, der auch Rolls-Royce zuzurechnen war. Nach Kriegsende hatte Napier aber nur ein Modell neu auf den Markt gebracht, den Napier 40/50 H.P. mit Sechszylindermotor. Angesiedelt war der Wagen exakt in der PS-Klasse des Rolls-Royce Silver Ghost und seines Nachfolgers Rolls-Royce Phantom I. Trotz neuzeitlicher Motorkonzeption mit obenliegender Nockenwelle und Leichtmetall-Zylinderblock konnte der Napier 40/50 H.P. aber nicht von Kinderkrankheiten kuriert werden, und 1925 war die Produktion eingestellt worden. Auf dem Sektor des Baus von Flugmotoren, dem sich Napier mit voller Konzentration zuwandte, wurde dagegen ein Erfolg an den anderen gereiht, und Napier wuchs in diesem Bereich zum stärksten Anbieter neben Rolls-Royce.

Die Finanzstärke von Napier und das dort vorhandene Know-how zur Herstellung von Hochleistungstriebwerken gaben Anlaß zu der Befürchtung, Bentley würde aus dem Desaster des finanziellen Zusammenbruchs gestärkt emporsteigen und als Konkurrent auf dem Automobilsektor zum ernstzunehmenden Gegner werden. Über die Pläne von Napier war Rolls-Royce geradezu detailliert im Bilde, weil kurz vorher eine Spitzenkraft von Napier abgeworben worden und in eine führende Position bei Rolls-Royce gewechselt war. Man hatte deshalb Kenntnis von den Plänen Napiers, mit der Übernahme von Bentley wieder auf dem Automobilmarkt aktiv zu werden.

Bei der Verhandlung vor dem Konkursrichter, die von Napier eher als Formsache angesehen wurde, trat Rolls-Royce nicht in Erscheinung. Mit Verwunderung wurde ein Gebot von seiten eines völlig unbekannten British Central Equitable Trust registriert. Die Verblüffung wuchs, als dieser Interessent das Gebot steigerte und den Zuschlag erhielt. Für etwas mehr als 125 000 £ fiel Bentley an den British Central Equitable Trust.

Schon kurze Zeit später offenbarte sich, wer hinter dem erfolgreichen Bieter stand. Rolls-Royce hatte sich eines Treuhänders bedient, um die Konkurrenzmarke zu erwerben und den Rivalen auszustechen. Es läßt sich nicht von der Hand weisen, daß ein Auftritt unter eigenem Namen den Preis hätte in die Höhe treiben können. Mit dem geschickten Schachzug des Gebotes über einen Dritten wurde diese Problematik umgangen.

Abb. Seite 102/103: Bentley $3\frac{1}{2}$ Liter, Baujahr 1934, Chassis-Nr. B189BL. Die Rennfarbe des Inselreichs »British Racing Green« trägt der Sports Saloon von Thrupp & Maberly.

British Racing Green is the colour of this Sports Saloon by Thrupp & Maberly.

Die Spanne zwischen Weltwirtschaftskrise und II. Weltkrieg

Verlust von Frederick Henry Royce

Mit dem Rolls-Royce Phantom II und seinem Derivat, dem Rolls-Royce Phantom II Continental schuf F. Henry Royce die letzten Modelle, die unter seiner Federführung von der Planung bis zur Markteinführung entstanden. Am 22. April 1933 starb er in seinem Haus in West Wittering kurz nach der Vollendung des siebzigsten Lebensjahres. Von den Männern, die auf die Geschicke des Unternehmens den stärksten Einfluß nahmen – neben ihm Charles S. Rolls und Claude G. Johnson – war er derjenige mit der schwächsten Gesundheit. Dennoch hatte er seine Partner überlebt.

Seine Lebensspanne hatte jenen Zeitraum eingeschlossen, in dem sich der Verbrennungsmotor als überlegene Kraftquelle für den Antrieb von Automobilen, Schiffen und Luftfahrzeugen durchgesetzt hatte. Am Erfolg dieser Antriebsart für Gefährte zu Lande, zu Wasser und in der Luft hatte F. Henry Royce bedeutenden Anteil. Für seine Arbeit blieb ihm die Anerkennung nicht versagt. Das Unternehmen, das seinen Namen führte, hatte sich glänzend entwickelt und stand da in einer Verfassung, die zukünftige Anforderungen zu meistern versprach. Der finanzielle Erfolg hatte ihm fast 40 Jahre lang ein luxuriöses, wenngleich durch seine angegriffene Gesundheit beeinträchtigtes Leben ermöglicht.

Unten: Frederick Henry Royce. Die Verdienste des Konstrukteurs fanden ihre Würdigung mit der Erhebung in den Adelsstand.

The engineer's merits were highly esteemed and he was finally created a baronet.

Offizielle Ehrungen umfaßten die Verleihung des Order of the British Empire für seine Leistungen im Motorenbau während des I. Weltkrieges und die Zuerkennung der Goldmedaille der Royal Aeronautical Society. In Würdigung seiner Verdienste wurde er in den Adelsstand erhoben. Die zum Geburtstag des englischen Königs im Jahre 1930 veröffentlichte Ehrenliste verlautbarte seine Erhebung zum Baron.

Für seinen persönlichen Umgang und in Hinsicht auf seine Arbeitsweise hatten die geänderten äußeren Umstände keine bemerkenswerten Auswirkungen. Er blieb dem Team-Work verhaftet, wie er es mit einer ausgesuchten Gruppe von Ingenieuren und Zeichnern seit Beginn seiner Invalidität in den Konstruktionsbüros betrieben hatte, die seinen Villen in Südengland und Südfrankreich angeschlossen waren. Seine Selbsteinschätzung war fair genug, solche Arbeiten zu delegieren, die die eigenen Fähigkeiten überforderten. Seine führende Stellung in der kleinen Gruppe von Mitarbeitern war befruchtend für die Arbeit, aber nicht dominant. Mit der gleichen Bedachtsamkeit, die er konstruktiven Problemen widmete, wog er kaufmännische Entscheidungen ab. In der Führungsspitze von Rolls-Royce war sein Rat gesucht. Er nahm eine wichtigere Position ein, als sie sein Titel eines Chefingenieurs zum Ausdruck bringt.

Wenige Wochen vor seinem Tod besuchten ihn im März 1933 Mitglieder der Unternehmensleitung, die mit einem Prototyp des Bentley $3\frac{1}{2}$ Liter angereist waren. F. Henry Royce war an der Planung der Übernahme der Marke Bentley beteiligt. Die Markteinführung des er-

sten von Rolls-Royce gebauten Bentley erlebte er nicht mehr.
Die verschlungenen RR auf dem Kühler wurden seit dem Todesjahr von F. Henry Royce schwarz eingelegt. Prompt entstand die Legende, auf diese Weise sei die Trauer über das Hinscheiden des Firmengründers ausgedrückt worden. Tatsächlich hatte noch zu seinen Lebzeiten F. Henry Royce den Farbwechsel veranlaßt. Dem Perfektionisten hatte widerstrebt, daß die bis dahin rot eingelegten Buchstaben des Firmenemblems nicht mit allen Karosseriefarben harmoniert hatten.

Bentley 3½ Liter

»The Silent Sports Car« war der Slogan, der den ersten von Rolls-Royce gebauten Bentley in der Werbung begleitete. Er markierte zwei Faktoren. Erstens bedeutete der Hinweis auf das bewußt laufruhig getrimmte Fahrgerät die Abkehr von den dröhnenden Boliden der Vergangenheit; zweitens wurde gezielt ein Sportwagen vorgestellt, als Fortführung der Bentley-Tradition auf einer von Rolls-Royce für angemessen erachteten Ebene.

Rolls-Royce hatte für die Übernahme von Bentley einen sehr hohen Preis gezahlt. Einen Betrag von 125275 £, um exakt zu sein, und damit den Mitbieter Napier um etwa 20000 £ überboten. Dieser Einsatz wäre unangemessen hoch gewesen, wenn nur die Bentley 6½ Liter und Bentley 8 Liter als Wettbewerber eliminiert werden sollten. Im eigenen Haus waren Bestrebungen, einen ausgeprägt sportlichen Wagen auf den Markt zu bringen, noch zu Lebzeiten von F. Henry Royce entscheidungsreif geworden. Mit der Übernahme von Bent-

Abb. Seite 104 oben: A. Harvey-Bailey bei Probefahrten im Rahmen des Projekts »Peregrine«. Der Wagen ging nicht in Serie, sein Fahrgestell bildete aber die Basis für den Bentley 3½ Liter.

Prototype Rolls-Royce »Peregrine« on test with A. Harvey-Bailey. The project was stopped however, the chassis of this car became the base of the Bentley 3½ litre.

In Derby wurden die Bentley 3½ Liter Seite an Seite mit dem Rolls-Royce Phantom II und dem Rolls-Royce 20/25 H.P. hergestellt.

The Bentley 3½ litre was produced at the Derby factory side by side with Rolls-Royce Phantom II and Rolls-Royce 20/25 H.P.

Bentley 3½ Liter

ley wurde eine Marke erworben, die auf dem für Sportwagen wichtigsten Marktsegment nicht allein akzeptiert war, sondern die Spitzenstellung hielt.

Bei Rolls-Royce lief im fortgeschrittenen Stadium der Erprobung eine Neuentwicklung mit dem Projektnamen »Peregrine«. Angesiedelt in der Steuerklasse von 18 H.P. war das Projekt aus der Überlegung geboren worden, die Angebotspalette von Rolls-Royce nach unten abzurunden. In einem sportlich straff abgestimmten Fahrwerk sorgte ein Motor von zweidreiviertel Litern Hubraum für Vortrieb. Der Wagen sollte gegebenenfalls als Einsteigermodell für jüngere Käufer, für die Bequemlichkeit nicht den höchsten Stellenwert hatte, attraktiv sein.

Das Fahrverhalten des Neulings wurde auf der Rennstrecke von Brooklands ausgiebig getestet. Von W.O. Bentley, der sich in Diensten von Rolls-Royce fand. Er war mit der Tatsache konfrontiert worden, daß mit der Übernahme seiner Firma auch der noch einige Jahre gültige Anstellungsvertrag auf Rolls-Royce übergegangen war. Weil seine Bindung zu Napier nicht verborgen geblieben war – dort waren im Vorfeld der Übernahmeverhandlungen bereits mit seiner Hilfe Skizzen zu einem Napier-Bentley gefertigt worden – band Rolls-Royce den Konstrukteur, indem auf Erfüllung des Anstellungsvertrages gepocht wurde. Dessen Einfluß auf die kommenden Entwicklungen beschränkte sich auf die Prüfung einzelner Komponenten in Testreihen, und er schied im Jahr 1935 von dem nicht gut gelittenen Arbeitgeber.

Zwei Jahre vorher, im Jahr 1933, hatte der Bentley 3½ Liter sein Debüt gegeben. Ort und Zeitpunkt für die Premiere waren geschickt gewählt. Im August 1933, während der Rennwoche von Ascot, war der Sportwagen vorgestellt worden. Ab Oktober 1933 kamen die ersten Fahrzeuge zur Auslieferung an die ungeduldig wartenden Besteller.

Der Neuling präsentierte sich als clevere Kombination aus dem ganz neuen Fahrwerk des »Peregrine«-Projektes und dem bewährten Motor aus dem Rolls-Royce 20/25 H.P., der einer Leistungskur unterzogen worden war. Im Bemühen um eine Antriebsquelle für den Sportwagen war Rolls-Royce so weit gegangen, den ursprünglichen »Peregrine«-Motor von zweidreiviertel Litern mittels Kompressor zu beatmen.

Um die Erfahrung reicher, daß die Laufeigenschaften und die Lebensdauer in keiner Weise dem für Rolls-Royce maßgeblichen Standard entsprachen, stoppte der Vorstand jede weitere Arbeit in dieser Richtung. Statt dessen wurde der Motor des Rolls-Royce 20/25 H.P. als Basis gewählt. Mittels Querstromzylinderkopf, schärferer Nokkenwelle und Einsatz von zwei Vergasern, unterstützt durch eine Anhebung der Verdichtung, wurde der Sechszylinder auf eine Leistung von etwa 105 Brems-PS gebracht. Die Ausbeute beim Basistriebwerk betrug dagegen nur ca. 80 PS.

Die Spanne zwischen Weltwirtschaftskrise und II. Weltkrieg

Die Leistungssteigerung macht deutlich, welche Reserven beim Rolls-Royce-Motor noch ungenutzt waren. Der Bentley-Motor war keineswegs überzüchtet, denn er verband ansprechende Leistungsdaten mit geringer Anfälligkeit auch bei hohen Kilometerleistungen. Sein Spitzentempo lag mit viersitziger Sports-Saloon-Karosserie im Bereich von 150 km/h, und die Beschleunigungswerte waren ebenfalls beachtlich. Eine Getriebesynchronisation, allerdings beschränkt auf dritten und vierten Gang, erleichterte zügige Schaltvorgänge. Die zentrale Fahrwerksschmierung, wie sie für die Rolls-Royce Standard war, fehlte auch beim Bentley 3½ Liter nicht. Gegen Ende des Jahres 1934 erfolgte eine Aufwertung in Form von einstellbaren Stoßdämpfern an der Hinterachse, deren Dämpfung über einen Hebel vom Lenkrad aus reguliert werden konnte.

Für den neuen Bentley 3½ Liter entschied sich eine ganze Anzahl bekannter Größen aus dem Automobilsport. Zu ihnen zählten W. Barnato, der mehrmalige Le-Mans-Gewinner, Capt. G. Eyston und M. Campbell, die sich als Inhaber von Geschwindigkeitsweltrekorden abwechselten, und E. R. Hall, der einen Bentley 3½ Liter als Trainingswagen für die Teilnahme an der Mille Miglia verwendete.

Ohne direkte Rennbeteiligung gelang Rolls-Royce sozusagen ein Seiteneinstieg ins Renngeschehen und damit ein Anschluß an die Tradition, die die Ahnen des Bentley 3½ Liter auf der Ruhmestafel verewigt hatten. E. R. Hall vermochte sogar seinen Wunsch nach Werksunterstützung für Renneinsätze mit dem Bentley 3½ Liter durchzusetzen. Für das Rennen um die Tourist Trophy der Provinz Ulster, das 1934 auf dem Ards-Circuit außerhalb von Belfast ausgetragen wurde, erhielt er einen vom Werk präparierten Motor, der 163 PS leistete. Er war schnellster Teilnehmer des Rennens und wiederholte den Erfolg im darauffolgenden Jahr. Wegen komplizierter Bestimmungen einer Handicap-Formel wurde ihm aber jeweils nur der zweite Platz zuerkannt.

Außer für den Bereich der Öffentlichkeitsarbeit spielten Einsätze rein sportlichen Charakters auch für den Erfolg des Bentley 3½ Liter keine überragende Rolle. Er fand Zuspruch, weil er den Wunsch nach einem leistungsstarken Automobil mit fabelhaftem Fahrverhalten erfüllte. Nachdem die ersten Aufbauten durchweg als Cabriolet ausgeführt worden waren, setzten sich schnell geschlossene Versionen in Form von Sports Saloon und Coupé gleichberechtigt daneben als für den Bentley 3½ Liter typische Karosserien. Aufgebaut wurden sie in der Mehrzahl von Park Ward, dem Karosseriebauer, zu dem Rolls-Royce wegen seiner Qualitäten im Bau ausgewogener Blechkleider besonders gute Beziehungen unterhielt. Eine nicht unerhebliche Anzahl von Karosserien entstand daneben bei den etablierten Firmen, die in enger Fühlungnahme mit dem Besteller

Bentley 3½ Liter, Baujahr 1935, Chassis-Nr. B126FB. Die von F. H. Royce wegen ihrer vorzüglichen Arbeitsausführung geschätzte Karosseriebaufirma Park Ward baute den Sports Saloon mit Schiebedach.

F. H. Royce had been really impressed by the skilled work of Park Ward, where this Sports Saloon with sunroof was built.

Bentley $3\frac{1}{2}$ Liter

exakt nach dessen Wünschen den als Fahrgestell mit Motor gelieferten Bentley $3\frac{1}{2}$ Liter einkleideten.
Alle Aktivitäten bezüglich Bentley lagen in der Hand einer von Rolls-Royce neu gegründeten Gesellschaft mit dem Namen Bentley Motors (1931) Ltd., die in Londons Conduit Street Nr. 16 angesiedelt war. Die Verkaufsräume von Rolls-Royce befanden sich schräg gegenüber in der Conduit Street Nr. 14–15. Die Trennung war nicht tiefgreifend, denn im Werk in Derby wurden die Fahrzeuge der Bentley-Reihe zusammen mit den Automobilen gefertigt, für deren Kühler eine Spirit of Ecstasy vorgesehen war. Nach dem Produktionsort ergab sich für die unter Regie von Rolls-Royce vor dem II. Weltkrieg gefertigten Bentley die heute gelegentlich gebrauchte Benennung »Derby-Bentleys«.

Die Spanne zwischen Weltwirtschaftskrise und II. Weltkrieg

Rolls-Royce Phantom III

Der Zeitraum von der zweiten Hälfte der zwanziger Jahre dieses Jahrhunderts bis zum Ausbruch des II. Weltkrieges wurde im Bereich der hochklassigen Automobile geprägt von großvolumigen Motoren mit 12 und 16 Zylindern, die in V-Form angeordnet waren. Die bei den maßgeblichen Herstellern vollzogene Abkehr von Motoren mit 6 oder 8 Zylindern in Reihe und die Hinwendung zu V12-Motoren praktizierte die Ausnutzung der vorhandenen Gegebenheiten. Die Kenntnisse der Eigenschaften von Metallegierungen und deren Bearbeitung waren weit gediehen. Technische Voraussetzungen für komplizierte Gußteile waren geschaffen worden – und Arbeitskräfte, geschult teilweise schon seit der Startphase der Automobilindustrie, brachten hohes Geschick und Können ein.

Auf dem größten Automobilmarkt der Welt, dem der USA, hatte die Entwicklung früher den Durchbruch geschafft als anderswo. Edelschmieden wie Packard und Pierce-Arrow boten Automobile mit der neuen Zylinderkonfiguration ebenso an wie Cadillac und Lincoln, die Elitemarken der Giganten General Motors und Ford. Eine Anzahl weiterer Hersteller zog nach, und Marmon ging gar so weit, einen V16-Motor ins Angebot zu nehmen. Cadillac konterte innerhalb kurzer Zeit mit der gleichen prestigeträchtigen Zahl von Zylindern in einem eigenen Produkt. Mit prominenten Namen wie Hispano-Suiza und Daimler waren europäische Hersteller im Kreis der Produzenten von Zwölfzylinder-Automobilen vertreten.

Rolls-Royce Phantom III, Baujahr 1938, Chassis-Nr. 3CM157. Hooper entwarf die schwere Limousine, deren Kennzeichen Hersteller und Modell nennt.

Hooper created this formal Limousine. The number-plate betrays its designation.

Der V12-Motor des unten abgebildeten Automobils.

The V12-engine powering the car below.

Rolls-Royce gesellte sich dieser Gruppe erst mit einigen Jahren Verzögerung zu. Aufgrund der fast zwanzigjährigen Erfahrung, die aus dem Bau von V12-Flugzeugmotoren gewonnen worden war, wäre ein früherer Einstieg denkbar gewesen. Einerseits stand jedoch einer Pionierrolle bei der Einführung einer neuen Technik die Philosophie entgegen, Bewährtes in ständig wiederholten Tests auf Schwachpunkte zu prüfen, diese zu beseitigen und die Verbesserung erneut zu testen. Andererseits war mit der Entwicklung und Markteinführung des Bentley $3\frac{1}{2}$ Liter die Entwicklungsabteilung stark in Anspruch genommen. Diese war zudem infolge des 1933 eingetretenen Todes von F. Henry Royce neu formiert worden, was nicht ohne Reibungen gelungen war.

Im Oktober 1935 tauchte der neue Rolls-Royce Phantom III mit V12-Leichtmetallmotor auf der Olympia Motor Show in London auf. Auf dem Stand von Rolls-Royce und auf den Ständen führender Karosseriebauer präsentierten sich nicht weniger als neun Rolls-Royce Phantom III. Den Messebesuchern blieb verborgen, daß acht davon keinen funktionsfähigen Motor besaßen, sondern lediglich Attrappen. Es stand nur ein fahrbereiter Rolls-Royce Phantom III zur Verfügung.

Mit dem neuen Wagen wurde die Spitzenstellung unter den Herstellern von Automobilen der ersten Klasse angepeilt. Sie sollte so dominierend werden, wie es während der Ära des Rolls-Royce Silver Ghost der Fall gewesen war. Die Motorqualitäten durften nicht auf Laufruhe und Leistungsvermögen beschränkt sein. Sie sollten darüber hinaus mit perfekter Technik auf dem neuesten Stand und mit Verwendung der aufwendigsten Werkstoffe glänzen. In einem Zeitalter, als in allen anderen Betrieben die Kaufleute mit Kostenargumenten Barrieren in den Weg anspruchsvoller Techniker schoben, durfte bei

Die Spanne zwischen Weltwirtschaftskrise und II. Weltkrieg

Rolls-Royce aus dem vollen geschöpft werden.
Als die Prüfungsfahrten im französischen Testzentrum in Chateauroux so weit gediehen waren, daß der Start für die Produktion freigegeben wurde, präsentierte sich der Rolls-Royce Phantom III mit bewundernswerten Fahrleistungen. Nahezu lautlos und frei von Vibrationen drehte der Motor aus jedem Drehzahlbereich hoch und beschleunigte mit einem Durchzugsvermögen, das vom Gewicht und den Abmessungen des großen Automobils scheinbar unbeeinträchtigt war. Aus 7340 ccm Hubraum schöpfte der Motor die Kraft, in weniger als 18 Sekunden von 0 auf 100 km/h zu beschleunigen und auch mit sehr gewichtigen Aufbauten eine Spitzengeschwindigkeit von 150 km/h zu erreichen; leichtere Karosserien erweiterten diesen Rahmen noch um 10 bis 15 km/h.
Der Motorblock mit zwölf Zylindern, die in V-Form mit einem Winkel von 60 Grad gruppiert waren, bestand aus Leichtmetall. Die Kolben liefen in nassen Zylinderlaufbuchsen aus Stahl. Die von einer mittig angeordneten Nockenwelle über Stößel mit hydraulischem Ventilspielausgleich betätigten Ventile besaßen je zwei Ventilfedern. Die Ventile wurden beherbergt in abnehmbaren Zylinderköpfen. Für jeden Zylinder arbeiteten zwei Zündkerzen, die getrennten Zündanlagen angehörten. Jede Zündanlage umfaßte eine Zündspule und einen eigenen Verteiler. Außer bei den ersten Modellen mit Viervergaser-Anlage fand die Gemischaufbereitung mittels Doppelfallstromvergasern statt. Ein fachmännisches Auge entdeckte deutliche Anlehnung an die Konzepte aus der Flugmotorenfertigung von Rolls-Royce.
Dem Motor ebenbürtig war das Fahrwerk. Es war massiv ausgeführt und durch eine Kreuztraverse verstärkt. Erstmals fand sich beim Rolls-Royce Phantom III eine unabhängige Aufhängung der Vorderräder. M. Olley hatte sie entwickelt. Er war ein früherer Mitarbeiter von Rolls-Royce, der zur Zeit der Produktion im Zweigwerk in Springfield/USA in die Vereinigten Staaten gekommen war. Beim Zusammenbruch von Rolls-Royce of America wechselte er zu General Motors. Für die von ihm dort entwickelte unabhängige Vorderradaufhängung, die sich kaum unterscheidbar auch beim Cadillac fand, zahlte Rolls-Royce Lizenzgebühren an General Motors. Die unabhängige Aufhängung der Vorderräder bot infolge geringeren Platzbedarfs die Möglichkeit, den Kühler weiter nach vorne zu setzen. Obwohl das Chassis geringfügig kürzer war als das des Rolls-Royce Phantom II, stand mehr Platz für den Aufbau und damit mehr Innenraum der Karosserie zur Verfügung. Es verlangte von den Karossiers eine Umstellung, bei den geänderten Proportionen eine harmonisch ausgewogene Linienführung zu finden.
Das Getriebe war separat vom Motor und zur besseren Gewichtsver-

Rolls-Royce Phantom III, Baujahr 1938, Chassis-Nr. 3CM125. Die Zweifarbenlackierung unterstreicht die Eleganz des prachtvollen Sedanca de Ville von H. J. Mulliner.

Two tone colour accentuates the elegance of this Sedanca de Ville by H. J. Mulliner.

teilung im Chassis nach hinten versetzt montiert. Unter der Hinterachse durchgezogene Federn sorgten für niedrige Bauhöhe. Eine zentrale Fahrwerksschmierung gehörte zur Standardausrüstung. Der von F. Henry Royce für die letzten Rolls-Royce Silver Ghost entwickelte getriebeunterstützte Bremskraftverstärker wurde wie für die anderen Modelle des Hauses auch für den Rolls-Royce Phantom III übernommen.

Der Motor war die Attraktion der Neuschöpfung, aber er entpuppte sich als deren Achillesferse. Sein Konstrukteur war A. G. Elliott, der unter der Ägide von F. Henry Royce im Entwicklungsstab von Rolls-Royce Karriere gemacht hatte. Er war ein überaus fähiger Ingenieur, und der Zwölfzylindermotor, den er zeichnete, fand damals und findet noch heute die Bewunderung von Fachleuten. Bei der Konstruktion waren aber Gesichtspunkte wie Kosten der Herstellung oder Aufwand für Wartung und Instandsetzung als nebensächlich unbeachtet geblieben.

Die ersten Modelle verfügten über vier Vergaser und deshalb über eine unerhörte Flexibilität, die ruckfreies Hochdrehen aus niedrigsten Drehzahlen gestattete. Die Vergaser mußten aber komplett demontiert werden, wenn nur die Zündkerzen zu wechseln waren. Eine Umstellung auf eine im praktischen Betrieb weniger umständliche Vergaseranlage war nach kurzer Zeit unumgänglich. Der hydraulische Ventilspielausgleich erwies sich als Quelle ständigen Ärgers, denn er funktionierte nur bei vollkommen sauberem Motoröl. Die zu diesem Zweck vorgesehenen Ölfilter hätten im Abstand von ca. 1000 Kilometern gereinigt werden müssen – eine Anstrengung, der sich kaum ein Chauffeur unterzog. Solche Nachlässigkeit hatte zum Resultat, daß Rolls-Royce zunächst hilfsweise und schließlich als Standard zu stangengesteuerten Ventilstößeln zurückkehrte. Die Schmierung der beweglichen Teile im Motor erfolgte mit je nach Bedarf über Reduzierventile abgestimmtem Öldruck; ein thermostatgesteuerter Ölkühler war vorhanden, er neigte zu Undichtigkeiten.

Als ab 1936 die Auslieferung der ersten Rolls-Royce Phantom III begann, verging nur wenig Zeit, bevor die ersten Beschwerden vorgetragen wurden. Sie weiteten sich aus, als im Autobahnbetrieb massive Defekte auftraten.

Mit den in Italien und Deutschland gebauten Autobahnen boten sich Strecken mit Betriebsbedingungen, die in den Planungen der Konstrukteure keine Rolle gespielt hatten. Die neuen Wege machten Dauerfahrten mit Höchstgeschwindigkeit jedem Verkehrsteilnehmer möglich – aber die Motoren waren für solche Beanspruchungen nicht ausgelegt und quittierten den Dienst.

Rolls-Royce konnte vor dem Problem die Augen nicht verschließen, weil sowohl eine erhebliche Anzahl von Fahrzeugen in den Export auf das europäische Festland gegangen war als auch heimische Eigentümer bei Touren über den Kontinent die Autobahnen selbstverständlich benutzten. Konsequent wurden die Besitzer darauf aufmerksam gemacht, daß mit dem Rolls-Royce Phantom III Geschwindigkeiten von 120 bis 130 km/h auf Dauer ohne Risiko eines Motorschadens gefahren werden könnten; höheres Tempo war nur kurzfristig zulässig. Für den Rolls-Royce Phantom II wurden 110 bis 120 km/h als Limit genannt. Die Resonanz auf die fürsorgliche Warnung enthielt nicht nur Verständnis bei den Betroffenen. Von mehreren Seiten wurden Vorwürfe erhoben, die eine solche Begrenzung als Eingeständnis technischer Unvollkommenheit bei dem nach wie vor als bestes Auto der Welt beworbenen Wagen sahen. Mit einer als Einführung eines Overdrive apostrophierten Änderung sorgte Rolls-Royce ab 1938 für eine deutliche Verringerung des Drehzahlniveaus bei hohem Dauertempo. Tatsächlich stand aber nicht ein zusätzlicher drehzahlsenkender Gang zur Verfügung, sondern die Übersetzung des vierten Ganges war geändert worden.

Trotz eingehender Feinarbeit, um die Schwächen auszumerzen, blieb dem Rolls-Royce Phantom III der Ruf, technisch anfällig zu sein. Die Reparatur aufgetretener Schäden schlug mit Beträgen zu Buche, die selbst wohlhabende Besitzer schmerzlich spürten. Hier mag ein Grund liegen, warum Rolls-Royce die mit der Einführung des neuen Typs angestrebte Vorrangstellung nicht erreichen konnte. Nur 727 Rolls-Royce Phantom III wurden gebaut. Davon wurden lediglich 122 Stück außerhalb der Landesgrenzen verkauft. Mit 35 Exempla-

Die Spanne zwischen Weltwirtschaftskrise und II. Weltkrieg

ren nahm der große amerikanische Markt nur geringfügig mehr auf, als nach Frankreich geliefert wurden; dorthin gingen 27 Rolls-Royce Phantom III – die aber nicht alle dort blieben. Die verkaufsstarke französische Niederlassung Franco-Britannic-Autos in Paris war die Repräsentanz, bei der Herrscher aus Afrika sowie dem Nahen und Mittleren Osten ihre Orders plazierten.
Bei den Vorläufermodellen war das Augenmerk noch so deutlich auf die Exporte in die USA gerichtet, daß zunächst ein Zweigwerk für die Produktion von Rolls-Royce Silver Ghost und Rolls-Royce Phantom I eingerichtet worden war. Beim Rolls-Royce Phantom II hatte es speziell für amerikanische Ansprüche abgestimmte Chassisserien gegeben, die linksgelenkt mit Mittelschalthebel ausgeführt waren. Beim Rolls-Royce Phantom III trat der Wunsch nach einem Mittelschalthebel nur einmal auf – ein englischer Börsenmakler forderte die Modifikation für seinen Wagen.
Eine Durchsicht der Chassiskarten, die im Werk aufbewahrt wurden, wies aus, daß Besteller des Rolls-Royce Phantom III überwiegend betagte Herrschaften waren; das Durchschnittsalter der Käufer lag über 60 Jahre. Die für den Gebrauch bei offiziellen Anlässen, etwa als Staatslimousinen, gelieferten Fahrzeuge dieses Typs blieben dabei unberücksichtigt. Neben den oben beschriebenen Unzulänglichkeiten mag ein weiterer Grund für den schleppenden Verkauf darin liegen, daß der große Rolls-Royce in den Ruf geriet, das passende Fortbewegungsmittel für alte, reiche Leute zu sein.
Diese Ansicht hat sich drastisch geändert. Annähernd die Hälfte aller gebauten Rolls-Royce Phantom III hat bis heute überlebt. Der mit faszinierender Technik ausgestattete Vorkriegswagen erfreut sich als Sammlerfahrzeug hoher Wertschätzung. Dank der Aktivitäten sowohl des Stammwerkes in England wie der in den USA beheimateten »Rolls-Royce Phantom III Society« läßt sich die Betriebsbereitschaft der ein halbes Jahrhundert alten Automobile erhalten oder wiederherstellen. Der Aufwand verlangt – wie zu Zeiten, als der Wagen neu war – eine gesunde finanzielle Basis.

Rolls-Royce Phantom III, Baujahr 1938, Chassis-Nr. 3DL122. Sehr ausgewogen gelangen Gurney Nutting die Linien dieses Sports Saloon.

Gurney Nutting succeeded splendidly in balancing the lines of this Sports Saloon.

Rolls-Royce 25/30 H.P.

Vom 1936 eingeführten Rolls-Royce 25/30 H.P. als Nachfolger des Rolls-Royce 20/25 H.P. zu sprechen, wäre nicht ganz korrekt, aber auch nicht ganz unrichtig. Nahezu zwölf Monate lang wurden beide parallel gefertigt, und es bestand die Wahlmöglichkeit zwischen dem bewährten Rolls-Royce 20/25 H.P. und dem auf diesem basierenden Rolls-Royce 25/30 H.P. Mit der Produktionseinstellung des hubraumschwächeren Typs entfiel die Wahl, und der Rolls-Royce 25/30 H.P. stand allein als »kleiner« Rolls-Royce neben dem »großen« Rolls-Royce Phantom III.

Ein größerer Hubraum von 4257 ccm beim Rolls-Royce 25/30 H.P. gegenüber einem solchen von 3669 ccm beim bisher produzierten Rolls-Royce 20/25 H.P. bildete den Hauptunterschied zwischen den beiden Typen. Der Motor des Rolls-Royce 25/30 H.P. maß beim Hub mit 114,3 mm den gleichen Wert, wie er vorher gegeben war. Das Mehr an Hubraum hatte seinen Grund in einer auf 88,9 mm vergrößerten Bohrung (sie betrug 82,6 mm beim Rolls-Royce 20/25 H.P.). Der Rolls-Royce 25/30 H.P. erhielt einen veränderten Zylinderblock, weil die Kühlwasserführungen des Motors aus dem Rolls-Royce 20/25 H.P. die Erweiterung der Bohrung nicht zugelassen hätten.

Ein neuer Zylinderkopf rundete die Modernisierungsmaßnahmen am Antriebsaggregat ab. Die Öffnungen der Einlaßkanäle befanden sich auf der gleichen Seite wie die Auspuffkrümmer, und über diesen war der Zenith-Fallstromvergaser von Stromberg angeordnet. Diese Bauweise stimmte nicht mehr mit den Prinzipien überein, die F. Henry Royce vertreten hatte. Erstens forderte der mittlerweile vor drei Jahren verstorbene frühere Chefingenieur stets, Vergaser auf der den Auspuffkrümmern gegenüberliegenden Motorseite zu plazieren. Er wollte die Gefahr verringern, daß der Motor in Brand geriet, wenn ein Vergaser undicht wurde oder über-

Die Spanne zwischen Weltwirtschaftskrise und II. Weltkrieg

Rolls-Royce 25/30 H. P., Baujahr 1937, Chassis-Nr. GHO 18. Der Sports Saloon von Barker dient Eric Barrass, seit 30 Jahren Sekretär des Rolls-Royce Enthusiasts' Club, als Transportmittel. Das kleine Bild zeigt den Wagen nach der vor kurzem erfolgten Restauration.

This Sports Saloon by Barker is the property of Eric Barrass, secretary of the Rolls-Royce Enthusiasts' Club. The smaller photograph shows the car after recent restoration.

Rolls-Royce 25/30 H. P., Baujahr 1938, Chassis-Nr. GZR15. Der Four Light Saloon von Barker gehört zu den letzten Karosserien aus dem traditionsreichen Haus – im Jahr darauf stellte Barker die Fertigung ein und wurde von Hooper übernommen.

This Four Light Saloon by Barker counts among the last coachworks by the well reputed company – the following year Barker ceased production and was taken over by Hooper.

lief und der Brennstoff auf die heißen Auspuffkrümmer tropfte. Zweitens hatte Rolls-Royce als einer der letzten Hersteller auch Teile wie Vergaser, Benzinpumpen, Lenkungen usw. selbst produziert.

W. A. Robotham, der nach dem Tode von F. Henry Royce ins Führungsgremium von Rolls-Royce aufgerückt war, hatte diese Philosophie, die er »Silver-Ghost-Mentalität« nannte, ins Wanken gebracht. Er vertrat die Überzeugung, daß Zubehör-Lieferanten als Spezialisten in die Entwicklung der von ihnen gefertigten Teile mehr Zeit und Aufwand investieren konnten, als ein Hersteller, der sich vorteilhafter auf seine ureigene Aufgabe der Konstruktion von Automobilen konzentrieren sollte. Eine Informationsfahrt zu den Produktionsstätten in den USA, die sich in Detroit konzentrierten, hatte W. A. Robotham zudem eine Gefahr bewußt gemacht. Er vertrat die Ansicht, daß sich die Automobilfertigung von Rolls-Royce über rasant wachsende Kosten aus dem Markt katapultieren würde, wenn nicht rechtzeitig Rationalisierungsmaßnahmen dem gegensteuerten.

Die letzte Chassis-Serie des Rolls-Royce 20/25 H. P. erfuhr Änderungen durch Einbau von Teilen, die Fremdlieferanten beigestellt hatten, in Form einer Lenkung von Marles und einer Kupplung von Borg & Beck. Die zeitgleich aufgelegten Rolls-Royce 25/30 H. P. folgten der neuen Richtung noch unverkennbarer. Neben Lenkung und Kupplung von dritter Seite wiesen sie den oben erwähnten Vergaser von Stromberg, S. U.-Benzinpumpen, eingebaute Wagenheber von DWS und den größten Teil der Fahrzeugelektrik von Lucas auf, und diese Liste ist noch nicht vollständig.

Mit der Bewährung im Fahrbetrieb bestätigte sich die Richtigkeit der von W. A. Robotham durchgesetzten Änderungen. Die zugekauften Einbauteile gaben keinen Anlaß zu Klagen, weil sie den von Rolls-Royce exakt vorgegebenen Spezifikationen entsprachen. Bei den später eingeführten Modellen erweiterte sich aufgrund dieser Erfahrung der Kreis der Komponenten, die nicht im eigenen Hause entstanden waren.

So auffällig wie im Antriebssektor fielen die im Bereich des Fahrgestells vorgenommenen Modifikationen beim Wechsel vom Rolls-Royce 20/25 H. P. zum Rolls-Royce 25/30 H. P. nicht ins Auge. Der Rahmen war generell stärker und zeigte einen geringen Zuwachs beim Radstand und eine um eine Idee verbreiterte Spurweite. Die beim Vorgängermodell eingeführten einstellbaren Stoßdämpfer wurden beibehalten.

Die aufgebohrte Maschine brachte ein Leistungsplus, mit dessen Hilfe der Rolls-Royce 25/30 H. P. eine Spitzengeschwindigkeit von annähernd 130 km/h zu erreichen vermochte. Dieser Wert bedeutete einen Zuwachs von etwa 10 Prozent gegenüber dem Rolls-Royce 20/25 H. P.

Für Dauerfahrten mit Höchstgeschwindigkeit auf den damals neu eröffneten Autobahnen in Deutschland und Autostradas in Italien war der Wagen nicht ausgelegt. Rolls-Royce übermittelte an die Eigentümer die Empfehlung, auf diesen Straßen das Dauertempo auf 105 bis 110 km/h zu mindern, um die Gefahr von Motorschäden auszuschließen.

Der Rolls-Royce 25/30 H. P. kam innerhalb von zweieinhalb Jahren auf eine Stückzahl von 1201 Exemplaren. Auf den Straßen fanden sich indes so viele neue Rolls-Royce, wie es sich aus dieser Produktionsziffer nicht erklären läßt.

Die Rolls-Royce 20 H. P. der zwanziger Jahre und die frühen Rolls-Royce 20/25 H. P. waren zum bevorzugten Basisautomobil für eine regelrechte Replica-Industrie geworden.

Die Spanne zwischen Weltwirtschaftskrise und II. Weltkrieg

Der Begriff Replica darf nicht in dem Sinn verstanden werden, den er heute hat, nämlich als Kopie eines Designs aus der Vergangenheit mit modernem Innenleben. Vielmehr wurden Karosserien mit der eleganten Linienführung der dreißiger Jahre auf Fahrgestelle gesetzt, die bereits zehn bis fünfzehn Jahre Autoleben mit einem anderen, inzwischen hoffnungslos veralteten Aufbau verbracht hatten. Insbesondere eckig hochbauende Limousinen-Karosserien wurden abgenommen und durch flotte Saloon-, Coupé- oder Cabrio-Aufbauten ersetzt.

Für ein solches Fahrzeug lag der Preis nur bei einem Drittel bis zur Hälfte dessen, was ein fabrikneues Automobil kostete. Die Firmen Ranalah und Coachcraft sind auf diesem Sektor, der zahlreichen Rolls-Royce einen zweiten Frühling schenkte, besonders hervorzuheben. Sie stellten Karosserien in Serie her, deren Vertrieb vornehmlich über Southern Motors und Comptons of Sydenham in London erfolgte.

Diese Betriebe beschränkten sich keineswegs allein auf die eher kosmetische Seite des neuen Aufbaues. Sie tauschten die waagerecht liegenden Kühlerlamellen der ersten Serien des Rolls-Royce 20 H.P. gegen senkrecht stehende, zogen Räder mit geringerem Durchmesser von 19 Zoll auf und überholten den Motor, was den Einbau neuer Kolben umfaßte. Das Fahrzeug wurde dann zwecks Überprüfung zu Rolls-Royce geschickt, woraus zu ersehen ist, daß die Änderungen nicht gegen den Willen des Werkes erfolgten.

Aus den Aktivitäten konnte auch für Rolls-Royce kein Nachteil erwachsen. Jemand, der – vielleicht nur zunächst – nicht mehr als 500 £ für ein Automobil ausgeben konnte, kam als Käufer für ein Neufahrzeug nicht in Betracht. Ein werksgeprüft generalüberholter Rolls-Royce in seiner Hand dagegen untermauerte die Anerkennung der Zuverlässigkeit und Langlebigkeit der Produkte dieser Marke.

Ebenso wie die Vertreter aus der Reihe der »kleinen« Rolls-Royce erfuhren einige Rolls-Royce aus der Phantom-Serie eine entsprechende Aufwertung. Ihre Zahl liegt aber beträchtlich niedriger, weil sie wegen der hohen Verbrauchswerte und der fühlbaren Steuerbelastung auch in modernisierter Form weniger attraktiv waren.

Die Entwicklung hat dazu geführt, daß es heute ohne Detailkenntnisse schwierig ist, einen Rolls-Royce nach seinem Aussehen als bestimmten Typ zu charakterisieren, zumal die Vielzahl der Karosserievarianten die zeitliche Zuordnung nach dem Äußeren erschwert. Die Umstellung auf ein Drei-Speichen-Lenkrad beim Rolls-Royce 25/30 H.P. – die Vorgänger verfügten durchwegs über Lenkräder mit vier Speichen – gibt einen Anhaltspunkt. Allerdings keinen sicheren, denn Comptons of Sydenham pries als Spezialität im Zuge der Modernisierungsmaßnahmen den Wechsel zu dem moderneren Lenkrad an.

Rolls-Royce 20 H.P., Baujahr 1926, Chassis-Nr. GMJ78. Während der dreißiger Jahre entstand eine regelrechte Replica-Industrie in England, die alte Rolls-Royce mit neuen Karosserien versah. Dieses Cabriolet stammt von John Charles.

In the thirties the replica industry had a boom in Great Britain and replaced oldfashioned coachwork on Rolls-Royce chassis. This Cabriolet is by John Charles.

Die Spanne zwischen Weltwirtschaftskrise und II. Weltkrieg

Bentley $4\frac{1}{4}$ Liter

Abb. Seite 118/119: Bentley $4\frac{1}{4}$ Liter, Baujahr 1938, Chassis-Nr. B106MR. Das Cabriolet von Vanden Plas gehört zu einer der besonders schnellen Serien (MR/MX) des Sportwagens und beschleunigt bis in den Bereich von 170 km/h.

The Cabriolet by Vanden Plas is from one of the fastest series (MR/MX) of the sportscar and is capable of roughly 110 mph.

Im Jahr 1936 offerierte Bentley Motors (1931) Ltd. alternativ zum Bentley $3\frac{1}{2}$ Liter einen größeren Motor mit 4257 ccm Hubraum. Für den hubraumstärkeren Antrieb wurde ein Aufpreis von 50 £ in Rechnung gestellt.

Das Vorgehen war nur konsequent, denn der Bentley $3\frac{1}{2}$ Liter bedurfte einer Aufwertung. Er war als sportliches Modell dem Rolls-Royce 20/25 H.P. zur Seite gestellt, dessen Motor, in einer leistungsgesteigerten Ausführung, unter der Haube des Bentley $3\frac{1}{2}$ Liter arbeitete. Als der Rolls-Royce 20/25 H.P. mit einem Hubraumzuwachs von etwa 600 ccm zum Rolls-Royce 25/30 H.P. avancierte, war es unumgänglich, der Bentley-Klientel die gleiche Kraftquelle anzubieten.

Im Gegensatz zum Rolls-Royce, der eine Fülle von Detailänderungen zusätzlich erfahren hatte, blieb der Rahmen des Bentley $3\frac{1}{2}$ Liter ebenso unverändert wie Getriebe und Hinterachse. Die zusätzliche Leistung des stärkeren Triebwerks erzwang keine Anpassungen, denn die Grenzen der Fähigkeit des Fahrwerks waren weit gesteckt.

Schon nach kurzer Zeit entfiel die Alternative – die Produktion des Bentley $3\frac{1}{2}$ Liter wurde mangels Nachfrage eingestellt. Nur noch die Version mit $4\frac{1}{4}$ Litern Hubraum stand zur Wahl, in den Verkaufslisten wurde der Wagen als Bentley $4\frac{1}{4}$ Liter geführt.

Deutlich angehobene Beschleunigungswerte beeindruckten als Hauptunterschied zum Vorgängermodell. Der Bentley $4\frac{1}{4}$ Liter legte im vierten Gang noch so vehement zu, wie es der Bentley $3\frac{1}{2}$ Liter nur im dritten Gang vermocht hatte. In der Spitzengeschwindigkeit war der Zuwachs bescheiden. Das alte Modell hatte unter günstigen Voraussetzungen 148 km/h erreicht, für das neue bildeten 155 km/h die Grenze. Umgerechnet in Meilen pro Stunde waren weder der Neuling noch der Vorgänger in der Lage, die »magischen« 100 mph zu streifen.

Die schmerzliche Erfahrung, daß die neuen Verkehrswege auf dem Kontinent bei hohem Dauertempo zu kapitalen Motorschäden führten, weil weder die Motorkühlung noch die Ölversorgung der Lager mit den Betriebsbedingungen im Autobahneinsatz fertig wurden, blieb auch beim Bentley $4\frac{1}{4}$ Liter nicht aus. Mit gezielten Änderungen der Kurbelwellenlager und des Ölkreislaufs wurden die Schwierigkeiten behoben. Innerhalb kurzer Zeit galt der Motor als standfest auch im Dauerbetrieb mit 4500 U/Min.

Ab Ende 1938 waren Vollgasfahrten kein Reizthema mehr. Ein neues Getriebe mit lang übersetztem vierten Gang bewirkte in Verbindung mit einer Änderung der Hinterachsübersetzung von 4,1:1 auf 4,3:1 bei hohem Tempo ein Drehzahlniveau, das den Motor schonte. Der Einbau einer zwecks Anpassung der Steuerzeiten geänderten Nockenwelle galt ebenfalls diesem Ziel. Nebenprodukt dieser Maßnahmen, in deren Genuß die Chassis-Serien mit vorangestelltem MR bzw. MX kamen, war eine Steigerung der Höchstgeschwindigkeit auf mehr als 170 km/h.

Vorangegangen war der vielbeachtete Bau eines Bentley $4\frac{1}{4}$ Liter mit extrem stromliniengünstiger Karosserie. A.M. Embiricos, ein griechischer Rennfahrer, hatte ihn über die französische Niederlassung von Rolls-Royce, Franco Brittanic Autos in Paris, bezogen. Ab Werk war der Wagen mit Spezialkolben ausgerüstet, die die Verdichtung auf 8:1 anhoben. Größere S.U.-Vergaser bewirkten zusammen mit dieser Maßnahme einen Anstieg der PS-Leistung auf 140 PS statt der sonst gebotenen 125 PS. Für eine von G. Paulin entworfene und bei Van Vooren gebaute Karosserie als 2+2-Coupé wurden alle bis dahin gewonnenen Erkenntnisse aus dem Stromlinienbau eingebracht. Versenkte Türgriffe und bündig mit der Karosserie abschließende Glasflächen zeichneten das Blechkleid aus – und ein abgerundeter Kühlergrill, dem die traditionelle Form hatte weichen müssen.

Die konsequente Stromlinie nötigte zu einer Änderung der Bremsanlage. Weil bei hoher Geschwindigkeit Gas wegnehmen keine unmittelba-

Bentley $4\frac{1}{4}$ Liter, Baujahr 1937, Chassis-Nr. B69KU. Beim Pillarless Coupé von Gurney Nutting unterbricht kein Mittelpfosten die Seitenscheiben.

No B-post spoils the side view of this Pillarless Coupé by Gurney Nutting.

re Verzögerung bewirkte, wie sie bei weniger windschlüpfigen Karosserien zwangsläufig durch den Luftwiderstand einsetzte, mußten die Bremstrommeln aus Stahlguß gegen solche aus Duraluminium getauscht werden. Das Leichtmetall bot bessere Wärmeleitfähigkeit. Außerdem waren die Alu-Bremstrommeln trotz zusätzlicher Kühlrippen nicht schwerer als die Stahl-Bremstrommeln ausgefallen.
188 km/h als Spitzentempo waren das Ergebnis der Bemühungen. Ein eigens absolvierter Probelauf auf deutschen Autobahnen demonstrierte beeindruckten Motorjournalisten, daß der Stromlinien-Bentley problemlos ein Dauertempo von mehr als 180 km/h halten konnte. Unterstrichen wurde die Ausnahmestellung des Bentley mit einer Rekordfahrt auf der Rennstrecke von Brooklands, wo er in einer Stunde 184,45 Kilometer zurücklegte.

Bei Rolls-Royce setzte sich infolge dieser Leistungen die Überzeugung durch, dem Bereich des Motorsports größere Aufmerksamkeit zu widmen. Eventuell mag auch das Wirken von W.O. Bentley in neuer Umgebung einen Beitrag zum Umdenken geleistet haben. Den 1936 vorgestellten Bentley 4¼ Liter verband allerdings nichts mehr mit dem Konstrukteur, dessen Namen er trug. Im Jahr 1935 war W.O. Bentley aus den Diensten von Rolls-Royce geschieden, um die Position des Entwicklungschefs bei Lagonda zu übernehmen. Dort schuf W.O. Bentley exklusive, leistungsstarke Sportwagen. Einsätze mit hervorragenden Ergebnissen bei Rennen in Le Mans und auf nationalen Rennstrecken verliehen dem klangvollen Namen Glanz. Mit einem Zwölfzylinder-Lagonda, der in direkter Konkurrenz zum Rolls-Royce Phantom III stand, bahnte sich dazu eine Neuauflage des Duells zwischen Bentley und Rolls-Royce aus den späten zwanziger Jahren an.

Bentley 4¼ Liter, Baujahr 1936, Chassis-Nr. B37HM. Close Coupled Sports Saloon nannte H. J. Mulliner den Aufbau. Für die Fahrgäste steht nur beengt Raum zur Verfügung – aber perfekt luxuriös ausgestattet.

Closed Coupled Sports Saloon was H. J. Mulliner's name for this body. Passengers didn't find generous space – but had a perfectly luxurious interior.

Rolls-Royce Wraith

In Anlehnung an die Praxis, die mit dem Rolls-Royce Silver Ghost begonnen hatte und in den folgenden Rolls-Royce Phantom ihre Fortsetzung fand, gab der Hersteller einem neuen Modell den Namen Rolls-Royce Wraith. Auf den Geist folgte ein Phantom, und dem wurde dann ein Gespenst zur Seite gestellt. Einen Namen statt einer an Leistungsangaben ausgerichteten Modellbezeichnung trug der im Oktober 1938 erschienene Nachfolger des Rolls-Royce 25/30 H. P.

Er stellte sich als ein bemerkenswert modernes Automobil vor, bei dem nur wenige Merkmale als Verweis auf den unmittelbaren Vorgänger entdeckt werden konnten. Viel eher zeigte sich Verwandtschaft mit dem Rolls-Royce Phantom III, in den zahlreiche neue Ideen eingeflossen waren. Entsprechend den dort verfolgten Bauprinzipien verfügte der Rolls-Royce Wraith über eine unabhängige Aufhängung der Vorderräder. Die Lenkung war auf breite Ballonreifen abgestimmt und reagierte weicher – manche kritisierten »schwammiger« – und weniger direkt, als bisher gewohnt.

Das Chassis war von Grund auf neu entwickelt. Der Rahmen, der beim Rolls-Royce Phantom III teils verschweißt und teils verschraubt war, zeigte sich beim neuen Modell in der Reihe der kleinen Rolls-Royce komplett verschweißt. Obwohl die Rahmenlängsträger aus Gründen der Gewichtsökonomie gelocht waren, erwies sich der solide Rahmen in geschweißter Version als besser, weil verwindungssteifer, im Vergleich mit Rahmen, deren Teile mit Hilfe von Bolzen und Schrauben verbunden waren.

Bis dahin waren alle tragenden Teile bei Rolls-Royce verschraubt gewesen, denn F. Henry Royce hatte gegen die mögliche Verwendung von Nieten technisch fundierte Einwände erhoben. Die von ihm durchgesetzte Methode der Schraubverbindung unter Verwendung konischer Bolzen zeitigte das gewünschte Ergebnis, war aber um ein Mehrfaches teurer in den Produktionskosten. Zur jetzt verwendeten Schweißtechnik gab es kein Urteil von ihm, weil sie zu seiner Zeit nicht weit genug entwickelt war, um von Rolls-Royce für den Rahmenbau in Erwägung gezogen zu werden.

Das Fahrwerk des Rolls-Royce Wraith bot einen längeren Radstand und eine größere Spurweite als das des Rolls-Royce 25/30 H. P., den er ersetzte. Es brachte auch mehr Gewicht auf die Waage, wenngleich der Zuwachs vor allem auf die serienmäßig vorne wie hinten eingebauten Wagenheber zurückzuführen war. Diese wurden mittels hydraulischer Pumpen ausgefahren, deren Betätigung im Boden vor dem Beifahrersitz möglich war.

In ebenso fortschrittlicher Weise präsentierte sich der Motor. Mit 4257 ccm wies der Hubraum den gleichen Wert auf, wie er beim Vorgänger gefunden werden konnte. Von diesem stammten auch Ölwanne und Kurbelgehäuse. Im Kurbelgehäuse drehte sich aber in stark überarbeiteten Lagern eine neue Kurbelwelle. Der Zylinderblock bestand aus Leichtmetall, die Kolben liefen in nassen Zylinderlaufbuchsen. Diese Änderungen bargen deutliche Verwandtschaft zum Motor des drei Jahre vorher eingeführten Rolls-Royce Phantom III. Sie hatten zum Ziel, geräusch- und verschleißarmen Be-

Rolls-Royce Wraith, Baujahr 1939, Chassis-Nr. WRB2. Das Sedanca Coupé von Gurney Nutting verbrachte einen mehr als 40 Jahre dauernden Dornröschenschlaf in einer Luxemburger Scheune, bevor es wieder in den Originalzustand versetzt wurde.

This Sedanca Coupé by Gurney Nutting spent more than 40 years as a »Sleeping Beauty« in a barn in Luxembourg prior to its recent restauration.

Die Spanne zwischen Weltwirtschaftskrise und II. Weltkrieg

trieb zu sichern; insbesondere, wenn über längere Zeiträume hohe Drehzahlen anstanden.
Das Geheimnis für einen deutlichen Leistungszuwachs lag im neugestalteten Zylinderkopf. Als Querstromzylinderkopf machte er Schluß mit der bis dahin gepflegten Bauweise, die Ventile für Einlaß und Auslaß und dazu die Ventilstößel auf einer Seite des Zylinderkopfes zu konzentrieren. Gußtechnisch bedeutete diese Praxis zwar eine Vereinfachung, aber um den Preis kompliziert geführter Kühlwasserkanäle. Außerdem war der Platz für die Ventile begrenzt. Im neuen Zylinderkopf arbeiteten einander gegenüberliegende und deutlich größer dimensionierte Ventile, was der Beatmung des Triebwerks sehr zuträglich war.
Weniger ins Auge stechend, aber bemerkenswert, waren kleinere Änderungen. Dazu gehörten modifizierte Motoraufhängungen und die weiter nach hinten gerückten Bedienungshebel für Gangschaltung und Handbremse.
Neben Karosserien, die konservativer Auslegung folgten, wurden sehr ansprechende Coupé- und Cabriolet-Aufbauten auf das Fahrgestell des Rolls-Royce Wraith gesetzt. Allerdings deutete sich ein bevorstehender Wandel an. Hoch-

Der unten gezeigte Wagen trägt außergewöhnliche Scheinwerfer.

The car below carries unusual headlamps for Continental touring.

Rolls-Royce Wraith, Baujahr 1939, Chassis-Nr. WMB75. In konservativer Linienführung entstand bei Hooper die Limousine.

Limousine by Hooper displaying conservative lines.

klassige Karosseriebauer gerieten zunehmend unter Druck, weil ab Werk in Serie karossierte Automobile an Boden gewannen. Dies war in der Klasse von Rolls-Royce noch nicht spürbar – Karosseriefirmen waren zur Kostendeckung aber auch abhängig von Aufträgen für solche Automobile, die in der Hierarchie unterhalb der Luxusklasse rangierten. Die Firma Park Ward zum Beispiel war 1938 in solche Schwierigkeiten geraten, daß sie von Rolls-Royce übernommen wurde, weil sie sonst den Betrieb hätte einstellen müssen. Die Firma Barker, deren Name lange Zeit als der renommierteste unter den englischen Karossiers gegolten hatte, war vom Konkurrenten Hooper übernommen worden. Hooper seinerseits hatte unter dem Dach des BSA-Konzerns, zu dem auch Daimler, der alte Widersacher von Rolls-Royce, gehörte, Zuflucht suchen müssen.

W.A. Robotham bekleidete die Stellung des Entwicklungschefs für Automobile bei Rolls-Royce und verfügte über die Eigenschaft, Trends schon zu spüren, wenn sie sich erst ankündigten. Er forderte dringend eine Umkehr von der Vorgehensweise, drei unabhängige Modellreihen zu fertigen. Der Bentley $4\frac{1}{4}$ Liter, der Rolls-Royce Wraith und der Rolls-Royce Phantom III stellten völlig voneinander unabhängige Modelle dar. Die Fertigung ohne ein einziges allen gemeinsames Teil oder austauschbares Zubehör war unvertretbar teuer. Die Automobilproduktion trug zum Gewinn des Unternehmens Rolls-Royce nur viereinhalb Prozent bei, der Rest stammte aus der Flugmotorenherstellung. Selbst die viereinhalb Prozent errechneten sich nur bei Annahme günstiger Voraussetzungen. W.A. Robotham war bereit, zuzugeben, daß die Automobilproduktion subventioniert wurde. Warum er nicht vorschlug, an der Preisschraube zu drehen, läßt sich nicht klären. Der Preis für den Rolls-Royce Wraith betrug 1100 £ und damit exakt den gleichen Betrag, der 16 Jahre vorher für den Rolls-Royce 20 H.P. verlangt worden war. Trotz Verbesserungen an Ausstattung und Technik hatte der Preis für den kleinen Rolls-Royce keine Anpassungen erfahren.

Die Spanne zwischen Weltwirtschaftskrise und II. Weltkrieg

Bentley Mark V und Bentley Corniche

W.A. Robotham sah die beste Chance, die ausufernden Kosten der Automobilproduktion über einschneidende Rationalisierungsmaßnahmen in den Griff zu bekommen. Dazu schlug er eine Anleihe bei der Erfolgsmethode von F. Henry Royce vor. Als dieser die ersten Rolls-Royce herstellte, hatte er eine Palette von Zwei-, Vier- und Sechszylindermotoren in rationeller Weise hergestellt, indem er identische Zylinderabmessungen vorgab und deshalb zahlreiche Motorteile allen Modellen gemeinsam und in einem Zug zu produzieren waren. In daran angelehnter Vorgehensweise entstand jetzt eine neue Generation von Reihenmotoren mit vier, sechs und acht Zylindern, die aufgrund identischer Zylinderabmessungen die gleichen Ventile, Ventilführungen, Kolben, Pleuel, Zylinderlaufbuchsen usw. aufwiesen. Die Konstruktion folgte der Auslegung »inlet over exhaust« (i.o.e.) das heißt, die Einlaßventile befanden sich hängend im Zylinderkopf, die Auslaßventile dagegen stehend seitlich im Motorblock. Dieser Motorblock faßte Zylinderblock und Kurbelgehäuse, die vorher separat gefertigt und miteinander verschraubt worden waren, in einem Gußteil zusammen. Ein Urteil, ob diese Motoren besser waren als die vorhandenen, sollten umfangreiche Testfahrten ergeben. Ein Vorteil stand von vornherein fest – sie waren erheblich weniger kostenintensiv in der Fertigung.

Für die Testfahrten fanden zum Teil Prototypen-Fahrgestelle Verwendung, die für den neuen Bentley Mark V gedacht waren. Dieser Typ sollte den Bentley $4\frac{1}{4}$ Liter ablösen. Als Termin für die Ablösung wurde die Olympia Motor Show im Oktober 1939 ins Auge gefaßt. Insgesamt liefen elf Prototypen des Bentley Mark V seit 1938 in der Erprobung. Sie wiesen, wie es bei Prototypen nicht erstaunt, teilweise erhebliche Unterschiede auf. Sieben von ihnen wurden von Motoren angetrieben, wie sie auch der Rolls-

Bentley Mark V, Baujahr 1940, Chassis-Nr. B32AW. Der Saloon von Park Ward bedarf einer eingehenden Restaurierung.

This Saloon by Park Ward is in need of ground-up restoration.

Bentley Mark V und Bentley Corniche

Royce Wraith aufwies. Die vier übrigen trugen in einem leichteren Rahmen die ersten Sechszylindermotoren der neuen Generation. Einer von diesen war so einzigartig, daß er mit einem eigenen Projektnamen abgegrenzt wurde; er hieß Bentley Corniche.

Statt eines einzelnen Stromberg-Vergasers wie beim Rolls-Royce Wraith erfuhr der Bentley Mark V die Gemischaufbereitung durch zwei S.U.-Vergaser. Außerdem arbeiteten in seinen sechs Zylindern Leichtmetallkolben, die eine höhere Verdichtung gestatteten. Der Bentley übertraf deshalb den Rolls-Royce in der Leistungsausbeute deutlich.

Dazu genoß er die Vorzüge einer besseren Straßenlage und Handlichkeit, denn sein rigid ausgelegtes Fahrwerk verfügte über eine Einzelradaufhängung vorn, die dem Vorbild des amerikanischen Packard 120 folgte. Die unabhängige Aufhängung der Vorderräder zunächst beim Rolls-Royce Phantom III und später beim Rolls-Royce Wraith entsprach dagegen einem General-Motors-Patent, das in der Radführung weniger präzise war.

Der Beginn des II. Weltkrieges bedeutete das Aus für den neuen Typ. In der Hektik, mit der Rolls-Royce auf die Rüstungsproduktion umstellte, blieb keine Zeit, Unterlagen zum neuen Typ sorgfältig zu archivieren. Erst dreißig Jahre nach Kriegsende, als die zwischenzeitlich über Bentley und Rolls-Royce erschienenen Veröffentlichungen längst unrichtige Daten allgemein verbreitet hatten, konnte die Zahl tatsächlich hergestellter Bentley Mark V genau festgestellt werden. Nachdem mit Akribie alle verfügbaren Werksunterlagen kontrolliert worden waren, stand die genaue Stückzahl fest. Es wurden vom Bentley Mark V komplett 15 Fahrgestelle mit Motor hergestellt; sechs weitere Fahrzeuge waren bei Kriegsausbruch nicht vollendet. Elf der fertigen Fahrgestelle mit Motor wurden mit Karosserien versehen. Sie taten Dienst als Transportmittel für leitende Ministerialbeamte und hohe Offiziere und wurden betriebsbereit gehalten, indem sie Ersatzteile erhielten, die von den sechs im Fertigungsstadium steckengebliebenen Bentley Mark V ausgebaut wurden. In gleicher Weise wurden drei der bereits fertiggestellten Bentley Mark V, die noch keine Karosserie erhalten hatten, »kannibalisiert«; der letzte schließlich fiel einem Bombenangriff auf die Werkshallen von James Young, wo er eingekleidet werden sollte, zum Opfer.

Immerhin kann für mehrere Bentley Mark V, die seltensten Autos der Nach-Silver-Ghost-Ära bei Rolls-Royce, noch heute die Existenz belegt werden. Das ist mehr, als sich vom Bentley Corniche berichten läßt, von dem es kein einziges Fahrzeug mehr gibt. Übrig blieben nur Fotos und Testberichte des Prototypen. Dessen Fahrgestell wurde verschrottet. Das gleiche widerfuhr den vier fertiggestellten Serien-Fahrgestellen. Damit kamen sie um die Chance, mit Stromlinienkarosserien versehen, auf den 1939er Automobilausstellungen von London und Paris Furore zu machen.

Die Namensgebung des Bentley Corniche leitete sich ab von Küstenstraßen in Südfrankreich, die die Orte an der Côte d'Azur – zwischen den Weltkriegen bevorzugte Winterdomizile betuchter Engländer – miteinander verbanden. Im Namen klang an, daß der Bentley Corniche als Hochleistungs-Fahrzeug für ausgedehnte, zügig absolvierte Touren zu Zielen auf dem europäischen Kontinent dienen sollte. Er stand damit in der Tradition des Rolls-Royce Phantom II Continental, der vom Konzept her auf die Befriedigung der gleichen Ansprüche ausgerichtet gewesen war.

Das ins Auge stechende Merkmal bildete das Blechkleid des Bentley Corniche. Es war rigoros stromlinienförmig ausgebildet und bei Van Vooren in Paris nach einem Entwurf von G. Paulin entstanden. Die Pariser Firma hatte den Auftrag erhalten, weil der bereits beschriebene Stromlinienaufbau für den Bentley $4\frac{1}{4}$ Liter von A.M. Embiricos mit seinen Leistungen tiefen Eindruck auf Rolls-Royce gemacht hatte. Der Bentley Corniche, dem Messungen eine Spitzengeschwindigkeit von 193 km/h bescheinigten, sollte nicht nur schnelles Schwestermodell des Bentley Mark V, der in der Spitze 155 km/h lief, sein. Weiter in

Die Spanne zwischen Weltwirtschaftskrise und II. Weltkrieg

die Zukunft reichende Planungen strebten sogar an, einem verkürzten Chassis einen Reihen-Achtzylindermotor einzupflanzen, wie er im Programm der neuen Motorengeneration zur Verfügung stehen würde. Eine Rückkehr von Bentley auf die Rennstrecken schien nicht mehr ausgeschlossen.

Der Beginn des II. Weltkrieges setzte einen Schlußpunkt unter derlei Bestrebungen, weil die Bentley Corniche vernichtet wurden. Dem Prototypen hatte bereits ein Verkehrsunfall in Frankreich schwere Blessuren beigebracht. Die Karosserie wurde vom Fahrgestell abgenommen und dieses nach England zur Instandsetzung geschickt. Nachdem die Karosserieschäden in Frankreich behoben worden waren, wurde der Aufbau auf dem Kai von Dieppe, wo er auf die Verschiffung nach England wartete, bei einem Bombenangriff zerstört. Es setzt eine traurige Schlußnote, daß der ortsansässige Geschäftsführer des Royal Automobile Club nur noch die Autoschlüssel als Überreste aufbewahrte. Der Konstrukteur des zukunftweisenden Aufbaues, G. Paulin, fand als Mitglied der Widerstandsbewegung den Tod.

Bentley Corniche, Baujahr 1939, Chassis-Nr. 14BV. Die außergewöhnliche Stromlinienform war in Paris bei Van Vooren ausgeführt worden.

An extraordinary streamlined body built by Van Vooren of Paris.

Der Einsatz für das Vaterland

Aufnahme der Flugmotorenproduktion

Im I. Weltkrieg hatte die Beherrschung der Luft nicht die maßgebliche Rolle gespielt. Die Vorherrschaft zur See dank überlegener Flotte hatte den Schild gebildet, hinter dem das Inselreich die Kraft sammelte, um im Ringen der Völker siegreich zu bestehen.
Die Geschichte der Rolls-Royce-Flugzeugmotoren nahm aber schon unmittelbar nach Ausbruch des I. Weltkrieges ihren Anfang. Weder beim Royal Flying Corps noch beim Royal Naval Air Service, den Vorgängern der Royal Air Force, gab es ein einziges Flugzeug mit englischem Motor. Sowohl die Kampfflugzeuge wie die Luftschiffe zur U-Boot-Abwehr waren ausnahmslos mit Maschinen französischen Ursprungs bestückt. Als in der Anfangszeit des Krieges die Deutschen in schnellem Vormarsch nach Frankreich einfielen, wurde der englischen Führung die prekäre Situation schlagartig klar.
C. G. Johnson, der kaufmännische Direktor von Rolls-Royce, fand schnell die Zustimmung der Regierungsstellen, als er vorschlug, V8-Motoren nach einem Entwurf von Renault bei Rolls-Royce fertigen zu lassen. Er verhinderte damit zugleich den Ruin der Firma bei Kriegsbeginn, denn allein die Fertigung gepanzerter Rolls-Royce Silver Ghost konnte den großen Betrieb nicht am Leben erhalten.
F. Henry Royce hatte zu Gedanken an die Herstellung von Motoren für Flugmaschinen Distanz gehalten, weil er 1910 seinen Partner Charles S. Rolls verloren hatte, als dieser mit seinem Wright-Flugzeug bei einer Flugschau abstürzte. Charles S. Rolls hatte als erster englischer Flieger den Tod gefunden.
So wie F. Henry Royce aus Unzufriedenheit über die Mängel seines Decauville den Entschluß gefaßt hatte, selbst ein besseres Automobil zu bauen, gewann er beim Studium des Renault-Motors die Überzeugung, selber ein besseres Triebwerk schaffen zu können. Unterstützt von A. G. Elliott, der später den Rolls-Royce Phantom III zeichnen und 1949 Chefingenieur von Rolls-Royce werden sollte, machte er in einem Zeitraum von weniger als einem Jahr den ersten Flugmotor von Rolls-Royce betriebsbereit. Der auf den Namen »Eagle« getaufte V12-Motor schöpfte aus knapp mehr als 20 Litern Hubraum in der Anfangsphase 200 PS.
Im Zuge ständiger Überarbeitung und dank zahlloser Detailverbesserungen konnte die Leistung bis Kriegsende auf 384 PS gesteigert werden. Neben der Leistungsstei-

Ein Luftschiff zur U-Boot-Jagd aus der Zeit 1916–1918 angetrieben von einem »Hawk«-Motor von Rolls-Royce.

An »SS-Zero« class blimp of about 1916–1918 powered by one Rolls-Royce Hawk engine.

Vickers Vimy mit zwei »Eagle Mark VIII«-Motoren von Rolls-Royce bei Probeflügen in Neufundland. Mit dieser Maschine gelang J. Alcock und A. Whitten-Brown die erste Non-Stop-Überquerung des Atlantiks von Neufundland nach Irland.

Vickers Vimy powered by two Rolls-Royce Eagle Mark VIII engines when on training in Newfoundland. J. Alcock and A. W. Whitten-Brown were the first to cross the Atlantic non-stop on board this airplane.

gerung profitierte der »Eagle«-Motor von den stetigen Verbesserungen, indem die Intervalle zwischen den Überholungen immer weiter ausgedehnt wurden. Bei Kriegsbeginn bedurfte ein Flugmotor nach fünf Stunden Flugdauer einer Überholung; bei Kriegsende lag dieser Wert für den »Eagle« bei 150 Stunden Flugdauer.
Weitere Motoren, die jeweils als Projektnamen die Bezeichnung eines Raubvogels führten (Eagle = Adler; Falcon = Falke; Hawk = Habicht; usw.), bewährten sich als Kraftquellen für Flugzeuge und Zeppeline. In die Schlagzeilen geriet der »Eagle« nach Kriegsende, denn zwei Motoren dieses Typs hatten die Vickers Vimy angetrieben, mit der den Offizieren John Wilcock und Arthur Whitten Brown die erste Überquerung des Atlantiks gelang. Die Flieger wurden zu Rittern geschlagen. F. Henry Royce war für seinen Einsatz bereits in den Most Excellent Order of the British Empire berufen worden. Er durfte seinen Namen mit den nachgestellten Buchstaben O. B. E. zeichnen.

R-Motoren für Rekordjagden

Das nächste Mal richtete sich das Interesse der Öffentlichkeit auf die Flugmotoren von Rolls-Royce mit den Siegen in den Wettbewerben um die Schneider-Trophy. Es handelte sich um einen international ausgeschriebenen Wettkampf zwischen Wasserflugzeugen, der im Zwei-Jahres-Rhythmus ausgetragen wurde. 1927 hatte eine englische Supermarine gewonnen, der ein Motor von Napier Vortrieb gegeben hatte. Für das Rennen von 1929 erbat Supermarine die Unterstützung von Rolls-Royce. Sie wurde in Form des R-Motors gewährt, eines V12 mit einer Leistung von etwa 1500 PS. Dank dieser Kraftquelle gewann die Supermarine. Die in diesem Jahr ausbrechende Weltwirtschaftskrise war auch 1931 noch nicht abgeklungen, und die britische Regierung weigerte sich deshalb, für die Teilnahme am Rennen um die Schneider-Trophy Mittel bereitzustellen. Dank eines von privater Seite ausgestellten Schecks über einen Betrag von 100 000 £ (Kaufkraftgegenwert 1989 etwa DM 8 Mio.) konnten der R-Motor von Rolls-Royce und das S6-Flugzeug von Supermarine auf den neuesten Stand weiterentwickelt werden. Das Flugzeug gewann 1931 die Schneider-Trophy zum dritten Mal in Folge, und sie blieb deshalb dem Siegerland Großbritannien auf Dauer.
Die Privatperson, die den Scheck ausgeschrieben hatte, war Lady Houston, die damit einerseits ein Schlupfloch in der Steuergesetzgebung ausnutzen (über steuermindernde Absetzung des Betrages) und andererseits der von ihr nicht geschätzten Regierung des Premiers Ramsey McDonald eine Schlappe beibringen wollte. Ihr Scheck wurde nicht eingelöst, weil die Regierung schließlich doch die Übernahme der Kosten zusicherte.
Neben dem Gewinn der Schneider-Trophy gelang es der Supermarine S6 auch, den Geschwindigkeitsrekord für Flugzeuge auf 656 km/h zu steigern. Der R-Motor diente ebenso als Kraftquelle in den Rekordfahrzeugen, die Weltrekorde zu

Mit der von einem R-Motor von Rolls-Royce angetriebenen Supermarine S6B gewann England das Flugrennen um die Schneider Trophy.

England gained victory in the Schneider Trophy race with the Supermarine S6B, powered by an R-engine from Rolls-Royce.

Der von einem R-Motor von Rolls-Royce angetriebene »Bluebird« von Malcolm Campbell.

»Bluebird«, Malcom Campbell's record car, which was powered by an R-engine from Rolls-Royce.

Der Einsatz für das Vaterland

Lande und auf dem Wasser erzielten. Den Reigen begann Sir Henry Segrave 1930 mit dem Rennboot »Miss England II« und einer Geschwindigkeit von 158,9 km/h. 1931 steigerte Kaye Don diesen Wert mit dem Rennboot »Miss England III« auf 177 km/h.

Malcolm Campbell fuhr seinen Rekordwagen »Bluebird«, den ein R-Motor beschleunigte, im Jahre 1933 mit 437,6 km/h an die Spitze der Rekordlisten; 1935 erhöhte er die Marke auf 484,3 km/h. Zusätzlich holte er sich mit seinem Rennboot – ebenfalls »Bluebird« genannt – 1938 den Geschwindigkeits-Weltrekord auf dem Wasser mit 228,5 km/h.

Die Rekorde sind nahezu vergessen. An den R-Motor knüpfen sich dagegen heute noch Erinnerungen. Er war nämlich das Basistriebwerk, aus dem der Merlin-Motor hervorging; ebenso wie die S6 von Supermarine den Ausgangspunkt für die Entwicklung der Spitfire darstellt.

Kolbenmotoren und Strahltriebwerke

Der Verlauf und das Ergebnis des II. Weltkrieges wurden nicht unerheblich beeinflußt durch die von der deutschen Luftwaffe verlorene »Luftschlacht um England«. Das Inselreich zu bezwingen, setzte voraus, die Luftverteidigung zu brechen. Deren Rückgrat waren Flugzeuge, die von Motoren angetrieben wurden, die Rolls-Royce lieferte.

Als Jagdflugzeug zeigte sich die Spitfire dem Gegner nicht allein gewachsen, sondern überlegen. Verdeutlicht wird dies durch die Forderung, mit der sich der deutsche General der Jagdflieger, Adolf Galland, bei seinem Vorgesetzten, Reichsmarschall Hermann Göring, unbeliebt machte. Als dieser anläßlich eines Truppenbesuches in Frankreich wissen wollte, ob er noch einen Wunsch erfüllen könne, verlangte General Galland eine Staffel Spitfire von ihm.

Angetrieben wurde die Spitfire vom »Merlin«, einem kompressorbetriebenen 12-Zylinderaggregat mit ca. 27 Litern Hubraum, das bei Rolls-Royce entstand. Der »Merlin« avancierte zu einem der meistgebauten Flugzeugmotoren des II. Weltkrieges. Seine Entwicklung wurde gezielt gefördert, sobald die Führung des Landes erkannt hatte, wie mäßig gerüstet sie in den Waffengang mit den deutschen Streitkräften eingetreten war.

Im Zuge kontinuierlicher Verbesserungen steigerte Rolls-Royce die Leistungsausbeute beträchtlich. Zu Anfang hatte die Abgabe bei 625 PS gelegen und der Spitfire eine Geschwindigkeit von etwa 570 km/h verliehen. Bis zum Kriegsende wurde die Leistung auf 2640 PS erhöht. Zu diesem Zeitpunkt wurden Merlin-Motoren außer in England auch in den USA gebaut; sie entstanden in den umgerüsteten Packard-Automobilwerken. Die Produktionsziffer hatte die Marke von 166000 Stück überschritten, und der Motor fand Verwendung in einer Vielzahl von Jägern, Bombern und Aufklärern der alliierten Luftstreitkräfte.

Eine auf dem »Merlin« basierende Variante ohne Kompressor wurde serienreif entwickelt und als

Neben George Eyston und Malcolm Campbell mischte im Chor der Rekordjäger Kaye Don mit. Er erzielte Geschwindigkeitsweltrekorde zu Wasser mit den Rennbooten Miss England II und Miss England III, deren Kraftquellen von Rolls-Royce stammten.

Behind George Eyston and Malcolm Campbell ranked the third record-hunter Kaye Don. He succeeded in breaking the world water speed record with his race boats Miss England II and Miss England III, which were powered by Rolls-Royce engines.

Bentley 8-Zylinder Prototyp. Während des Krieges war die Entwicklung von Kraftfahrzeugen nahezu zum Erliegen gekommen. Eine der wenigen Neuschöpfungen aus dieser Zeit war der Bentley mit Reihen-8-Zylinder-Motor, der nicht in Serie ging.

During war time the development of motorcars was a low priority. One of the few new cars of that time is this Experimental Bentley which was fitted with an 8-cylinder-in-line engine. But never made it to production as a Bentley.

»Meteor« in Kampfpanzer eingebaut. 1942 wurde er Tauschobjekt. E. Hives überzeugte Spencer Wilks, den entscheidenden Mann bei Rover, daß dort besser der »Meteor« gefertigt werden sollte – und Rolls-Royce würde von Rover die dort betriebene Entwicklung von Düsentriebwerken übernehmen.

Parallel zur Pflege des Merlin-Motors leistete Rolls-Royce Pionierarbeit bei der Entwicklung von Düsentriebwerken. Bis sie indes zur Einsatzreife gediehen waren, hatten die Alliierten den Krieg gewonnen. Kurz nach der Kapitulation eroberte ein Gloster Meteor (die Namensähnlichkeit mit dem Hubkolbenmotor von Rolls-Royce ist rein zufällig) mit zwei von Rolls-Royce gefertigten Nene-Düsentriebwerken den Geschwindigkeitsweltrekord für Flugzeuge mit 975,1 km/h. Produktionsort der Flugzeugmotoren war eine neue Fabrik in Crewe, die im Jahr 1938 eröffnet worden war. Nach dem Ende des II. Weltkrieges wurde diese Anlage umgerüstet für die Automobilfertigung. Alle Fahrzeuge der Nachkriegszeit, außer den in Belper gebauten Rolls-Royce Phantom IV, rollten aus den Werkshallen in Crewe.

Mit vier »Merlin-Motoren« von Rolls-Royce bestückt war der Avro-Lancaster-Bomber.

Avro Lancaster powered by 4 »Merlin« engines from Rolls-Royce.

Der Einsatz für das Vaterland

Der Start in die Nachkriegszeit

Bentley Mark VI

Die Fabrikanlage in Crewe war um einige Abteilungen erweitert worden, die sich in der vorherigen Fertigungsstätte nicht gefunden hatten. Die neuen Einrichtungen umfaßten alle Bereiche, die notwendig waren, um ein Automobil zu komplettieren. Denn zum ersten Mal in der Firmengeschichte entstanden mit dem Bentley Mark VI nicht allein Fahrgestell mit Motor, sondern ein komplett mit Karosserie versehenes Automobil. Der Bentley Mark VI, dessen Erscheinen im Jahre 1946 für Rolls-Royce mit tiefgreifenden Umstellungen verbunden war, konnte im Straßenverkehr eingesetzt werden, sobald er die Werkstore verlassen hatte. Der Zwischenaufenthalt bei einem Karosseriebauer entfiel.

Die vorher außer Haus erledigten Arbeitsgänge der Verbindung von Fahrgestell mit Motor und Aufbau erfolgten im Werk. Die Rohkarosse wurde bei Pressed Steel nach einem Entwurf von Rolls-Royce hergestellt und im Werk montiert. Im nächsten Schritt wurde sie lackiert und dann mit Chromteilen und Beleuchtungsanlage versehen. Darauf folgend kam eine Innenausstattung zum Einbau, die jedem Vergleich mit hochwertigen Interieurs von Karosseriebauern standhielt.

Rolls-Royce betrat Neuland, indem handwerklich geprägte Bereiche wie Lackiererei, Sattlerei und Polsterei usw. in den Fabrikationspro-

Bentley Mark VI, Baujahr 1948, Chassis-Nr. B181BG. Der Bentley Mark VI war der erste komplett karossierte Wagen, den man bei Rolls-Royce kaufen konnte. Die ausgewogene Karosserie blieb an das Formempfinden der Vorkriegszeit angelehnt.

The Bentley Mark VI was the first car, which could be bought from Rolls-Royce complete with coachwork. The harmonised body lines showed reminiscences of pre-war design.

Abb. Seite 134/135: Rolls-Royce Silver Wraith, Baujahr 1951, Chassis-Nr. WSG36. Die Limousine von Hooper verfügt über stark getönte hintere Seitenfenster, die den Insassen ein größeres Maß an Abgeschiedenheit sichert.

This Limousine by Hooper with tinted rear quarter lights offers more privacy to the occupants.

Der Start in die Nachkriegszeit

Bentley Mark VI, Baujahr 1947, Chassis-Nr. B136BH. In der Werkstatt des Schweizer Karossiers Graber entstand das Cabriolet. Kein Holzarmaturenbrett, sondern – unüblich für Bentley – eine in Wagenfarbe lackierte Blechplatte trägt die Instrumente.

Graber of Switzerland is the origin of this Cabriolet. Unusual for Bentley is the painted facia.

zeß einbezogen wurden. Es blieb aber keine andere Wahl, denn die für die Nachkriegszeit vorgesehene Produktionsziffer verlangte die Abkehr von der Methode, ein Fahrgestell mit Motor an einen Handwerksbetrieb zu geben und mit einem Aufbau fertigstellen zu lassen.

Bei einer Produktionsziffer von etwa 1500 Automobilen jährlich, wie sie Rolls-Royce vor dem II. Weltkrieg erreicht hatte, war die Zusammenarbeit mit unabhängigen Karossiers die richtige Wahl gewesen. Sie war zudem von den Kunden bevorzugt worden, die individuell auf ihre Wünsche zugeschnittene Lösungen verlangten. Allerdings lag schon vor dem Krieg der Preis für ein in traditioneller Weise von Hand gefertigtes Produkt 30 Prozent bis 50 Prozent höher als für eine normierte Karosserie aus Blechpreßteilen. Letztere ließen sich preisgünstig in größeren Serien fertigen. Zudem war die Montage einfacher und verlangte nicht zwangsläufig den teuren Einsatz hochqualifizierter Fachkräfte. Von diesen wurden insbesondere solche, die Aluminiumbleche zu formen vermochten, im Nachkriegsengland nicht allein von Karosseriebaubetrieben gesucht, sondern mit hohen Lohnangeboten in die stark aufstrebende Flugzeugindustrie abgeworben.

Die Standardkarosserie aus Stahl, deren Erscheinen bei den ersten Bentley Mark VI im Jahre 1946 für Rolls-Royce mit tiefgreifenden Umstellungen verbunden war, erinnerte in der Linienführung stark an die letzten Aufbauten, die bei Park Ward vor Kriegsausbruch entstanden waren. Die viertürige Karosserie war kompakt und ausgewogen. Die Scheinwerfer waren nicht mehr freistehend, sondern in die vorderen Kotflügel integriert. Ein Stahlschiebedach und Abdeckungen für die hinteren Radausschnitte konnten als Extraausstattung geordert werden. Der Innenraum verwöhnte mit Sitzen und Türverkleidungen in Leder. Es stammte von Conolly, des Empires feinster Adresse für Tierhäute. Mit Leder eingefaßt waren auch die farblich abgestimmten Bodenteppiche aus Wolle. Das Holzarmaturenbrett zeigte ebenso wie die Fenstereinfassungen ein auf Hochglanz poliertes Walnußwurzelholzfurnier. Im Prospekt stand für die neue Schöpfung die Bezeichnung »Standard Steel Sports Saloon«.

Aufgesetzt war die Karosserie auf ein Fahrgestell, bei dem als auffälligste Neuerung die erstmals hydraulisch betätigten Vorderradbremsen hervorzuheben sind. Der Einsatz der Hinterradbremsen erfolgte in üblicher Weise über ein Bremsgestänge. Für Servounterstützung sorgte der vertraute Bremskraftverstärker, der an das Getriebe angeflanscht war. Auf den zweiten Blick offenbarte das Fahrwerk mit seinem massiven, verschweißten Rahmen Maßnahmen zur deutlichen Vereinfachung von Wartungsarbeiten. Rolls-Royce trug der Tatsache Rechnung, daß nur wenige ausländische Werkstätten über Mechaniker verfügten, die im Werk geschult worden waren. Man hatte die Lektion gelernt, die die Erfahrungen mit dem überaus komplizierten Rolls-Royce Phantom III erteilt hatten.

Der Start in die Nachkriegszeit

Ebenso wartungsfreundlich wie das Fahrwerk bot sich der Motor des Bentley Mark VI dar. Es handelte sich um ein Triebwerk, das auf dem B-60-Motor basierte. Dieser Motor war schon vor dem Krieg in der Probephase gelaufen und hatte während der Zeit der Kampfhandlungen in einer Reihe von Nutzfahrzeugen Verwendung gefunden. Er präsentierte sich im Bentley Mark VI in verfeinerter Form. Der Zylinderkopf etwa bestand aus Leichtmetall statt aus Stahlguß, und der Kurbelwellenschwingungsdämpfer war integriert.
Eine Nockenwelle mit größerem Hub und doppelte S.U.-Vergaser bewirkten eine gesteigerte Leistungsabgabe, die dem Bentley Mark VI zu Beschleunigungswerten verhalf, die überaus sportlich waren.
Diese Leistungen legten noch zu, als ab Mai 1951 eine überarbeitete Version zum Einbau kam. Durch Erweiterung der Bohrung war der Hubraum von 4257 ccm auf 4566 ccm vergrößert worden. Zusätzlich verminderte eine Doppelrohrauspuffanlage die Verluste im Abgasstrang.
Der Bentley Mark VI wurde das erfolgreichste Bentley-Modell, das Rolls-Royce je gebaut hat – und auch erfolgreicher als irgendein Modell aus der Zeit, als die Firma noch selbständig gewesen war. Bis 1952 wurde er nahezu unverändert gebaut. Die Motoränderung stellte die einzige größere Modifikation dar. Daneben zeigte sich die Modellpflege nur in Kleinigkeiten wie dem Einbau von ausklappbaren Picknicktischchen in die Lehnen der Vordersitze und der Installation von Ventilationsklappen im unteren Bereich der A-Säule. Die vorher vor der Windschutzscheibe installierte Luftöffnung neigte zu Undichtigkeiten. Umfangreiche Änderungen verboten sich schon wegen der enorm hohen Kosten für die Anpassung der Preßwerkzeuge. Rolls-Royce hatte einen Betrag von mehr als 250 000 £ investiert für die Formen, mit denen bei Pressed Steel die Karosserieteile für den Standard Steel Saloon des Bentley Mark VI angefertigt wurden.
Dennoch erhielt fast ein Fünftel der 5200 Bentley Mark VI keinen Standard-Aufbau, sondern eine individuelle Karosserie. Nach wie vor gaben Besteller in nennenswerter Zahl einem eigens für sie angefertigten Blechkleid den Vorzug. Etliche Karossiers in England und auf dem europäischen Festland betrieben ihr Handwerk nach dem II. Weltkrieg weiter oder nahmen es wieder auf. Worblaufen und Graber in der Schweiz, Pininfarina in Italien, Facel Metallon in Frankreich und Hooper, H.J. Mulliner, Freestone & Webb, James Young und Gurney Nutting aus England bilden eine keineswegs vollständige Namensliste der Betriebe, die in konventioneller Weise Aufbauten für den Bentley Mark VI schufen.
Auf ausländischen Märkten standen zum Bentley Mark VI indes starke Wettbewerber in Konkurrenz. In Frankreich bauten Delahaye und Bugatti trotz untragbar hoher Steuersätze anspruchsvolle Automobile, deren sportliche Note im äußeren Erscheinungsbild stärker hervortrat als bei dem vergleichsweise massigen Bentley Mark VI. Sportwagen in Reinkultur boten die Italiener, insbesondere die von Touring karossierten Alfa Romeo verdienen Erwähnung.
Es dauerte bis 1949, bevor der erste Bentley Mark VI mit Linkslenkung zu haben war. Vorher hatten sich Exportbemühungen vor allem auf die Mitgliedsländer des Britischen Empire gerichtet. Mit den zunehmenden Auflösungserscheinungen dieser Organisation blies Rolls-Royce der Wind ins Gesicht. Die Unabhängigkeitserklärung Indiens etwa hatte die Schließung des dortigen Marktes für die Einfuhr von Luxusgütern zur Folge. Rolls-Royce verlor die indischen Potentaten als Kunden.

Abb. Seite 138: Bentley Mark VI, Baujahr 1949, Chassis-Nr. B38EY. Ähnlich wie bei der Werkskarosserie waren die Scheinwerfer dieses Cabriolets von Park Ward in die Kotflügel integriert.

Similar to the factory's Standard Steel Sports Saloon this Cabriolet by Park Ward has integral headlamps.

Bentley Mark VI, Baujahr 1951, Chassis-Nr. B177KL. Abbott, wo dieses Cabriolet gefertigt wurde, war einer der weniger bekannten Karosseriebau-Betriebe.

Abbott, who produced this Cabriolet, was one of the less known coachbuilders.

Der Start in die Nachkriegszeit

Rolls-Royce Silver Wraith

Mit den Namen Rolls-Royce Silver Wraith wurde 1946, nahezu zeitgleich mit dem Bentley Mark VI, diesem ein Pendant mit dem klassischen Kühler zur Seite gestellt. Im Unterschied zum fertigkarossierten Bentley blieb das Werk aber mit dem Rolls-Royce Silver Wraith der Tradition treu, nur Fahrgestell mit Motor zu fertigen und den Aufbau in Regie eines Karossiers erstellen zu lassen.
Bei Rolls-Royce war die Entscheidung für die Produktionsaufnahme des neuen Typs nicht unumstritten gewesen. Die Situation in der Zeit unmittelbar nach Kriegsende war keineswegs vielversprechend.
Das England der Nachkriegszeit brauchte alles andere eher als ein Luxusautomobil. Die Wirtschaft erholte sich nur langsam von den Kriegsschäden, und die Umstellung auf Friedensproduktion wurde massiv behindert durch Probleme der Rohstoffversorgung und Materialqualität. Im Bemühen um Tilgung der Kriegsschulden waren die Sätze der Einkommenssteuer drastisch angehoben worden. Davon waren just jene betroffen, deren Einkommen den Erwerb von hochpreisigen Gütern erlaubt hätte. Zusätzlich wurde auf Automobile der Klasse, zu der Rolls-Royce zu rechnen waren, eine Luxussteuer erhoben, deren Höhe prohibitiven Charakter hatte. Um das Maß vollzumachen, war Benzin rationiert und nur auf Karten erhältlich. Letztere Einschränkung wurde erst im Mai 1950 aufgehoben.
Rolls-Royce nahm deshalb die Produktion des Rolls-Royce Silver Wraith ganz behutsam auf. Dieses Vorgehen wurde erleichtert, weil Planungen aus der Vorkriegszeit jetzt Früchte trugen. Damals war

Rolls-Royce Silver Wraith, Baujahr 1952, Chassis-Nr. LWOF35. An einen italienischen Besteller ging die Limousine von H. J. Mulliner, die mit Dachgepäckträger zur Auslieferung kam. 1989 wies der Tachometer einen Stand von knapp 60000 Kilometern auf.

An Italian customer ordered this Limousine by H. J. Mulliner which was delivered with Standard Luggage Rack. In 1989 the speedometer read less than 60000 kilometres.

beschlossen worden, Rolls-Royce und Bentley nicht mehr in strikt getrennten Serien zu bauen. Statt dessen wurde bestimmt, so viele Einzelteile wie möglich sollten sowohl für das Fahrwerk als auch für Motor und Getriebe bei den verschiedenen Modellen identisch und deshalb untereinander austauschbar sein.

Das Fahrgestell des Rolls-Royce Silver Wraith war bis auf den mit 3,22 m knapp 20 cm längeren Radstand das gleiche wie beim Bentley Mark VI. Im ersten Bericht der Zeitschrift »Autocar« über den Rolls-Royce Silver Wraith fand sich zwar eine Chassiszeichnung, die fest eingebaute, hydraulische Wagenheber vorn und hinten zeigte – und die fehlten beim Bentley Mark VI. Sie fehlten aber ebenso beim Rolls-Royce Silver Wraith, der statt dessen einen handbetätigten mechanischen Wagenheber besaß. Die beim Prototypen, von dem die Zeichnung abgenommen worden war, vorhandenen eingebauten Wagenheber hatten nicht den Weg in die Serie gefunden. Komplizierte Anbauteile vertrugen sich nicht mit der auch für den Rolls-Royce Silver Wraith verbindlichen Maßgabe, ein Fahrwerk zu bauen, das mit minimalem Wartungsaufwand auskam und problemlos instand gehalten werden konnte.

Auch hinsichtlich des Motors gab es zwischen dem Rolls-Royce Silver Wraith und dem Bentley Mark VI keine nennenswerten Unterschiede. Der Rolls-Royce Silver Wraith nutzte ebenfalls den verfeinerten B60-Motor als Kraftquelle. Eine Nockenwelle mit geringerem Hub als beim Bentley und ein einzelner Stromberg-Vergaser statt doppelter S.U.-Vergaser bildeten die einzigen Abweichungen. Sie sicherten ein größeres Drehmoment und damit bessere Zugkraft bei niedrigen Drehzahlen. Eine etwas geringere Leistungsausbeute und weniger schnelles Hochdrehen waren die Kehrseite, die aber für den Einsatz des Rolls-Royce Silver Wraith nicht als nachteilig angesehen wurden.

Als Manko erwies sich eine technische Besonderheit. Der obere Abschnitt der Zylinderlaufflächen war poliert und galvanisch verchromt worden. In der Theorie sollte diese Maßnahme der Erreichung besonders langer Laufzeiten dienen. Nur alle 100000 Meilen (160000 km),

Rolls-Royce Silver Wraith, Baujahr 1947, Chassis-Nr. WTA72. Zwei Suchscheinwerfer komplettieren bei dem Sedanca de Ville von H. J. Mulliner die Beleuchtungsanlage, die mit zwei P100-Hauptscheinwerfern, zwei Begrenzungsleuchten und drei Nebelleuchten einen Begriff davon gibt, was Rolls-Royce mit »ausreichend« meint.

Two searchlights were added to this Sedanca de Ville by H. J. Mulliner with two P-100 headlamps, two sidelamps and three foglamps. They give an impression of what is called by Rolls-Royce »sufficient«.

Der Start in die Nachkriegszeit

Rolls-Royce Silver Wraith, Baujahr 1955. Der Rolls-Royce mit der arrogantesten Anekdote von allen: Ausgestattet mit Autotelefonanlage für einen Hotelmagnaten, dessen ärgster Konkurrent sofort den gleichen Typ kaufte und als erstes den Widersacher über Autotelefon anwählte – um von dessen Chauffeur die Auskunft zu bekommen: »Bedaure, Sir ... spricht gerade auf dem zweiten Apparat.« Beachten Sie zwei (!) Autotelefonantennen am Heck.

The Rolls-Royce with the most arrogant anecdote of all: Fitted with car telephone for a hotel tycoon. His most serious competitor immediately ordered the same type and immediately dialled the car telephone of the other – to be told by the chauffeur: »Awfully sorry, Sir ... he is on the other line.« Note two (!) telephone aerials at tail of car.

so hoffte man, sei im Zuge einer Generalüberholung ein Ausbohren der Zylinder fällig. In der Praxis hielt die Chromschicht nicht, was man sich davon versprochen hatte. Vorwiegend im Stadtverkehr betriebene Motoren kollabierten sogar schon bei untragbar niedriger Gesamtlaufleistung. Nach kurzer Zeit wurde das Problem, von dem der Rolls-Royce Silver Wraith ebenso wie der Bentley Mark VI betroffen war, behoben. In die Zylinder wurden Laufbuchsen aus gehärtetem Stahl mit hohem Chromanteil eingepreßt.

Als 1951 der Bentley Mark VI die hubraumstärkere Kraftquelle bekam, erhielt auch der Rolls-Royce Silver Wraith den auf 4566 ccm aufgebohrten Motor. Ab diesem Jahr wurde auch wahlweise ein verlängertes Fahrgestell mit größerem Radstand angeboten. Statt 3,22 m standen bei der längeren Ausführung 3,38 m Radstand zur Verfügung. Damit wurden die Wünsche der Karosseriebauer erfüllt, für die der kurze Radstand ein ernstes Hindernis auf dem Weg zu harmonischer Linienführung des Aufbaues war. Die Version mit kurzem Radstand hielt sich nicht mehr lange. Ab 1952 wurde der Rolls-Royce Silver Wraith nur noch mit langem Radstand angeboten.

Mit 1835 £ lag der Preis für den Rolls-Royce Silver Wraith in Chassisform nur geringfügig höher als der Preis von 1785 £ für das Chassis des Bentley Mark VI. Der Preisunterschied erklärte sich aus dem größeren Arbeitsaufwand für den Kühler des Rolls-Royce Silver Wraith. Der Kühler wies thermostatgesteuerte, bewegliche Kühlerlamellen auf. Die Lamellen im Grill des Bentley-Kühlers waren starr eingenietet, die Thermostatregelung für die Wassertemperatur war in den Kühlwasserkreislauf eingebaut. Komplett fertiggestellt kostete der Bentley Mark VI einschließlich Luxussteuer 2997 £. Wegen der deutlich höheren Kosten für deren handgefertigte Karosserien lag der Preisbereich für komplette Rolls-Royce Silver Wraith zwischen 3800 £ und 4400 £.

Der Preis und die eingangs geschilderten Widrigkeiten limitierten den Absatz des Rolls-Royce Silver Wraith. Bis 1959 entstanden nur 1783 Exemplare. Sie wurden mit einer Vielzahl unterschiedlicher Aufbauten versehen und boten die Basis für Höhepunkte der handwerklichen Karosseriebaukunst.

Im Zuge der Modellpflege wurde ab 1955 der Rolls-Royce Silver Wraith mit einem Motor ausgestattet, der einen Hubraum von 4887 ccm und eine Gemischaufbereitung durch doppelte S.U.-Vergaser aufwies. Die Leistungssteigerung war erforderlich geworden, weil die Bedienungserleichterungen Leistung schluckten, die für den Vortrieb fehlte. Auf Wunsch rundeten nämlich Servolenkung und Automatikgetriebe die Ausstattung des Rolls-Royce Silver Wraith ab. Er zeigte damit in bezug auf die technische Ausstattung den gleichen Standard wie die Rolls-Royce Silver Cloud und Bentley S, die 1955 auf den Markt kamen.

Oben und unten: Rolls-Royce Silver Wraith, Baujahr 1954, Chassis-Nr. BLW92. Das Landaulet von Hooper wurde neu als Staatslimousine nach Singapur geliefert. Wenn der Wagen heute – nach Besitzerwechsel – gelegentlich zur Beförderung Königlicher Hoheiten dient, lassen sich die Kennzeichen sekundenschnell wegklappen.

This Governor of Singapore's State Landaulette by Hooper is now in private hands, but the number-plates can be quickly removed when occasionally used by Royalty.

Rolls-Royce Silver Dawn, Baujahr 1952, Chassis-Nr. LSHD22. Der Linkslenker ist die einzige von dem italienischen Karosserieschneider Ghia geschaffene Version auf Basis Rolls-Royce Silver Dawn. Einige Zeit trug er nachträglich installierte seitliche Entlüftungshutzen.

The only version from the Italian coachbuilder Ghia on a LHD Rolls-Royce Silver Dawn chassis. Flanks of the front wings showed for some years air-intakes which were later deleted.

Rolls-Royce Silver Dawn

Nur für den Export und nur als Linkslenker erschien 1949 der Rolls-Royce Silver Dawn. Er sollte die Exportquote von Rolls-Royce in die Höhe schrauben. Das war notwendig, weil nach einem Verteilungsschlüssel, wie er so bürokratisch nur einer regierungsamtlichen Stelle einfallen konnte, das immer noch knappe Rohmaterial den Herstellern entsprechend ihren Exporterlösen zugeteilt wurde. Diese wiederum verschafften dem verarmten Inselstaat die Beträge in Fremdwährung, die erforderlich waren, um die während des Krieges aufgenommenen Anleihen zurückzuzahlen und den Import von Rohstoffen mit Devisen begleichen zu können.
Die Ausführung als Linkslenker wies auf das angepeilte Zielgebiet für den Rolls-Royce Silver Dawn hin. Er sollte auf dem Automarkt der Vereinigten Staaten von Amerika abgesetzt werden. Dafür brachte er bessere Voraussetzungen mit als der Rolls-Royce Silver Wraith oder der Bentley Mark VI. Gegen letzteren sprach in den USA eigentlich gar nichts – außer daß die Marke weitgehend unbekannt war. Die Rennerfolge, die dem Namen Glanz verliehen hatten, waren in den USA nahezu unbeachtet geblieben. Der für einige Bentley-Eigner wichtigste Vorzug des Wagens, sein Understatement, bot für die sich offener zu Reichtum als Frucht von Erfolg bekennenden amerikanischen Vettern erst recht keinen Anreiz, einen Bentley zu erwerben.
Der Rolls-Royce Silver Dawn war nichts anderes als ein Bentley Mark VI mit Rolls-Royce-Attributen. Die Standardausführung des Bentley Mark VI wurde mit einem Rolls-Royce-Kühler versehen, und statt der Embleme mit dem geflügelten Bentley-B fanden sich solche mit den ineinander verschlungenen RR. Geringe Modifikationen unter der Motorhaube – und an ihr, weil ihre Seitenteile bis auf die Kotflügelanschlüsse durchgezogen waren – ergänzten die Umwandlung. Zum Einbau kam jene Motorversion, wie sie im Rolls-Royce Silver Wraith zu finden war, das heißt mit nur einem Vergaser und geringfügig niedrigerem Hub der Nockenwelle.

Der Start in die Nachkriegszeit

Für den amerikanischen Automarkt war der Rolls-Royce Silver Wraith wegen seiner üblicherweise auf Chauffeur-Betrieb eingerichteten Auslegung nicht so attraktiv wie ein auf den selbstfahrenden Besitzer zugeschnittenes Automobil. Mit dem Rolls-Royce Silver Dawn zog Rolls-Royce die Konsequenzen aus dieser Erkenntnis. Erstmals tauchte damit bei Rolls-Royce ein Beispiel für die Vorgehensweise auf, die mit dem englischen Wort »Badge-Engineering« beschrieben wird. Gleiche Produkte erhalten durch geringfügige Änderungen, die sich vornehmlich auf Äußerlichkeiten beschränken, eine eigene Identität.

Der Rolls-Royce Silver Dawn traf die Wünsche amerikanischer Kunden nicht auf den Punkt, weil er über ein handgeschaltetes Vierganggetriebe verfügte. Es wurde bedient über einen Lenkradschalthebel. In Fahrzeugen der Luxusklasse hatte sich in den USA bereits früher als auf anderen Automärkten die Schaltautomatik durchgesetzt.

Bei Rolls-Royce war diese Bedienungserleichterung ab 1952 auf Wunsch zu erhalten. Es handelte sich nicht um ein im eigenen Haus entwickeltes Aggregat, sondern um eine nach dem Patent der General-Motors-Hydramatic gefertigte Einheit. Zum Erstaunen des Vorstandes von General Motors hatte Rolls-Royce den Vorschlag, fertige Getriebe geliefert zu bekommen, abgelehnt und baute sie in kleiner Stückzahl in eigener Regie. Dies ermöglichte Änderungen zur Beibehaltung des getriebeunterstützten Bremskraftverstärkers und eine Arbeitsausführung, die sich nach dem peniblen Rolls-Royce-Standard richtete.

Die Automatik verfügte über vier Vorwärtsgänge und Rückwärtsgang und erlaubte dem Fahrer, manuell einzugreifen. Er konnte etwa bei Bergabfahrten aus dem höchsten Gang herunterschalten, um

Rolls-Royce Silver Dawn, Baujahr 1954, Chassis-Nr. SPG20. Als »Big Boot« (= großer Kofferraum) wurden jene Rolls-Royce Silver Dawn unterschieden, die eine Werkskarosserie hatten, wie sie der Bentley R aufwies, der Nachfolger des Bentley Mark VI.

»Big Boot« distinguished those Rolls-Royce Silver Dawn whose coachwork was identical to that of the Bentley R, the successor to the Bentley Mark VI.

Rolls-Royce Silver Dawn, Baujahr 1951, Chassis-Nr. SFC88. So sah der erste Rolls-Royce mit Standard-Karosserie ab Werk aus. Es war kein Wagnis, als Rolls-Royce die bewährte Karosserie des Bentley Mark VI mit geringen Retuschen anpaßte, um den Rolls-Royce-Kühler einzusetzen.

The Rolls-Royce Silver Dawn was the first Rolls-Royce ever to be fitted with a Standard Steel Body. Rolls-Royce didn't risk anything, when making use of the well received coachwork for the Bentley Mark VI, which only needed minor alterations to take the square radiator.

die Bremskraft des Motors einsetzen zu können oder beim Beschleunigen die Motorleistung bis in den Grenzbereich auszunutzen. Eine Überschreitung der Höchstdrehzahl wurde durch eine eingebaute Sicherung verhindert. Wurde diese erreicht, schaltete der Getriebeautomat in den höchsten Gang.

Falls manuell der zweite Gang gewählt worden war, wurde dieser Gang beibehalten – und in diesem Fall droht die Gefahr, daß der Motor sehr wohl über die zumutbare Drehzahlgrenze getrieben wird. Statt einer Parksperre wurden bei abgeschaltetem Motor zwei Gänge gleichzeitig in Eingriff gebracht, wenn der Schalthebel in der Position für den Rückwärtsgang arretiert wurde, und blockierten den Wagen. Weil der Rolls-Royce Silver Dawn seit 1951 die stärkere Maschine mit dem Bentley Mark VI und Rolls-Royce Silver Wraith teilte, machte sich der durch die Automatik bedingte Leistungsverlust nicht störend bemerkbar.

Vom Rolls-Royce Silver Dawn gibt es diverse Varianten, die teils wegen bemerkenswerter Änderungen an der Technik, teils wegen deutlicher Modifikationen des Blechkleides unterschieden werden. Das ursprüngliche Modell aus dem Jahr 1949 wies 4257 ccm Hubraum und Linkslenkung auf; eine Rechtslenkung kam nur auf Sonderwunsch zum Einbau. Ab 1951 gab es den Rolls-Royce Silver Dawn im unveränderten Blechkleid, aber mit auf 4566 ccm vergrößertem Motor. Für diese Ausführung kam die Bezeichnung »Big Bore – Small Boot« (= Große Bohrung – Kleiner Kofferraum) auf. Als 1952 der Bentley Mark VI durch den Bentley R, der bis auf den viel größeren Kofferraum mit dem Vorgänger identisch war, abgelöst wurde, erfuhr die Karosserie des Rolls-Royce Silver Dawn die gleiche Veränderung. Diese letzte Version wird abgegrenzt mit der Bezeichnung »Big Bore – Big Boot« (= Große Bohrung – Großer Kofferraum). Erst im Jahr 1953 wurde die Einschränkung aufgehoben, den Rolls-Royce Silver Dawn lediglich für den Export herzustellen. Er war auch für Käufer auf dem heimischen britischen Markt zu haben.

Der Rolls-Royce Silver Dawn entstand nur in einer kleinen Auflage von 761 Exemplaren. Sein Preis war mit 3500 £ erheblich höher angesetzt als der von 2997 £ für den Bentley Mark VI. Mit diesem hatte er den Nachteil gemeinsam, daß frühe Modelle außerordentlich korrosionsanfällig waren. Die Stahlkarosserien der Bentley Mark VI und Rolls-Royce Silver Dawn stellen die ersten Versuche von Rolls-Royce auf dem neuen Feld dar, ein komplettes Automobil zu fertigen. Die Notwendigkeit für eine umfassende Rostvorsorge war nicht erkannt worden, und diese Nachlässigkeit rächte sich, zumal die Qualität des Materials in der frühen Nachkriegszeit noch deutlich schlechter war, als es sonst dem Standard von Rolls-Royce entsprochen hatte. Es gibt deshalb unverhältnismäßig viele, mit großem Aufwand restaurierte Rolls-Royce Silver Dawn – und noch eine Anzahl von Wagen im Originalzustand. Letztere bieten üblicherweise die Gewähr für eine Generalüberholung, bei der die Blecharbeiten besonders kostenintensiv ausfallen.

Der Start in die Nachkriegszeit

Rolls-Royce Phantom IV

Schon in den Anfangsjahren des Unternehmens hatte sich Rolls-Royce besonderer Wertschätzung erfreut, weil Fahrzeuge mit diesem Namen als das angemessene Transportmittel in die Fuhrparks von Herrscherhäusern und Staatsoberhäuptern eingestellt wurden. Ausgerechnet das englische Königshaus hatte jedoch seit 1900 der Marke Daimler die Stellung als Hoflieferant zuerkannt. Daimler genoß die Ausnahmeposition als anerkannter Hersteller der offiziellen Staatskarossen.

Zielgerichtet strengte Rolls-Royce sich über einen langen Zeitraum an, Daimler abzulösen. C.G. Johnson hatte als kaufmännischer Direktor schon in der Zeit vor dem I. Weltkrieg sein Augenmerk auf diese Angelegenheit gerichtet. Trotz aller Bemühungen zeigte aber das englische Königshaus keine Neigung, Rolls-Royce den Vorzug vor Daimler zu geben. Nach einem halben Jahrhundert wurde der Wettbewerb entschieden. Die Bemühungen von Rolls-Royce erfuhren dabei eine Begünstigung durch besondere Umstände im Hause Daimler.

Während des Krieges hatte Rolls-Royce zwei Prototypen gebaut, die mit Achtzylinder-Reihenmotoren bestückt waren. Diese Antriebsquellen stammten aus der Serie der B40-, B60- und B80-Motoren. Durch Anfügung eines Zylinderpaares an den B60-Sechszylinder-Reihenmotor war eine Maschine mit acht Zylindern in Reihe entstanden, die beeindruckend viel Kraft produzierte. Einer der Prototypen auf Bentley-Fahrgestell trug die Code-Bezeichnung »SC«, was werksintern zu »Scalded Cat« (= »Verbrühte Katze«) verballhornt wurde. Der Spitzname traf in etwa sein Fahrverhalten: Er war überaus schnell, aber von fragwürdiger Richtungsstabilität. Just diesen Wagen lieh

Rolls-Royce Phantom IV, Baujahr 1952, Chassis-Nr. 4AF18. Bei H. J. Mulliner gebaut wurde das schwer gepanzerte Cabriolet für S. E. General Franco. Es dient noch heute als spanische Staatskarosse.

Armoured Cabriolet by H. J. Mulliner built for H. E. General Franco and still in use as a Spanish State Car.

Rolls-Royce Phantom IV, Baujahr 1952, Chassis-Nr. 4AF16. Die Anti-Terror-Abteilung der spanischen Polizei bestand auf ausgiebigen Tests der Panzerung für das Fahrgastabteil, als H. J. Mulliner die Limousine für S. E. General Franco erstellte.

The Anti-Terror-Brigade of Spanish police insisted on careful testing of the armour-plating, when H. J. Mulliner erected the Limousine for H. E. General Franco.

sich der Herzog von Edinburgh (später Prinz Philip) nach Kriegsende. Er legte längere Strecken mit Höchsttempo zurück und zeigte sich von dem Achtzylinder-Bentley sehr angetan. Rolls-Royce verschrottete den Bentley – wie das mit den meisten Prototypen geschah – ohne der Vermutung zu widersprechen, diesmal habe den Ausschlag gegeben, ein Mitglied des Königshauses vor denkbarem Schaden ausgerechnet in einem Fahrzeug von Rolls-Royce bewahren zu wollen.

1950 erging der Auftrag, einen Rolls-Royce für Prinzessin Elisabeth (später I.M. Königin Elisabeth II.) und den Herzog von Edinburgh als Repräsentationswagen zu bauen.

Daimler war nicht mehr erste Wahl. Die Gattin des Vorstandschefs Sir Bernhard Docker war aufgefallen. Sie hatte, völlig gegen die Strömung der Zeit, mit immens aufwendig ausgestatteten Daimler-Fahrzeugen Furore gemacht. Von einer Automobilausstellung zur nächsten tauchten Daimler mit Hooper-Karosserien auf, die sich an Extravaganz überboten. Eine Limousine zeigte ein Interieur aus blauem Seidenbrokat, der Lack war mit Tausenden von Goldsternchen übersät, und das Zubehör umfaßte einen Koffersatz aus Krokodilleder. Ein dreisitziges Coupé verfügte über Zebrafell-Sitze und Elfenbein-Beschläge anstelle von Holzfurnier. Mit der bei der Pressevorstellung geäußerten Forderung: »Nennen Sie mein neues Auto bloß nicht vulgär!« geriet Lady Docker in die Schlagzeilen und Daimler ins Aus.

Rolls-Royce trug mit dem Bau des Rolls-Royce Phantom IV dem Wunsch nach einem Achtzylinder-Wagen Rechnung. In ein beträchtlich verlängertes und deshalb verstärktes Fahrgestell des Rolls-Royce Silver Wraith kam eine verfeinerte Version des B80-Motors. Die Dimensionen des neuen Typs gerieten mit einem Radstand von 3,70 m, einer Gesamtlänge von 5,80 m und einer Breite von 1,90 m wahrhaft stattlich. Dennoch vermochte der Wagen, auf mehr als 100 mph (160 km/h) zu beschleunigen. Obwohl mit Trennscheibe versehen und auf den Betrieb mit Chauffeur ausgelegt, erhielt der erste Rolls-Royce Phantom IV einen speziell auf die Körpergröße des Herzogs von Edinburgh abgestimmten Fahrersitz. Für die Fälle, in denen der Gemahl der zukünftigen Königin von England selbst das Steuer in die Hand nehmen wollte.

Der Start in die Nachkriegszeit

Herstellungsort des Automobils war nicht das Werk in Crewe, sondern eine Gießerei in Belper, die während des II. Weltkrieges der Automobil-Abteilung Heimstatt gewesen war.
Der Rolls-Royce Phantom IV blieb der exklusivste Wagen, den Rolls-Royce baute, weil die Abgabe begrenzt wurde auf Staatsoberhäupter und Mitglieder von Herrscherhäusern. Nur 18 Exemplare entstanden, davon verblieb eines zu Testzwecken im Werk. Der Aufbau der Karosserien erfolgte vornehmlich bei zwei Betrieben. H.J. Mulliner und Hooper sorgten für die Einkleidung der Fahrzeuge. Zum Teil verbargen diese, etwa im Falle S.M. Schah Reza Pahlevis oder S.E. General Francos, unter dem Blechkleid massive Panzerungen. Nur der für Prinz Talal al Saoud von Saudi-Arabien gebaute Rolls-Royce Phantom IV ging nach Frankreich und erhielt einen Aufbau bei Franay. Die Karosserie wurde in der Werkliste als Sedanca de Ville aufgeführt – tatsächlich war ein viertüriges Cabriolet auf das Chassis gesetzt worden.
Mit dem Bau des Rolls-Royce Phantom IV stieß der Hersteller den Beschluß um, nach dem Ende des II. Weltkrieges die Linie der »großen« Rolls-Royce Phantom nicht mehr fortzusetzen. Erstmals tat ein Rolls-Royce Phantom IV Dienst als Staatskarosse des englischen Königshauses im Jahr 1954 bei der Fahrt zur Eröffnung des Parlamentes. Bis dahin waren die in den Royal Mews vorhandenen Daimler bei offiziellen Anlässen eingesetzt worden. Ein zweiter Rolls-Royce Phantom IV mit einem Landaulet-Aufbau wurde ab 1954 für den Gebrauch durch die englische Monarchin bei Rolls-Royce bereitgestellt. Im Jahr 1959 wurde er vom Königshaus übernommen und dem seit 1950 benutzten ersten Wagen dieses Typs zur Seite gestellt.
Ein Wagen des Schahs von Persien wurde bereits 1959 verschrottet, es handelte sich um das 1951 gebaute Cabriolet. Der Testwagen des Werks wurde 1963 zerlegt. Von den verbleibenden 16 Rolls-Royce Phantom IV dienen etliche nach wie vor als Staatskarossen, zum Beispiel in England und in Spanien. Einige haben den Weg in die Hände von Sammlern gefunden.

Abb. Seite 150/151: Bentley R, Baujahr 1954, Chassis-Nr. B77WG. Der Bentley des Autors – mit 700000 Kilometern Laufleistung gut eingefahren.

The author's Bentley R – well run in with a mileage of 440.000 miles.

Rolls-Royce Phantom IV, Baujahr 1954, Chassis-Nr. 4BP5. Hooper baute das Landaulet, das von 1954 bis 1959 bei Rolls-Royce bereitgehalten wurde, für den Gebrauch durch das britische Königshaus. 1959 erwarb der Buckingham-Palast den Rolls-Royce Phantom IV, der 1987 ausgemustert wurde.

Landaulette by Hooper, kept exclusively for Royal use and eventually purchased in January 1959 by H.M. The Queen. In use till 1987.

Der Start in die Nachkriegszeit

Bentley R und Bentley R Continental

Bentley R Continental, Baujahr 1955, Chassis-Nr. BC48D. Mit Stoffschiebedach ausgestattet ist dieses Coupé von H. J. Mulliner.

Now fitted with a sunroof is this Coupé by H. J. Mulliner.

Die Garnitur fähiger Manager und Ingenieure, die teilweise seit den Gründungsjahren zu Rolls-Royce gehört und dort ihre Ausbildung erhalten und Karriere gemacht hatten, übertrug etwa zu Beginn der fünfziger Jahre die Führungsaufgaben an eine neue Garde. Damit traten mehr und mehr von den Männern ab, die noch während der Ära der »Gründungsväter« C. G. Johnson und F. Henry Royce auf der Stufenleiter der Hierarchie nach oben geklettert waren. Ernest Hives etwa, der vom Lehrling und Rekordfahrer auf Rolls-Royce Silver Ghost zum Vorstandsvorsitzenden aufgerückt war, trat in den Ruhestand. A. G. Elliott, der während des I. Weltkrieges mit F. Henry Royce gemeinsam die Flugmotoren entwickelt hatte und nach dessen Tod den Motor für den Rolls-Royce Phantom III zeichnete, wurde abgelöst.

Die Entwicklungen während des II. Weltkrieges hatten die Arbeitsbereiche von Rolls-Royce breiter gefächert und die Firma zum Konzern wachsen lassen. Die von W. A. Robotham vor dem Krieg als Rationalisierungsmaßnahme geplante Serie der B40-, B60- und B80-Motoren war Big Business geworden. Eine Vielzahl von Fremdfirmen orderte diese Motoren als Antriebsquelle vorwiegend zur Verwendung in Nutzfahrzeugen sowohl für den militärischen wie für den zivilen Einsatz. Ebenfalls nach Entwürfen von W. A. Robotham entstanden Dieselmotoren. Sie gingen an Hersteller von Lastkraftwagen und Sonderfahrzeugen, etwa für die Feuerwehr. Die Sparte erwies sich als so ertragsstark, daß die Motorenfertigung als eigene Division unter der Leitung von W. A. Robotham zusammengefaßt wurde.

Die Stellung als Chefingenieur für die Sparte Automobilfertigung fiel zunächst an Harry Grylls und später an Dr. F. Llewellyn Smith. Beide wurden mit einer Entwicklung konfrontiert, bei der die Automobilproduktion, die den Ursprung des Werkes gebildet hatte, mehr und mehr zur Seitenlinie herabsank. Bereiche wie die Motorenproduktion für Fremdabnehmer, die Fertigung von Präzisionsteilen und insbesondere die Herstellung von Düsentriebwerken für Flugzeuge, wo die Nachfrage am stärksten wuchs, bildeten die Säulen, auf denen das Geschäft von Rolls-Royce ruhte.

Bentley R.
Ein Lightweight Saloon von H. J. Mulliner.

Lightweight Saloon by H. J. Mulliner.

Die neuen Männer profilierten sich zunächst nicht mit radikalen Neuschöpfungen. Der 1952 als Nachfolger des Bentley Mark VI eingeführte Bentley R war überhaupt kein neues Automobil, sondern lediglich eine verlängerte Version des Bentley Mark VI. Antriebseinheit und Fahrwerk hatten keine Änderungen erfahren. Die Karosserie entsprach bis zur Linie der hinteren Türen dem Vorgängermodell, das Heck wies allerdings einen einteiligen Kofferraumdeckel auf, der mit starker Wölbung ein voluminöseres Gepäckabteil umschloß. In der Länge hatte der Wagen um 20 cm zugelegt, weshalb die rückwärtigen Kotflügel und der Rahmen in diesem Bereich entsprechend verändert worden waren. Bei dem neuen Typ gab es auch keine Abdeckbleche mehr über den Radausschnitten der Hinterräder. Wer nach Detailänderungen suchte, die die Technik des Bentley R vom Bentley Mark VI abgrenzte, wurde nur fündig bei einer Startautomatik anstatt Choke, einem Scheibenwischer mit zwei Geschwindigkeiten und einer serienmäßig eingebauten heizbaren Heckscheibe.

Die gleichen Änderungen zeigte das Schwestermodell, der Rolls-Royce Silver Dawn, ohne daß sie dort Anlaß für einen Namenswechsel gewesen wären. Die Bezeichnung R-Typ für den neuen Bentley hatte sich ergeben, weil die Chassis-Nummern des Bentley Mark VI bei Produktionsaufnahme der verlängerten Ausführung gerade zu einem R als Prefix wechselten. Die erste Chassis-Serie des Bentley R trug die Fahrgestell-Nummern von B 2 RT bis B 120 RT; nur gerade Nummern fanden Verwendung. Die naheliegende Frage, warum der neue Typ nicht als Bentley Mark VII auf den Markt kam, findet ihre Antwort in Abstimmungsproblemen mit den Jaguar-Werken von Sir David Lyons. Dort folgte auf den erfolgreichen Jaguar Mark V ein Jaguar Mark VII, weil die Bezeichnung Mark VI für Bentley geschützt war. Zur Vermeidung von Unstimmigkeiten wurde die Bezeichnung Mark VII für den neuen Bentley unterlassen.

In den Augen vieler Betrachter wirkt die Karosserie des Bentley R ausbalancierter und deshalb gelungener als die des Bentley Mark VI. Der größere Kofferraum bot dem Benutzer praktische Vorteile, und Rolls-Royce profitierte von Kostensenkungen. Beim Bentley Mark VI hatten zwei Stahlklappen, eine zur Abdeckung des Kofferabteils und eine für das darunterliegende Abteil, in dem Reserverad und Bordwerkzeug verstaut waren, eingehängt werden müssen. Ein einzelner Aluminium-Deckel löste beim Bentley R die beiden Stahlklappen des Bentley Mark VI ab.

Für den im Juni 1952 vorgestellten Bentley R gab es ab Oktober desselben Jahres auf Wunsch die Vierstufen-Automatik. Sie wurde 1954 Standardausrüstung des Wagens, und Besteller, die weiterhin der Handschaltung den Vorzug geben wollten, mußten diese ausdrücklich ordern. In der Version mit Automatik beschleunigte der Bentley R laut zeitgenössischen Tests in 16 Sekunden von 0 auf 100 km/h und erreichte eine Spitzengeschwindigkeit von 172 km/h. Für einen Wagen, der mit Standardkarosserie leer immerhin schon knapp 1,9 Tonnen wog, waren dies sehr respektable Werte.

Es gab aber eine Ausführung, die es noch deutlich besser konnte. In der Leichtbauversion als Bentley R Continental betrug die Zeit, die bis zum Erreichen der 100-km-Marke verging, nur 14 Sekunden. Das Spitzentempo wuchs in den Bereich von knapp 190 km/h.

Der Bentley R Continental war ein ganz besonderes Automobil. So-

Bentley R und Bentley R Continental

bald die ersten Unwägbarkeiten der frühen Nachkriegszeit abgeklungen waren, begann 1950 die Planung eines konsequent auf Leichtbau ausgerichteten Coupés auf Basis des Bentley Mark VI. Der Werksname »Corniche II« enthüllt, daß die Erfahrungen nachklangen, die mit dem durch Kriegseinwirkung zerstörten Prototypen »Corniche« aus 1939 gewonnen worden waren. Ein exklusives Automobil mit brillanten Fahrleistungen war das Ziel.

Da die Benzinqualität im Nachkriegsengland 74 Oktan nicht überstieg, stand dem Gedanken an eine Leistungssteigerung des Motors etwa über Erhöhung der Kompression ein Hinderungsgrund entgegen. Zwar wurde die Verdichtung mäßig angehoben – aber der Wert mußte in der Folge zurückgenommen werden. Aussichtsvoller erschien die Idee, Gedankenarbeit in die Entwicklung eines besonderen Aufbaues zu investieren.

Ein zweitüriges Fließheckcoupé, bei dessen Bau soweit wie möglich Aluminium Verwendung finden sollte, versprach durch die Vorteile von geringem Gewicht und ausgezeichneter Windschlüpfigkeit als Ergebnis hohe Geschwindigkeit.

Die Projektleitung lag bei H.I.F. Evernden, der schon in den zwanziger Jahren Leichtbau-Karosserien für den Rolls-Royce Phantom I auf Initiative von F. Henry Royce entworfen hatte. Dazu kam sein beträchtlicher Einfluß auf die Planung der Vorkriegs-Corniche. Für den Bentley R Continental verfügte er in dem Designer J.P. Blatchley über den richtigen Mann. Dieser hatte seine Sporen beim Karosseriebauer Gurney Nutting verdient und brachte ausgezeichnete Kenntnisse bezüglich Leichtbau-Karossen in die Planung ein.

In Auftrag gegeben wurde die Karosserie für den Prototypen indes bei H.J. Mulliner, weil Rolls-Royce engere Beziehungen zu diesem Haus als zu Gurney Nutting unterhielt. Das zweitürige Coupé bot vier Sitzplätze und einen knappen Kof-

Der Start in die Nachkriegszeit

*Bentley R,
Baujahr 1954,
Chassis-Nr. B97WG,
und Bentley T vor dem
Buckingham Palast,
London.*

*Bentley R and Bentley T
in front of Buckingham
Palace.*

Bentley R, Baujahr 1954, Chassis-Nr. B112LXF. H. J. Mulliner baute nur sechs »Lightweight Coupés«, dies ist das einzige mit Linkslenkung.

H. J. Mulliner only built six Lightweight Coupés, this is the single LHD.

ferraum. Es geschah erstmalig, daß Rolls-Royce eine Karosserie im Windkanal testete. Die Tests brachten die Erkenntnis, daß die hinteren Kotflügel zur Erhöhung der Seitenwindstabilität heckflossenähnlich hochgezogen werden mußten. Neben dem geringen Luftwiderstand war eine Modifikation des Auspuffsystems für die blendenden Fahrleistungen des Bentley R Continental maßgeblich. 25 PS wurden gewonnen, weil die Auspuffgase nur unwesentlich gedämpft den Weg ins Freie fanden.

Mit fast 190 km/h Spitzengeschwindigkeit bekleidete der Bentley R Continental bei seinem Erscheinen im Jahr 1952 die Position als schnellster serienmäßig gebauter viersitziger Sportwagen der Welt. Zunächst war er nur für den Export gedacht. Nachdem die ersten 100 Exemplare ausgeliefert worden waren, konnte man ihn auch auf dem heimischen Markt erhalten.

Fast alle Bentley R Continental erhielten die Coupé-Karosserie von H. J. Mulliner. Nur wenige Exemplare gingen an Karosseriebauer wie Pinin Farina, Graber oder Park Ward. Strikte Werte bezüglich des Höchstgewichtes für den Aufbau wurden dabei verbindlich vorgegeben. Es gab nur zwei Reifensorten, die auf Dauer dem hohen Tempo des Bentley R Continental standhielten – und dies nur bei Einhaltung des Gewichtslimits.

Schwere Blechhüllen schränkten die Leistung des Bentley R Continental somit nicht ein. Gewichtiges Zubehör, auf das Käufer nicht verzichten wollten, unterlief eher das Bemühen der Konstrukteure, jedes überflüssige Gramm einzusparen. Von den Sportwagen wurden sogar 43 mit automatischem Getriebe ausgerüstet, nachdem dies wahlweise angeboten wurde. Dank einer Vergrößerung des Hubraums auf 4887 ccm ab Juli 1954 blieb das hohe Leistungsniveau des schnellen Bentley stabil. Inzwischen stand auch Benzin mit 93 Oktan zur Verfügung und gestattete eine Anhebung der Verdichtung.

Insgesamt entstanden 207 Bentley R Continental in Serie. Dazu blieb der Prototyp erhalten. Nachdem er jahrelang Dienst als Vorführwagen getan hatte, wurde er nicht verschrottet, wie es übliche Praxis war. Er wechselte nach einer Generalüberholung Anfang der sechziger Jahre in die Hände eines Liebhabers und existiert noch heute.

Bentley R, Baujahr 1953, Chassis-Nr. B60RT. Aus der ersten Serie des Bentley R stammt das Cabriolet von Park Ward mit elektrisch betätigtem Verdeck.

Cabriolet by Park Ward with electric powered hood from the first series of Bentley R-Type.

Der Start in die Nachkriegszeit

Bentley R? Ausgewiesen als Bentley R zeigt das Cabriolet von Abbott so viele Merkmale des Bentley S1, daß die Typenzuordnung mit Fragezeichen erfolgt.

Claimed to be Bentley R-Type, this Abbott Convertible has a number of puzzling S1-features.

Bentley R, Baujahr 1954, Chassis-Nr. B30YD. Nur zweimal entstand bei Freestone & Webb auf der Basis eines Bentley R ein Fastback Saloon. Eigentlich war er vorgesehen als 4türige Karosserie für den Bentley R Continental, was Rolls-Royce aus Gewichtsgründen ablehnte.

Freestone & Webb built a Fastback Saloon on a Bentley R chassis only twice. They intended to produce a four door Bentley R Continental but for weight reasons didn't receive Rolls-Royce's permission.

Die letzten Typen nach überkommenem Baumuster

Rolls-Royce Silver Cloud I, Baujahr 1959, Chassis-Nr. LSGE252. Hooper baute das Cabriolet mit vollversenkbarem Dach und einem Jagdfalken als Kühlerfigur für S. M. König Faisal II. von Irak. Bevor der Wagen übergeben werden konnte, hatte der König bei einem Staatsstreich im Jahre 1958 das Leben verloren.

Hooper produced this Cabriolet with disappearing hood and falcon mascot for H. M. King Faisal II of Iraq. The monarch was killed in a riot in 1958 before the car was delivered.

Rolls-Royce Silver Cloud I, Bentley S1 und Bentley S1 Continental

Abb. Seite 158/159: Nur bezüglich Kühler und Markenemblemen hob sich der Bentley S1 von seinem Schwestermodell Rolls-Royce Silver Cloud I ab. Form, Inneneinrichtung und technische Ausstattung waren völlig übereinstimmend.

Only radiator and motifs distinguished the Bentley S1 from its sister model Rolls-Royce Silver Cloud I. Body, interior and technical components were identical.

Rolls-Royce wählte den April des Jahres 1955, um neue Modelle ins Rampenlicht zu stellen. Mit dem Rolls-Royce Silver Cloud wurde der Rolls-Royce Silver Dawn abgelöst. Auf den Bentley R folgte der Bentley S. Ebenso wie die Vorgänger, die sich in der äußeren Formgebung nur bezüglich Kühlern und Emblemen voneinander unterschieden hatten, waren die neuen Modelle identisch. Die Übereinstimmung ging sogar weiter als bisher, weil in der Fahrzeugtechnik völlige Übereinstimmung herrschte, wo bei der vorherigen Generation ein paar geringfügige Modifikationen den Bentley als die sportlichere Version ausgewiesen hatten.
Im Personenwagenbau hatte sich zu dieser Zeit bereits die Verwendung selbsttragender Karosserien, bei denen der tragende Rahmen entfiel, durchgesetzt. Der Rolls-Royce Silver Cloud und der Bentley S zählten zu den Ausnahmen, weil sie noch über ein massives Chassis verfügten. Rolls-Royce hatte in die Entwicklung des Rahmens sehr viel Aufwand investiert und eine Verwindungssteifigkeit erreicht, die um 50 Prozent über der lag, wie sie die Rahmen der Vorgängermodelle ausgezeichnet hatte.
Nicht offen ausgesprochen wurde eine Befürchtung, die gegen die selbsttragende Karosserie sprach. Die Erfahrungen mit den verheerenden Korrosionserscheinungen bei den Stahlkarosserien der frühen Bentley Mark VI und Rolls-Royce Silver Dawn dienten als Warnung. Eine selbsttragende Karosserie bei einem Rolls-Royce, deren tragende Teile infolge Rostbefall dem Wagen nur eine kurze Lebensdauer gewährten, barg die Gefahr, der Reputation des Markennamens Schaden zuzufügen, der nicht wieder gut gemacht werden konnte.
Dem Rolls-Royce Silver Cloud und seinem Schwestermodell, dem Bentley S, hatte der Chefdesigner J. P. Blatchley eine Karosserie mit sehr ansprechenden Linien angemessen. Als Standardkarosserie wurde sie hergestellt bei Pressed Steel und aufgebaut und komplettiert bei Rolls-Royce. Sie verfügte über vier Türen, die ebenso wie der

Die letzten Typen nach überkommenem Baumuster

Deckel für den geräumigen Kofferraum und die Motorhaubenteile aus Aluminium bestanden. In die Linienführung waren Elemente eingeflossen, die verrieten, daß der ebenfalls von J.P. Blatchley geformte Aufbau des Bentley R Continental Pate gestanden hatte.
Dessen letzte Serien hatten über einen Motor mit 4887 ccm Hubraum verfügt. Die gleiche Kraftquelle tat in den Rolls-Royce Silver Cloud und Bentley S Dienst. Ein überarbeiteter Leichtmetall-Zylinderkopf gestattete eine Anhebung der Verdichtung und damit eine höhere Leistung. Die war auch erforderlich, denn mit einem Radstand von 3,12 m und einer Gesamtlänge von 5,39 m – bei der ab 1957 wahlweise angebotenen längeren Version sogar 3,23 m Radstand und 5,48 m Gesamtlänge – war der neue Wagen zum größten in der Serie der »kleinen« Rolls-Royce gewachsen.
Das Fahrwerk wies eine Abkehr von der stufenlos mittels Lenkradhebel verstellbaren Abstimmung der hinteren Stoßdämpfer auf. Über einen Schalter an der Lenksäule waren nur noch zwei Stellungen wählbar. Die Bremsen verfügten über ein Dreikreissystem. Breitere Bremstrommeln stellten die gleiche Bremsfläche wie bisher sicher, obwohl die Räder und entsprechend auch die Bremstrommeln nun einen geringeren Durchmesser aufwiesen.

Bentley S1 Continental, Baujahr 1957, Chassis-Nr. BC100DJ.
In einem Wettbewerb um den attraktivsten Aufbau hätte Park Wards Cabriolet eine starke Position.

In a contest to show the most attractive coachwork Park Ward's Drop Head Coupé had a strong position.

Die letzten Typen nach überkommenem Baumuster

Rolls-Royce Silver Cloud I, Baujahr 1956, Chassis-Nr. LSED91. Als Einzelstück baute H. J. Mulliner das Coupé. Es kam mit Linkslenkung zur Auslieferung an einen Kaufhauskönig in Deutschland.

A single Fixed Head Coupé was built by H. J. Mulliner. The lhd car was delivered to a German owner of a chain of warehouses.

Abb. Seite 163: Bentley S1 Continental, Baujahr 1959, Chassis-Nr. BC37EL. H. J. Mulliner offerierte mit der Bezeichnung »Flying Spur« eine viertürige Version des Bentley S1 Continental.

H. J. Mulliner called their four door body for the Bentley S1 Continental »Flying Spur«.

Bentley S1 Continental, Baujahr 1958, Chassis-Nr. BC5FM. Kraft und Komfort waren ansprechend verpackt beim Coupé von Park Ward.

Power and comfort were attractively clothed in this Coupé by Park Ward.

Von Beginn an gehörte ein automatisches Getriebe, die schon beschriebene Viergang-Automatik, zur Standardausrüstung für Rolls-Royce Silver Cloud und Bentley S. Auf Sonderwunsch wurden einige wenige Wagen mit handgeschaltetem Getriebe ausgerüstet. Auf diesem Wunsch wurde aber nur in Ausnahmefällen bestanden, und ab 1957 entfiel die Möglichkeit der manuellen Schaltung ganz.

Häufiger geäußert wurde die Forderung, eine Servolenkung einzubauen. Eine komplette Serie von 50 Bentley S mußte mitten im Produktionsprozeß zusätzlich auf Servolenkung umgerüstet werden. Dies hatte zum Ergebnis, daß ab 1956 die Servolenkung ebenfalls Standardausrüstung wurde.

Eine Continental-Version auf der Basis des Bentley S war zu erwarten, nachdem sich der Bentley R Continental als gefragter Sportwagen entpuppt hatte. Es dauerte nur so lange wie der Abbau von Um-

Bentley S1 Continental, Baujahr 1956, Chassis-Nr. BC42BG. Ähnlich dem Bentley R Continental, aber wuchtiger, baute H. J. Mulliner die Fließheck-Version des Coupés für den Bentley S1 Continental.

Similar to the Bentley R Continental, but with a more massive appearance, H. J. Mulliner built this fastback version of their Coupé on a Bentley S1 Continental.

stellungsschwierigkeiten beim Produktionsbeginn der neuen Modelle, bevor mit sechs Monaten Verzögerung dem Bentley S der Bentley S Continental zur Seite gestellt wurde. Der Motor war mild getunt, und bewußt waren Reifen mit geringem Rollwiderstand aufgezogen. Trotz der gewachsenen Abmessungen gegenüber dem Vorgänger hatte das Gewicht nur geringfügig zugenommen. Der Bentley S Continental erreichte dank dieser Maßnahmen in Verbindung mit einer sorgfältig abgestimmten Hinterachsübersetzung ein Spitzentempo von mehr als 190 km/h. Er wurde als Fahrgestell mit Motor ausgeliefert und erhielt von unabhängigen Karosseriebauern und von der zu Rolls-Royce gehörenden Karosseriebau-Division Park Ward Aufbauten als zweitüriges Coupé – häufig mit Fließheck – oder als Cabriolet.

Den Löwenanteil der Aufbauten für die insgesamt 431 Bentley S Continental schuf H. J. Mulliner. Dieser Betrieb unternahm es auch, eine viertürige Karosserie auf das Continental-Chassis zu setzen. Der als »Flying Spur« bezeichnete Viertürer feierte 1957 Premiere und bestach mit sportlich niedriger Linienführung. Der Aufbau wirkte leichter und dynamischer als die Standardkarosserie von Rolls-Royce.

Letztere stand indes weder in der Verarbeitung noch in der Ausstattung den handgearbeiteten Werken der Karossiers nach. Die Linien boten sich an für zweifarbig abgesetzte Lackierungen. Die sparsame Verwendung von Chromteilen hob sich deutlich ab von der aus den USA herrührenden Mode, Zierteile an Bug und Heck anzubringen und möglichst noch in die Seitenflanken hineinzuziehen. Im Innenraum fand sich vorn zwar eine durchgehende Sitzbank, die Rückenlehnen waren aber einzeln verstellbar und mit ausklappbaren Armlehnen versehen. Vorne ließ sich unter dem Armaturenbrett – aus fein gemasertem Walnußwurzelholz – ein Picknicktischchen herausziehen; hinten waren Klapptischchen in die Lehnen der Vordersitze eingearbeitet.

Die neuen Typen fanden nicht allein in England Zuspruch. Rolls-Royce Silver Cloud und Bentley S wurden auch mit großem Erfolg auf den Exportmärkten angeboten. Bemerkenswert gut verkauften sie sich in den USA und Australien. Erst als 1959 Nachfolgemodelle angekündigt wurden in Form von Rolls-Royce Silver Cloud II und Bentley S2, erhielten auch Rolls-Royce Silver Cloud und Bentley S zur besseren Unterscheidung Ziffern nachgestellt. Der Rolls-Royce Silver Cloud erhielt eine römische I, der Bentley S eine arabische 1.

Die letzten Typen nach überkommenem Baumuster

Rolls-Royce Silver Cloud II, Bentley S 2 und Bentley S 2 Continental

Die Lufteintrittsgitter unter den Scheinwerfern waren nicht mehr verchromt, sondern mattschwarz lackiert. Dazu mochte einem Kenner das im Durchmesser geringfügig kleiner gehaltene Lenkrad auffallen, das näher ans Armaturenbrett gerückt war. Einem Fachmann war noch die Feststellung möglich, hinter dem rechten Vorderrad sei im Kotflügel eine Klimaanlage plaziert.

Weitere Unterschiede ließen sich von außen nicht feststellen, wenn Rolls-Royce Silver Cloud I und Rolls-Royce Silver Cloud II verglichen wurden – und das traf auf die Schwestermodelle Bentley S1 und Bentley S2 genauso zu. Die neuen Typen, die im Jahr 1959 auftraten, kamen in dem unveränderten Blechkleid der Vorgängermodelle daher. Auch die Praxis, zwischen Rolls-Royce und Bentley keine Abgrenzung vorzunehmen außer der, mit unterschiedlichen Kühlermasken und Emblemen die Identität zu belegen, war beibehalten worden. Die Karosserie und die Innenausstattung – wenn sie als Standardaufbau aus dem Werk stammte – war für beide Marken ebenso unterschiedslos wie die Technik unter dem Blech.

Diese Technik aber hatte einen deutlichen Wandel erfahren. In fünf Jahre währender Entwicklung hatte Rolls-Royce einen V8-Motor zur Serienreife geführt. Der Rolls-Royce Silver Cloud II und der Bentley S2 waren die ersten Modelle, die von dem neuen Aggregat angetrieben wurden. Dies hatte den Ausschlag gegeben für die neuen Modellbezeichnungen.

Für eine neue Kraftquelle war es höchste Zeit geworden, weil der Reihensechszylinder, der vorher Verwendung gefunden hatte, bis an die Leistungsgrenze ausgeschöpft war. Er stammte aus einer schon vor dem II. Weltkrieg entwickelten Generation von Motoren. Deren Ursprünge wiederum ließen sich auf den zu Anfang der zwanziger Jahre für den Rolls-Royce 20 H.P. entworfenen Motor mit drei Litern

Rolls-Royce Silver Cloud II, Baujahr 1962, Chassis-Nr. LSAE53. Als H. J. Mulliner das Cabriolet baute, wünschte der Kunde einen im Armaturenbrett eingebauten Höhenmesser. Selbstverständlich bekam er ihn und selbstverständlich kam das Gerät von Negretti & Zambra, der feinsten Adresse.

When H. J. Mulliner bodied this Cabriolet, the customer decided on an altimeter to be fitted to the dashboard. Of course the wish became fulfilled and of course the appliance was by Negretti & Zambra, London.

Die letzten Typen nach überkommenem Baumuster

Abb. Seite 167: Rolls-Royce Silver Cloud II, Baujahr 1961, Chassis-Nr. SYD342. Äußere Unterschiede gegenüber dem Vorgängermodell konnten allenfalls Fachleute feststellen, als der Rolls-Royce Silver Cloud II vorgestellt wurde, denn das Blechkleid blieb unverändert.

No layman could distinguish the Rolls-Royce Silver Cloud II from her predecessor from outward appearance because there were no significant changes in coachwork.

Hubraum zurückverfolgen. In einer über viele Jahre währenden Evolution waren dem Motor allerdings so zahlreiche Veränderungen angediehen, daß er mit dem Urmodell nur noch den Abstand der Zylindermittelpunkte gemein hatte.
Für den Vortrieb hätte die Kraft gereicht. Immerhin beschleunigten die Sportversionen von Bentley auch mit der Kraft aus sechs Zylindern bis in Geschwindigkeitsbereiche, wo das Standvermögen der Bereifung ein Limit setzte und nicht das Leistungsvermögen. Diese Sportversionen waren indes betont auf Leichtbau ausgelegt. Die Serienmodelle sowohl des Bentley wie des Rolls-Royce wogen erheblich mehr und sie verfügten noch über Zusatzeinrichtungen, die Kraft schluckten. Servolenkung, Automatikgetriebe und Klimaanlage forderten den größten Tribut. Ein dermaßen ausgestatteter Rolls-Royce oder Bentley, womöglich in der gewichtigen Version mit langem Radstand, brauchte einen langen Anlauf, um akzeptable Fahrwerte zu erreichen.
Mit dem neuen V8-Motor schuf Rolls-Royce ein Aggregat, das dank gewaltigen Drehmoments schon bei niedrigen Drehzahlen beeindruckende Kraft erzeugte. Mehrere Gründe sprachen für die Wahl eines Motors mit acht Zylindern, die in V-Form angeordnet waren. Als wichtigster Grund stach die geringe Baulänge hervor. Sie ermöglichte den Einbau des neuen Triebwerks ohne aufwendige Änderungen an Fahrwerk und Karosserie der vorhandenen Modelle. Die Konstruktion war einfacher als bei einem Zwölfzylindermotor – hier wirkten die Erfahrungen mit der komplizierten und deshalb anfälligen Antriebsquelle des Rolls-Royce Phantom III nach. Ein Blick über den Atlantik auf die Entwicklungen des wichtigsten Exportmarktes versprach, daß ein V8-Motor als adäquate Antriebsquelle Anerkennung finden würde.
Der Motor war überquadratisch ausgelegt, das heißt, die Bohrung war größer als der Hub. Bei einer Bohrung von 104,14 mm und einem Hub von 91,44 mm betrug der Hubraum 6230 ccm. Der kurze Hub bot die Kombination der Vorteile von geringer Baubreite des Motors und niedriger Kolbengeschwindigkeit bei hohen Drehzahlen. Die Verdichtung war mit einem Wert von 8:1 so moderat, daß auch Benzin mit niedriger Oktanzahl, wie es auf manchen Exportmärkten lediglich verfügbar war, vertragen wurde. Eine Verstellung des Zündzeitpunktes sorgte für die erforderliche Anpassung.

Rolls-Royce Silver Cloud II, Baujahr 1961, Chassis-Nr. LLCB95. Nicht erst als Ergänzung zur laufenden Serie wie beim Vorgänger, sondern von Anfang an gab es beim Rolls-Royce Silver Cloud II die Version mit langem Radstand.

A long wheelbase version of the Rolls-Royce Silver Cloud II was offered from the beginning and not as an addition to the series as the predecessor.

321 HYU

Abb. Seite 169: Bentley S2 Continental, Baujahr 1960, Chassis-Nr. BC100AR. H. J. Mulliner zeichnete das Coupé, dessen elfenbeinfarbene Lederausstattung mit blauen Kederbändern die Wagenfarbe aufnahm.

Coupé by H. J. Mulliner. Ivory leather interior shows fine blue lining matching the car's colour.

Der Motorblock bestand aus Aluminiumguß mit nassen Zylinderlaufbuchsen aus Stahl. Die Zylinderköpfe bestanden ebenfalls aus einer Aluminiumlegierung mit eingepreßten Ventilsitzen aus austenitischem Stahl. Die Ventile wurden über eine zentral angeordnete Nockenwelle mittels Stößeln gesteuert. Ein hydraulischer Ventilspielausgleich trug der Tatsache Rechnung, daß das Aluminium, aus dem der Motor bestand, bei Arbeitstemperaturen Wärmedehnungen zeigt. Ohne den Ventilspielausgleich wäre ein ruhiger Motorlauf nicht zu erzielen gewesen. Die Erklärung »hydraulische Stößel betätigen die Ventile«, die sich in frühen Pressemitteilungen des Werkes findet, ist irreführend. Die Ventile werden über Stößel und Kipphebel geöffnet. Den Ölsumpf bildete – für Rolls-Royce erstmalig – eine aus Stahlblech gepreßte Wanne statt einer gegossenen aus Leichtmetall.

Das Fahrwerk von Rolls-Royce Silver Cloud II und Bentley S2 zeigte gegenüber den Vorgängern nur einen geringen Unterschied. Die über eine Fußpumpe zu betätigende zentrale Fahrwerksschmierung war aufgegeben worden. Die vorher über diese Einrichtung versorgten Lager wiesen jetzt eine Dauerfüllung auf, die im Abstand von einem Jahr bzw. nach einer Laufleistung von 10000 Meilen (= 16000 Kilometer) zu prüfen war. Der Auspuff war sorgfältig auf den neuen Motor abgestimmt und absorbierte mit jedem seiner drei Auspufftöpfe Geräusche eines anderen Frequenzbereiches.

Klimaanlagen waren bereits für den Rolls-Royce Silver Cloud I und für den Bentley S1 als Extraausstattung gegen Aufpreis erhältlich gewesen. Der Kompressor fand sich im Motorraum, wo er über einen Keilriemen angetrieben wurde. Der Rest der Einheit wurde im Kofferraum eingebaut, dessen Ladevolumen dadurch erheblich eingeschränkt wurde. Bei den neuen Modellen kam der voluminöse Wärmetauscher unter dem rechten Kotflügel zum Einbau, der zwischen Vorderrad und Türsäule voll ausgenutzt wurde. Das Heizungs- und Lüftungssystem wies von vornherein Luftführungen für den Betrieb der Klimaanlage auf. So war auch eine Nachrüstung problemlos möglich, wenn der Besteller auf dieses Zubehör zunächst verzichtet haben sollte.

Als Sportmodell gab es den Bentley S2 Continental. Technische Unterschiede zur Standard-Version bestanden nicht – es sei denn, man will der Tatsache Bedeutung beimessen, daß pro Vorderradbremse vier Bremsschuhe statt der üblichen zwei vorhanden waren. Der Bentley S2 Continental kam als Fahrgestell mit Motor zur Auslieferung und erhielt nach Wunsch des Bestellers bei Karosseriebauern zweitürige Coupé- oder Cabriolet-Aufbauten. H.J. Mulliner fertigte auch die viertürige Version als Flying Spur. Als Einzelstück entstand auch bei Hooper eine viertürige

Bentley S2 Continental, Baujahr 1960, Chassis-Nr. BC44LAR. Die selten zu findende Ausführung des Flying Spur von H. J. Mulliner mit breitem hinteren Dachpfosten – noch dazu mit Linkslenkung.

The rare – even rarer with lhd – version of the four light Flying Spur by H. J. Mulliner.

Bentley S2 Continental, Baujahr 1961, Chassis-Nr. BC37BY. Großzügiger verglast war der Flying Spur von H. J. Mulliner, der nach der Anzahl der Seitenfenster die Bezeichnung »Six Light Sports Saloon« trug.

The Six Light Sports Saloon by H. J. Mulliner offered more glass-area at the cost of less privacy.

Die letzten Typen nach überkommenem Baumuster

Ausführung, die extrem leicht gehalten war. Dank des geringen Gewichtes der komplett aus Aluminiumblechen bestehenden handgearbeiteten Sportwagenaufbauten erzielte der Bentley S2 Continental bessere Beschleunigungswerte als das Serienmodell.

Die Fahrleistungen des Rolls-Royce Silver Cloud II und Bentley S2 konnten aber auch bei der Standardausführung nicht bemängelt werden. Sie markierten nicht allein mit der Spitzengeschwindigkeit von mehr als 180 km/h einen akzeptablen Wert, sondern verdeutlichten vor allem bei Beschleunigungsmessungen den Fortschritt gegenüber den Vorgängern. Mit dem serienmäßigen Automatikgetriebe – Handschaltung war auch auf Sonderwunsch nicht mehr erhältlich – wurde die 160 km/h-Marke in 38,5 Sekunden erreicht. Beim Vorgängermodell waren bis zum Erreichen dieses Wertes zwölf Sekunden mehr verstrichen.

Der neue V8-Motor war leichter als der vorher verwendete Reihen-6-Zylinder. Seine Leistungsausbeute lag etwa 50 Prozent höher. Dennoch begnügte er sich mit deutlich geringerem Benzinverbrauch. Verbrauchswerte standen zwar nicht im Vordergrund der Überlegungen· im Zusammenhang mit dem Betrieb eines Rolls-Royce Silver Cloud II oder Bentley S2. Ein durchschnittlich um drei Liter pro 100 Kilometer (Rolls-Royce Silver Cloud I: Verbrauch laut Testbericht 19 l/100 km – Rolls-Royce Silver Cloud II: Verbrauch laut Testbericht 16 l/100 km) günstigerer Wert führte auf Dauer zu deutlichen Einsparungen bei den Betriebskosten.

Die Einsparungen wurden allerdings aufgezehrt durch die höheren Wartungskosten. Die Zündkerzen beispielsweise waren lediglich für den Verbrennungsvorgang optimal plaziert, nicht für Wartungsarbeiten. Sie waren nur zugänglich nach Abbau der Vorderräder und Entfernen diverser Abdeckbleche im Radkasten.

Die letzten Typen nach überkommenem Baumuster

Rolls-Royce Silver Cloud II und Bentley S2 knüpften an den Erfolg der Vorgänger an. In Amerika unterstützte eine famos konzipierte Werbekampagne die Absatzbemühungen. Die Agentur von David Ogilvy hatte den Slogan aufgebracht: »At 60 mph the loudest noise in the new Rolls-Royce comes from the electric clock.« (= »Im neuen Rolls-Royce kommt bei 100 km/h das lauteste Geräusch von der elektrischen Uhr.«).
Die exzellent verarbeitete Werkskarosserie fand so viel Gefallen, daß eigenständige Karosserieentwürfe nur noch in geringer Stückzahl auf der Basis des Rolls-Royce Silver Cloud II und Bentley S2 realisiert wurden.

Bentley S2, Baujahr 1962, Chassis-Nr. B311DV.
Aus einer der letzten Serien vor dem Wechsel zum Nachfolgemodell stammt dieser Bentley S2.

This Bentley S2 from one of the last series of this model.

Rolls-Royce Phantom V

Zeitgleich mit dem Rolls-Royce Silver Cloud II und dem Bentley S2 wurde ein neues Modell vorgestellt. An der Spitze der Modellhierarchie wurde mit dem Rolls-Royce Phantom V der größte bisher gebaute Rolls-Royce plaziert.
Wenngleich die Namensgebung nahelegt, es handele sich um den Nachfolger für den Rolls-Royce Phantom IV, trifft eher zu, in dem neuen Modell Ersatz für den Rolls-Royce Silver Wraith zu sehen. Vom Rolls-Royce Phantom IV waren nur 18 Exemplare gebaut worden, und diese geringe Zahl hatte sich über einen Produktionszeitraum von 1950 bis 1956 erstreckt. Der Rolls-Royce Silver Wraith dagegen war in erheblich größerer Stückzahl gebaut worden, und seine Produktionsdauer endete erst 1959 mit der Einführung des Rolls-Royce Phantom V.

Abb. Seite 172/173: Rolls-Royce Phantom V, Baujahr 1963. Manchen Eigner überraschte, wieviel Komfort für den Chauffeur geboten wurde. Die Werksaufnahme zeigt die erste Ausführung mit Doppelscheinwerfern.

Some owners were surprised how much their chauffeurs were indulged. This is the first version with twin headlamps.

PV 1963

Die letzten Typen nach überkommenem Baumuster

Rolls-Royce Silver Cloud III, Baujahr 1963, Chassis-Nr. LSCX391. Mehrere Merkmale bestätigen, daß dieser Rolls-Royce Silver Cloud III für den Export in die USA gebaut wurde: die Stoßstangenhörner sind identisch mit denen des Vorgängermodells, das Rücklicht ist einfarbig rot usw.

Several features confirm that this Rolls-Royce Silver Cloud III was built for export to the USA: Overriders are identical with those of the former model, tail light is one colour red etc.

Der Rolls-Royce Phantom V basierte auf dem Rolls-Royce Silver Cloud II. Mit diesem teilte er den neuentwickelten V8-Motor und das Hydramatic-Getriebe mit vier Gängen. Am Getriebe angeflanscht fand sich der Bremsservo, der die Betätigung der Trommelbremsen unterstützte. Beim Fahrgestell gab es nur entfernte Ähnlichkeit mit dem des Rolls-Royce Silver Cloud II. Der Rahmen war erheblich länger ausgeführt und mittels massiver Verstärkungen versteift. Die Spurweite vorne wie hinten hatte zugelegt. Eine geänderte Übersetzung der Hinterachse gestattete – etwa für zeremonielle Anlässe – Dauerfahrten im Bereich knapp über Schrittgeschwindigkeit.

Der Rolls-Royce Phantom V wies zwar den gleichen Radstand auf wie der Rolls-Royce Phantom IV, übertraf diesen aber in der Gesamtlänge um etwa 25 Zentimeter. Eher angebracht ist indes der Vergleich mit dem Rolls-Royce Silver Wraith, den der Rolls-Royce Phantom V ablöste. Bei diesem Vergleich wirkt der Zuwachs bedeutend, weil der Radstand des Rolls-Royce Phantom V bei 3,68 m lag. Der Rolls-Royce Silver Wraith hatte in der Version mit langem Radstand einen Wert von 3,38 m ausgewiesen.

Kuriosum am Rande: Der Verkaufskatalog und die Pressemitteilungen gaben den Radstand unkorrekt mit 144 in. (3,66 m) an statt mit den tatsächlichen 145 in. (3,68 m); erst eine spätere Verlautbarung des Werkes korrigierte den Irrtum – nach etwa 30 Jahren zu Beginn des Jahres 1989.

Große Automobile, die für den Betrieb mit Chauffeur gebaut waren und Karosserien in Einzelanfertigung erhielten, wurden 1959 nicht mehr häufig geordert. Mit dem Rolls-Royce Phantom V baute das Werk einen Typ, der nur für eine Marktnische konzipiert war, weil er als Fahrgestell mit Motor zur Auslieferung kam.

Die Serie brachte es auf eine Stückzahl von 516 Exemplaren – sofern bei dieser Größenordnung der Begriff der Serienfertigung überhaupt angebracht ist. In bezug auf die Fertigung der Karosserien ist er es auf keinen Fall.

Die Zahl der selbständigen Karossiers war auf wenige Firmen geschrumpft. Für Hooper bedeutete der Rolls-Royce Phantom V den Schwanengesang – nur ein Aufbau entstand dort, wenn man von dem vor Einführung der Serie eingekleideten Versuchsfahrzeug mit der Chassis-Nummer 44EX absehen will. Im Dezember 1959 schloß Hooper die Bücher. Nach einem Entwurf von Hooper und unter Aufsicht des von dort gekommenen Chefdesigners Osmond Rivers entstand eine Karosserie bei der Firma Chapron in Frankreich, die später einen zweiten Aufbau schuf, der ähnliche Züge trug. H.J. Mulliner trug neun Rolls-Royce Phantom V in die Werkliste ein, bevor die Traditionsfirma von Rolls-Royce übernommen wurde. Park Ward mit 156 Aufbauten (und zusätzlich einem für das Versuchsfahrzeug mit der Chassis-Nummer 45EX) und H.J. Mulliner, Park Ward nach dem 1962 erfolgten Zusammenschluß beider Betriebe mit einer Zahl von 152 zeichneten verantwortlich für den größten Anteil an Blechkleidern für den Repräsentationswagen. Am erfolgreichsten als Einzelfirma behauptete sich James Young mit 195 Karosserien, darunter einige Aufbauten als Sedanca-de-Ville. Diese Karosserieform war um 1960 derart antiquiert, daß die von James Young gebauten Karosserien wohl die letzten Exemplare dieser Gattung gewesen sein dürften.

Silver Cloud
III

Rolls-Royce Silver Cloud III, Bentley S3 und Bentley S3 Continental

Doppelscheinwerfer waren der ins Auge springende Unterschied zu den bisher gebauten Modellen, als der Rolls-Royce Silver Cloud III und der Bentley S3 im Jahr 1962 auf den Markt kamen. Außerdem notierte der aufmerksame Betrachter als äußere Änderungen kleinere Stoßstangenhörner. Weggefallen waren die auf die Kotflügel gesetzten Begrenzungsleuchten. Ihre Funktion übernahmen Kombileuchten für Begrenzung und Fahrtrichtungsanzeiger, die auf Höhe der Scheinwerfer in den Kotflügelbug eingepaßt waren.

Die neuen Modellbezeichnungen resultierten nicht allein aus den offensichtlichen Veränderungen, denn zu diesen gesellten sich zahlreiche Modifikationen und Verbesserungen, die auf den ersten Blick verborgen blieben.

Die Verdichtung des Motors war auf 9:1 angehoben worden. Eine andere Vergaserbestückung sorgte für besseren Durchsatz. Im Ergebnis war auf der Antriebsseite ein Leistungsplus des Motors zu verbuchen. Den höheren Drücken trugen eine Kurbelwelle mit nitrierten Laufflächen und Pleuel mit stärkerem Zapfendurchmesser Rechnung. Die Leistungserhöhung wurde mit sieben Prozent angegeben. Eine genaue PS-Angabe war vom Werk für die neuen Modelle ebensowenig zu erhalten wie in anderen Fällen. In üblicher Manier pflegte Rolls-Royce einen Frager mit der Auskunft »genügend« zu bescheiden, statt eine Meßgröße zu nennen.

Für einige Exportmärkte wurden Rolls-Royce Silver Cloud III und Bentley S3 mit Motoren ausgerüstet, deren Betrieb auch bei Betanken mit niederoktanigem Benzin nicht litt. Dazu wurde das Verdichtungsverhältnis auf 8:1 zurückgenommen. Ebenfalls nur für einen Exportmarkt, nämlich den US-amerikanischen, trugen die Stoßstangen die wesentlich höher aufragenden und weitaus massiveren Stoßstangenhörner des Rolls-Royce Silver Cloud II.

Im Innenraum zeichneten vorne Einzelsitze mit weitem Verstellbereich die Rolls-Royce Silver Cloud III und Bentley S3 aus. Den hinten Sitzenden stand mehr Fußraum zur Verfügung, weil die Rücksitzbank um 5 cm versetzt worden war. Eine steilere Stellung der Rückenlehne hatte den Raumgewinn ermöglicht. In der Breite wurde als ein Ergebnis weniger opulent gepolsterter Schulterlehnen ebenfalls mehr Raum geboten.

Ein Automobil mit separatem Rahmen und darauf verschraubter Karosserie statt eines selbsttragenden Aufbaues forderte zu Anfang der sechziger Jahre die Kritiker heraus. Sie hielten dem Hersteller des nach eigener Einschätzung »besten Autos der Welt« vor, den Anschluß an moderne Entwicklungen nicht beizeiten gefunden zu haben. Vorwürfe wurden laut, das Grundkonzept sei veraltet, die Karosserieform in die Jahre gekommen und Trommelbremsen gar, wie sie hier an allen vier Rädern zu finden waren, seien völlig überholt.

Bei Rolls-Royce wurde längst an einem Nachfolgemodell für die Serie der Rolls-Royce Silver Cloud und Bentley S gearbeitet. Die Rolls-Royce Silver Cloud III und Bentley S3 stellten nur eine Übergangslösung dar. Sie halfen als aufgewertete Version der Vorgängermodelle, die Zeit zu überbrücken, bis eine neue Modellgeneration zur Serienreife geführt war.

Rolls-Royce Silver Cloud III und Bentley S3 können aber nicht als Lückenbüßer eingeordnet werden. Ganz im Gegenteil genossen sie als die letzten Typen in der Modellreihe alle Verbesserungen, die während der langen Produktionsdauer in die Serie eingeflossen waren.

Die Kritik an den Trommelbremsen hielt einer genauen Prüfung nicht stand. Die Vorteile der Trommelbremsen lagen in ihrer geringeren Empfindlichkeit gegen Fading und der perfekten Abstimmung auf den getriebeunterstützten Bremskraftverstärker. Sie neigten auch nicht zum Quietschen, wie das bei Scheibenbremsen zu dieser Zeit nicht unterbunden werden konnte. In der Wartung beanspruchten sie mehr Aufwand, dafür waren die Wartungsintervalle länger.

Die Karosserieform zeigte tatsächlich mehr klassische als moderne

Die letzten Typen nach überkommenem Baumuster

Züge. Als die Modellreihe der Rolls-Royce Silver Cloud und Bentley S 1955 aufgelegt worden war, hatte Rolls-Royce mit einer Laufzeit von zehn Jahren für die neuen Modelle gerechnet. Die Kosten für die Preßwerkzeuge der neuen Karosserie sollten sich beim Bau von 20000 Einheiten amortisieren. Tatsächlich entstanden bis zur Einstellung der Modellreihe, die von 1955 bis 1965 lief, nur etwa 13000 Standardkarosserien. Dazu kamen etwa 2000 handgearbeitete Sonderaufbauten. In den Chassis-Serien des Rolls-Royce Silver Cloud III findet sich ab 1965 sogar eine Besonderheit: Zum Zweck des Aufbaus von handgearbeiteten Karosserien lief die Produktion des Rolls-Royce Silver Cloud III weiter, nachdem bereits das Nachfolgemodell Rolls-Royce Silver Shadow vorgestellt war. Fast ein Jahr lang – bis März 1966 – lief parallel zur Fertigung des aktuellen Modells die Produktion des Vorläufers, damit jene Kunden zufriedengestellt werden konnten, die eine Karosserie nach eigenen Wünschen anfertigen lassen wollten,

Bentley S3, Baujahr 1965, Chassis-Nr. B226HN. Der Bentley S3 war der letzte Vertreter dieser Marke, den Rolls-Royce mit separatem Fahrgestell baute – der Nachfolger trug eine selbsttragende Karosserie.

The Bentley S3 was the last representative of this marque, which was built by Rolls-Royce on a separate frame – the successor sported a monocoque chassis.

Bentley S3, Baujahr 1964, Chassis-Nr. B314LFG. Intelligente Detaillösungen ermöglichen bei dem von Harold Radford modifizierten Bentley S3 die problemlose Unterbringung auch von sperrigem bzw. umfangreichem Gepäck. Wird die geteilte Rücksitzbank umgelegt, teilt keine Trennwand den Kofferraum ab.

Intelligent details were supplied by Harold Radford to accomodate bulky luggage or sports gear. With the rear seat folded there was no barrier between rear compartment and boot.

ohne den nur für Repräsentationszwecke vertretbaren Radstand des Rolls-Royce Phantom V zu akzeptieren. Insgesamt 111 Fahrzeuge umfaßt diese Serie.
Die ebenfalls individuell karossierten Bentley S3 Continental brachten es auf eine Zahl von 312 Stück. Die Bezeichnung hob nur noch ab auf die leichteren Sportkarosserien, deren Linienführung für die meisten der »Coachbuilt« Rolls-Royce Silver Cloud III übernommen wurde. Es ist wohl nicht falsch, in diesen Serien den Schwanengesang des handwerklichen Karosseriebaus in nennenswerter Stückzahl zu sehen. Der während der gesamten Nachkriegsphase zu beobachtende Wandel vom Einzelmodell zum Serienmodell war nahezu abgeschlossen.
Hinsichtlich technischer Merkmale bestanden zwischen den Basismodellen von Rolls-Royce Silver Cloud III und Bentley S3 keine Unterschiede zum Bentley S3 Continental. Auch unter dem Blechkleid hatten Anpassungen stattgefunden. In kleinen Schritten war das Ziel der Aufgabe kostenträchtiger Sonderausführungen erreicht worden.

Die letzten Typen nach überkommenem Baumuster

Bentley S3 Continental, Baujahr 1963, Chassis-Nr. BC88XB. In »Regal Red« lackierte H. J. Mulliner, Park Ward das Cabriolet. Die Farbe, die auf Pflanzenextrakten basiert, ist nicht mehr lieferbar.

»Regal Red« is the colour of this Drop Head Coupé by H. J. Mulliner, Park Ward. The colour's base was an extract from plants which are no longer available.

Der Wechsel zu neuen Modellgenerationen

Der Wechsel zu neuen Modellgenerationen

Rolls-Royce Silver Shadow und Bentley T

Abb. Seite 180/181: Bentley T, Baujahr 1973, Chassis-Nr. SBX16863. Der Bentley war nicht mehr die sportliche Version des Rolls-Royce, weil es bezüglich Technik und Fahrleistung keine Unterschiede gab. Zuspruch fand der Bentley T bei denen, die sozusagen inkognito das beste Auto der Welt fahren wollten.

The Bentley was no longer the sportive version of the Rolls-Royce because both were identically powered. The Bentley T was chosen mainly by those who wanted to drive the best car in the world incognito.

Abb. Seite 183: Rolls-Royce Silver Shadow, Baujahr 1975, Chassis-Nr. SRX2 1961. Gegen Aufpreis erhielt dieser Rolls-Royce Silver Shadow eine besondere Farbgebung, Innenausstattung nach Wunsch des Auftraggebers und ab Werk eine vergoldete Kühlerfigur.

Non standard paintwork, non standard upholstery and a gold plated mascot etc. added slightly to the basic price of this Rolls-Royce Silver Shadow.

Für den Gesamteindruck von Rolls-Royce und Bentley war das hervorragende Finish prägend. Die präzis ausgeführte Detailarbeit auch in Bereichen, die bei oberflächlicher Betrachtung keine Beachtung fanden, galt als typisch für diese Marken. Dieser Gesamteindruck wirkte so positiv, daß er einen Ausgleich schuf für die sehr konservative Auslegung der Fahrzeuge aus dem noblen Haus.

Nur selten rückte die Entwicklungsabteilung von Rolls-Royce in den Mittelpunkt des Interesses. Die schrittweise erfolgenden Verbesserungen, die beständig in die Serie einflossen, gaben keine Veranlassung zu einer Würdigung in Schlagzeilen. Bemerkenswert erschien allenfalls die in bezug auf die Größe des Unternehmens und seine Produktionsziffer üppig dimensionierte Entwicklungsabteilung. Dies bezog sich sowohl auf die Zahl der dort tätigen Ingenieure wie auf die aufwendige Ausstattung.

Mit der Präsentation des Rolls-Royce Silver Shadow und des Bentley T im Oktober 1965 stellte die Entwicklungsabteilung das Ergebnis einer über zehn Jahre geführten Arbeit vor. Die neuen Modelle trennten sich von so vielen überkommenen Konstruktionsprinzipien, sie trugen derart moderne Merkmale, daß mit ihrer Entwicklung revolutionäre Neuerungen realisiert waren. Revolutionär auf jeden Fall für ein der Tradition verbundenes Haus wie Rolls-Royce.

Gleich in dreierlei Hinsicht bedeuteten die Merkmale der neuen Modelle Premieren. Erstens fand eine selbsttragende Karosserie Verwendung, zweitens waren rundum die Räder unabhängig aufgehängt, und drittens sorgten Scheibenbremsen an allen vier Rädern für zeitgemäßen Standard.

Die selbsttragende Karosserie entstand bei Pressed Steel, dem Unternehmen, das Rolls-Royce seit dem Ende des II. Weltkrieges sämtliche Standardkarosserien geliefert hatte. Die Karosserie trug moderne Züge. Sie war gezeichnet worden von J.P. Blatchley, der der Versuchung zu Übertreibungen und Konzessionen an den Zeitgeschmack widerstanden hatte. In allen äußeren Abmessungen war das neue Blechkleid kleiner als das des Vorgängers. Gegenüber dem Rolls-Royce Silver Cloud III war der Radstand um 9 cm, die Gesamtlänge sogar um 17 cm geringer. Die Spurweite fiel schmaler aus, und die Höhe der Dachlinie war deutlich niedriger als beim Vorgängermodell. Da andererseits das tragende Element des Rahmens keinen Platz mehr beanspruchte, waren die Innenraummaße noch gewachsen. Bei geringeren Außenabmessungen stand sowohl für die Fahrzeuginsassen wie für ihr Gepäck mehr Platz zur Verfügung. Die insgesamt niedrigere Ausführung des Aufbaues hatte auch die Bauhöhe des klassischen Kühlers beeinflußt, der sich jetzt wieder mit den ausgewogenen, nahezu quadratischen Proportionen zeigte, die ihm zuletzt in der Zeit vor dem I. Weltkrieg zu eigen waren.

Neben dem Vorteil größerer Bewegungsfreiheit für die Insassen und verbesserter Lademöglichkeit für deren Gepäck bot die neue Konstruktion mehr Stabilität. Dieses Ergebnis wurde erzielt, obwohl das Gewicht gegenüber der früheren Konstruktion mit einem massiven tragenden Rahmen und damit verbundener Karosserie deutlich reduziert war.

Um Korrosionseinflüssen Einhalt zu gebieten, waren gefährdete Flächen der Karosserie feuerverzinkt. Die – erstmals einteilige – Motorhaube, die Türen und der Kofferraumdeckel bestanden aus Aluminium.

Die Karosserie diente als Verbindungsstück zwischen einem vorne und einem hinten eingehängten Subrahmen. Der vordere Hilfsrahmen nahm Motor und Getriebe auf und trug die unabhängig aufgehängten Vorderräder. Der hintere Hilfsrahmen diente zur Aufnahme der ebenfalls unabhängig aufgehängten Hinterräder. Diese Anordnung bot die Vorteile besonders guter Straßenlage infolge perfekter Radführung und geringer ungefederter Massen. Mögliche Nachteile drohten mit der Gefahr der Übertragung von Fahrgeräuschen, gegen die eine selbsttragende Karosserie schwieriger abzuschirmen war als ein vom Chassis isolierter Aufbau. Mit der Verwendung von Verbundwerkstoffen als Material für die Verbindungsstücke wurde das Problem gelöst.

Straßenunebenheiten wurden ausgeglichen durch Schraubenfedern und Teleskopstoßdämpfer vorne wie hinten. Feder- und Dämpferkennung waren sorgfältig abgestimmt, um sowohl komfortbetonter wie sportlicher Fahrweise gerecht zu werden. Eine hydropneumatische Niveauregulierung stellte für Rolls-Royce ein Novum dar. Sie fand sich beim Rolls-Royce Silver Shadow und Bentley T zum ersten Mal. Die Niveauregulierung arbeitete permanent und unterschied zwischen zwei Arbeitsstufen für den Betrieb im Stand und während der Fahrt. Weil sich der Beladungszustand üblicherweise nur bei stehendem Fahrzeug durch Zusteigen von Passagieren oder Aufnahme von Gepäck änderte, stellte die Niveauregulierung während der Standphasen mehr Hub zur Verfügung als während eines gleichlangen Zeitraumes im Fahrbetrieb, wenn lediglich die langsame Entleerung des Kraftstofftanks auszugleichen war. Die seit den dreißiger Jahren bei Rolls-Royce und Bentley vorhandene Verstellmöglichkeit der hinteren Stoßdämpfer war damit überflüssig geworden und entfiel für die neuen Modelle.

Die Hydropneumatik wurde in Anlehnung an Patente von Citroën gebaut. Im Gegensatz zu den dort gefertigten Produkten übernahm sie bei den englischen Fahrzeugen jedoch keine Federungsaufgaben. Ihre Tätigkeit beschränkte sich auf die Bereitstellung von hinreichen-

K HH 216

dem Druck für die Niveauregulierung und für zwei – voneinander unabhängige – Bremskreise der Bremsanlage. Von der Nockenwelle angetriebene Doppelpumpen bauten den in einem Reservoir gespeicherten Druck auf.

In Zusammenarbeit mit dem Bremsenhersteller Girling hatte Rolls-Royce ein Verfahren entwickelt, mit dessen Hilfe die Entstehung von Quietschgeräuschen beim Einsatz von Scheibenbremsen unterbunden werden konnte. Rolls-Royce Silver Shadow und Bentley T erhielten an allen vier Rädern Scheibenbremsen. Diejenigen an den Vorderrädern trugen je zwei Bremssättel, von denen jeder über einen eigenen Bremskreis versorgt wurde. An den Hinterrädern taten Scheibenbremsen Dienst, bei denen sich nur je ein Bremssattel fand. In diesem wurden aber zwei Kolben bewegt, um die Bremsbeläge gegen die Bremsscheibe zu drücken. Auf einen der Kolben wurde Kraft ausgeübt vom hydropneumatisch aufgebauten Bremsdruck, auf den zweiten über eine separate Bremshydraulik.

Rolls-Royce trieb die Vorsicht nämlich so weit, selbst bei Ausfall der beiden hydropneumatisch unterstützten Bremskreise noch einen dritten vorzuhalten. Dieser folgte herkömmlicher Technik und stellte ein hydraulisches Bremssystem dar. Unabhängig von diesen Bremskreisen war eine über Seilzug auf die Hinterradbremsen wirkende Handbremse vorhanden.

Die Fahrzeugentwicklung stand unter Leitung von Harry Grylls, und dieser hatte einen Schwerpunkt für das neue Projekt darin gesehen, Überlegungen einzubringen, die strikten Sicherheitsanforderungen Genüge taten. Damit bezog Rolls-Royce rechtzeitig die richtige Position in einem Feld, das innerhalb kurzer Zeit zu einem beherrschenden Thema im Fahrzeugbau werden sollte. Die amerikanischen Straßenkreuzer jener Ära bildeten auch in der Ausführung als teure Luxusautomobile keine Ausnahme von dem Vorwurf »Unsafe At Any Speed« (= »Unsicher bei jedem Tempo«). Mit diesem Titel hatte der amerikanische Anwalt Ralph Nader ein Buch veröffentlicht, in dem der Mangel der Fahrzeuge an aktiver und passiver Sicherheit an den Pranger gestellt wurde. Nicht zuletzt hierdurch wurde die in den folgenden Jahren immer strikter auf die Erfüllung von Sicherheitsanforderungen ausgelegte Gesetzgebungspraxis beeinflußt. Der Prozeß des daraufhin einsetzenden Wandels blieb keineswegs auf die USA begrenzt. Verschärfte Sicherheitsvorschriften wirkten sich innerhalb kurzer Zeit in jedem Land mit einem Automobilmarkt von nennenswerter Größe aus.

Rolls-Royce Silver Shadow und Bentley T zeigten nicht allein mit einer ausgefeilten Konzeption für die Bremsanlage das Bemühen um überlegene Sicherheit. Die Lenkung wies eine geteilte Lenksäule auf, um im Fall eines Zusammenstoßes die Gefahr auszuräumen, daß sich die Lenksäule wie eine Lanze in den Fahrgastraum spießte. Die Lenkung stammte vom amerikanischen Zulieferer Saginaw. Sie war dank Servounterstützung au-

Der Wechsel zu neuen Modellgenerationen

ßerordentlich leichtgängig. Wegen der eher auf amerikanische Highways ausgelegten Charakteristik ermangelte sie aber der in Europa geschätzten Vermittlung von Fahrgefühl. Sie sei gewöhnungsbedürftig, attestierten wohlwollende Tester. »Schwammig« sei sie, lautete das Urteil der Kritiker, die zudem im jetzt vorhandenen Zweispeichenlenkrad keinen Fortschritt gegenüber dem früheren dreispeichigen Steuerrad sahen.

Unter der Motorhaube arbeitete der V8-Motor, wie man ihn aus den Rolls-Royce Silver Cloud seit 1959 kannte. Der Motor war indes nicht unverändert übernommen worden. Als Ergänzung fand sich der schon erwähnte Antrieb durch die Nockenwelle für die Doppelpumpen der Hydropneumatik. Dazu zeigte das Triebwerk stark modifizierte Zylinderköpfe. Die Brennraumgestaltung war geändert worden. Daraus resultierten eine bessere Verwirbelung des zündfähigen Gemischs und insgesamt eine um zwei Prozent gesteigerte Leistung. Zugleich waren die Zündkerzen statt in der schwer erreichbaren Position unterhalb der Auspuffkrümmer nunmehr an einer von oben zugänglichen Stelle plaziert worden. Darüber hinaus hatte es keine Änderungen gegeben. Für die Verdichtung standen nach wie vor zwei Werte zur Auswahl. Üblicherweise lag sie bei 9:1. Für Einsätze vorwiegend in Gebieten mit geringerer Kraftstoffqualität betrug das Verhältnis 8:1.

Im Bereich der Kraftübertragung hielt Rolls-Royce ebenfalls am Bewährten fest. Die seit den frühen fünfziger Jahren verwendete Viergang-Automatik tat Dienst im Rolls-Royce Silver Shadow und Bentley T. Die Bedienung war erleichtert, weil per Schalthebel nicht mehr direkt Eingriff auf die Wahl der Schalt-

Rolls-Royce Silver Shadow, Baujahr 1975, Chassis-Nr. LRX22245. Jean Bedel Bokassa, selbsternannter Kaiser von Zentralafrika, war der erste Besitzer des den französischen Zulassungsbestimmungen entsprechenden Rolls-Royce Silver Shadow mit langem Radstand, dem nichts fehlt, nicht einmal ein Kühlaggregat für Champagner im Kofferraum.

Jean Bedel Bokassa, doubtful Emperor of Central Africa, was first owner of this lwb Rolls-Royce Silver Shadow which is so gorgeously equipped that not even a boot mounted refrigerator for champagne is missing.

stufen genommen werden konnte, sondern eine elektrische Schalteinheit in Betrieb gesetzt wurde, die diese Arbeit durchführte. Die Schaltstufen der Hydramatic waren neu abgestimmt worden, um die als zu groß empfundene Lücke zwischen zweitem und drittem Gang zu verringern.

Eine einteilige Kardanwelle übertrug die Kraft auf das fest mit der Karosserie verschraubte Differential. Dank der geringeren Länge des neuen Aufbaues und der Steifigkeit der selbsttragenden Karosserie gehörte die bei den Vorgängern zu findende geteilte Kardanwelle mit Mittellager der Vergangenheit an.

Die Einzelheiten der technischen Auslegung waren vornehmlich für Techniker oder Connaisseure von Interesse. Aus solchen setzte sich der Kreis der Interessenten für die

Bentley T, Baujahr 1969, Chassis-Nr. CBX6631. Die offene Ausführung von Mulliner Park Ward wurde nur in Einzelfällen als Bentley geordert. Dieses Bentley T Cabriolet kam mit opulenten Kopfstützen zur Auslieferung.

The Convertible by Mulliner Park Ward was ordered as a Bentley in very limited numbers. Note opulent headrests.

Rolls-Royce Silver Shadow, Baujahr 1972, Chassis-Nr. SRX14350. Bei geringeren Außenabmessungen als seine Vorgänger bot der Rolls-Royce Silver Shadow mehr Fahrgastraum, mehr Platz für das Gepäck und besseren Zugang zum Motorraum.

Although shorter and lower than its predecessor the Rolls-Royce Silver Shadow offered more room for the passengers, more boot and better access to the engine compartment.

Der Wechsel zu neuen Modellgenerationen

neuen Typen aus dem Haus Rolls-Royce aber nur zum Teil zusammen. Attraktiv erschienen die Automobile aber auch, wenn der Fahrzeugtechnik wenig oder gar kein Gewicht für die Kaufentscheidung beigemessen wurde. Mit dem gelungenen äußeren Erscheinungsbild harmonierte die in feinster Rolls-Royce-Tradition ausgeführte Innenraumgestaltung.
Die Bestuhlung bestand aus körpergerecht geformten Einzelsitzen vorn und einer durchgehenden Sitzbank hinten. Diese bot zwei Personen komfortabel Platz und konnte ohne Not auch von drei Mitfahrern besetzt werden. Über einen in mehrere Richtungen beweglichen Hebel ließen sich die vorderen Sitze vielfach verstellen. Die Verstellmechanismen wurden elektrisch angetrieben und bewegten die Sitze

Rolls-Royce Silver Shadow, Baujahr 1971, Chassis-Nr. LRX11443. Die Kombi-Version von Classic Coachworks gelang ausgewogen, wozu die Zweifarbenlackierung ihren Teil beitrug.

Classic Coachworks succeded in a well balanced appearance with this Formal Estate, partly due to the two tone paintwork.

Rolls-Royce Silver Shadow, Baujahr 1967, Chassis-Nr. CRH3009. Im Jahr nach der Vorstellung des neuen Rolls-Royce Silver Shadow kam von H. J. Mulliner, Park Ward zunächst dieses Coupé, das von Rolls-Royce aber nicht als solches, sondern als zweitüriger Saloon bezeichnet wurde.

A year after the introduction of the new Rolls-Royce Silver Shadow came this Coupé by H. J. Mulliner, Park Ward – although Rolls-Royce didn't call it a Coupé but a Two Door Saloon.

Rolls-Royce Silver Shadow, Baujahr 1967, Chassis-Nr. SRH1478. Etwas unbekümmerter als reputierliche englische Handwerker nahm die amerikanische Firma Classic Coachworks den Umbau dieses Rolls-Royce Silver Shadow in Angriff. Es entstand ein Pick-Up.

Less respectful than reputable English coachbuilders the American company Classic Coachworks remodelled this Rolls-Royce Silver Shadow into a Pick-Up.

nicht allein vor oder zurück, sondern gestatteten auch Einflußnahme auf die Lehnenneigung und Sitzhöhe. Als Material für die Polsterung fand Leder aus dem Haus der Gebrüder Connolly Verwendung. Die Häute durchliefen einen speziellen Selektionsprozeß, bevor sie bei Rolls-Royce einer weiteren Qualitätskontrolle unterzogen wurden. Außer als Material für die Sitzpolster wurde Leder eingesetzt für die Bespannung der Türverkleidungen und die Einfassung des Armaturenbrettes.

Das Armaturenbrett präsentierte sich als Holzfläche, deren feine Walnußwurzelholzmaserung durch mehrere, einzeln auf Hochglanz polierte Lackaufträge unterstrichen wurde. In Abkehr von der bisher verfolgten Methode, die Instrumente in einer Gruppe zusammengefaßt in der Mitte des Armaturenbrettes zu positionieren, zeigten sie Rolls-Royce Silver Shadow und Bentley T unmittelbar im Blickfeld des Fahrers hinter dem Lenkrad angeordnet. Die frühere Regelung war gewiß exportfreundlicher gewesen, denn sie gestattete den Einbau des Lenkrades auf der linken oder der rechten Seite, ohne die Instrumententafel anpassen zu müssen.

Die neuen Modelle waren weitgehend komplett ausgestattet – aber nicht so komplett, daß kein Raum mehr für aufpreispflichtige Sonderwünsche blieb. So konnte etwa die Bespannung des Dachhimmels statt in feinem Tuch auch in farblich abgestimmtem Leder geordert werden. Zum Schutz der hochflorigen Wollteppiche fanden sich Lammfellbeläge, die akkurat konturiert waren. Dem Wunsch nach einer Klimaanlage, deren Einbau den letzten noch freien Platz im Motorraum belegte, stand nichts entgegen; vielmehr wurde ihr Einbau stets kombiniert mit der Ausstattung des Wagens mit getönten Fensterscheiben rundum.

Die Entwicklungsabteilung von Rolls-Royce erfuhr viel Lob, mit der Realisierung der neuen Typen hervorragende Arbeit geleistet zu haben. Die Weiterentwicklung erfolgte gewohnt behutsam. Vornehmlich hatten Veränderungen ihre Ursache in dem Streben nach Verbesserungen. Der im Juli 1968 erfolgte Ersatz der alten Hydramatic durch ein modernes Dreigang-Automatikgetriebe zählt dazu. Das Vorbild für die neue Automatik bildete ein Aggregat von General Motors. Die für den Export in die USA gebauten Rolls-Royce Silver Shadow und Bentley T hatten dieses Getriebe von Anfang an aufgewiesen. Bei einer Modifikation des Motors, die 1970 vorgenommen wurde, folgte Rolls-Royce dem Motto: »Hubraum kann durch nichts ersetzt werden – außer durch noch mehr Hubraum«. Mit einer Hubraumvergrößerung von mehr als einem halben Liter, von 6230 ccm auf 6750 ccm, wurde das Leistungsvermögen des V8-Motors geänderten Anforderungen angepaßt. Die immer strengeren Abgasvorschriften zunächst auf dem wichtigen amerikanischen Exportmarkt, später auch in Japan und Australien, erzwangen Maßnahmen wie Abgasrückführung oder Katalysatoreinbau in die Auspuffanlage, und solche Maßnahmen bedingten Leistungsminderungen. Sie wurden mit der Vergrößerung des Volumens der Brennkammern mehr als ausgeglichen.

Unauffällig erfolgten Änderungen bei der Bereifung. Nachdem zunächst eine Bestückung mit Diagonalreifen vorgenommen worden war, erfolgte 1972 der Wechsel zu Gürtelreifen. Diesem Wechsel hatte zunächst das höhere Geräuschniveau entgegengestanden, mit dem Gürtelreifen abrollen. Zwei Jahre später erfolgte die Umstellung auf Niederquerschnittreifen.

Um diese erheblich breiteren Reifen in den Radkästen unterzubringen, wurden die Bögen über den Radausschnitten deutlicher akzentuiert. – Rolls-Royce hätte abgelehnt, diese Maßnahme »Kotflügelverbreiterung« zu nennen.

Der Verkauf der neuen Typen lief über Erwarten gut, und die Nachfrage nahm solche Ausmaße an, daß nach kurzer Zeit Lieferfristen von zwei Jahren und länger notiert wurden. Ein solcher Engpaß begünstigte die Entstehung eines grauen Marktes. Auf diesem wechselten Neufahrzeuge mit ganz erheblichem Aufschlag den Besitzer. Fahrzeuge, die in ein oder zwei Jahren seit Zulassung nur geringe Kilometerleistungen gesammelt hatten, erzielten bei einem Verkauf

Der Wechsel zu neuen Modellgenerationen

noch immer mindestens den Listenpreis, zu dem sie neu ausgeliefert worden waren. Dem Käufer des gebrauchten Rolls-Royce Silver Shadow oder Bentley T bot die vom Werk gewährte Garantie Sicherheit. Sie galt für eine Dauer von drei Jahren.

Höher als für die Serienfahrzeuge fielen die Aufschläge aus für Rolls-Royce Silver Shadow und Bentley T in der Ausführung als Coupé oder Cabriolet. Schon ein Jahr nach der Vorstellung offerierte die werkseigene Karosseriebauabteilung H. J. Mulliner, Park Ward eine zweitürige Coupé-Version. Mit einem knappen zeitlichen Verzug, weil wegen des abgetrennten Daches deutliche Versteifungen der Bodengruppe notwendig wurden, folgte eine in den Grundzügen beim Coupé entlehnte Cabriolet-Version. Für einen deutlich höheren Preis als die Grundmodelle offerierten Coupé und Cabriolet weniger Innenraum, dafür aber ein gefälliges Erscheinungsbild, das sich von der Standardausführung klar abhob.

Rolls-Royce Silver Shadow und Bentley T wurden zur erfolgreichsten Modellgeneration in der Geschichte des Hauses Rolls-Royce. Zum ersten Mal überhaupt verkaufte das Unternehmen, dessen Produktionsziffern sonst in Hundertern, allenfalls in niedrigen Tausenderbeträgen gezählt wurden, von einem Modell eine fünfstellige Zahl. Der Rolls-Royce Silver Shadow brachte es zwischen 1965 und 1977 auf 14611 verkaufte Exemplare. Der Bentley T erscheint in der Statistik nur mit 732 Stück. Die Marke hatte ihre Eigenständigkeit verloren. Bei geöffneter Motorhaube sah man, daß auf den Ventildeckeln der Schriftzug »Rolls-Royce« prangte, bei einem Wagen, der das geflügelte Bentley-B auf dem Kühler trug.

Rolls-Royce Silver Shadow, Baujahr 1972, Chassis-Nr. SRH14174. Der mit den Jahren immer höher gewordene Kühler gewann beim Rolls-Royce Silver Shadow wieder die nahezu quadratischen Proportionen wie zu Zeiten des Rolls-Royce Silver Ghost.

The radiator, which had become higher and higher over the years, regained with the Rolls-Royce Silver Shadow those nearly square proportions which had graced the Rolls-Royce Silver Ghost.

BWN 24 B

Der Wechsel zu neuen Modellgenerationen

Rolls-Royce Phantom VI

Abb. Seite 190/191: Rolls-Royce Phantom VI, Baujahr 1969, Chassis-Nr. PRH4560. Das letzte Modell des Hauses, bei dem eine handgearbeitete Karosserie auf ein separates Fahrgestell montiert wird, ist der siebensitzige Rolls-Royce Phantom VI.

The last model with a handbuilt body mounted to a separate chassis is the Rolls-Royce Phantom VI.

Rolls-Royce hatte zwei Namen aus der schwindenden Zunft der Karossiers eine Überlebenschance geboten, indem Park Ward und H.J. Mulliner unter die Fittiche des Konzerns genommen wurden. Nach der Zusammenfassung beider Betriebe unter dem Namen H.J. Mulliner, Park Ward sorgte eine stete Nachfrage für den Weiterbestand der traditionell handwerklich ausgerichteten Abteilung, die vom Stammwerk getrennt in Willesden im Norden Londons beheimatet war.

Die Karosseriebaukunst war kein wichtiger Zweig der Autoproduktion mehr und überlebte nur noch in einer Marktnische, die nicht durch hohe Stückzahlen, wohl aber durch profitable Auftragswerte gekennzeichnet war. In der werkseigenen Karosseriebaudivision entstanden die Coupés und Cabriolets der Rolls-Royce Silver Shadow und Bentley T und die des Rolls-Royce Phantom V. Die Letztgenannten schienen Relikte einer versunkenen Zeit zu sein. Die elegant ausgewogene Karosserie bot viel Innenraum und separierte den Chauffeur mittels Trennscheibe vom Abteil für die Herrschaften im Fond. Der Aufbau wies Dimensionen auf, die eindeutig Repräsentationszwecken dienten. Lang, breit und hoch ragte der mächtige Rolls-Royce Phantom V aus der Kategorie Personenkraftwagen heraus.

Die Auguren mochten melden, die Tage seien gezählt für Automobile vom Zuschnitt eines Rolls-Royce Phantom. Die Zeitrechnung bei Rolls-Royce maß anders und sah die Ära luxuriöser Repräsentationskaleschen noch keineswegs als abgeschlossen an. Ganz im Gegenteil erschien zum Modelljahr 1969, das heißt vorgestellt im Herbst 1968, der Rolls-Royce Phantom VI.

In den Grundzügen glich das neue Modell dem Vorgänger, dem Rolls-Royce Phantom V. Dessen Fahrwerk mit dem massiven Kastenrahmen und den Trommelbremsen rundum wurde beibehalten. Die Führung der Hinterachse profitierte vom Einbau von Stabilisatoren. Diese übten auf das Eigenleben der Starrachse bei hoher Geschwindigkeit und welligem Fahrbahnbelag mäßigenden Einfluß aus.

Ähnlich sparsam waren die Änderungen an der Karosserie ausgefallen. Doppelscheinwerfer wie beim Rolls-Royce Silver Shadow hatten schon beim Vorgängermodell seit geraumer Zeit die Einzelleuchten ersetzt; fanden sich also serienmäßig. Sofern bei einer jährlichen Produktionsziffer von anfangs etwa 50 Exemplaren, die sich in den späten achtziger Jahren auf etwa zehn Exemplare pro Jahr verringert hatte, überhaupt von einer Serienfertigung gesprochen werden kann.

Unter der Motorhaube fand sich der V8-Motor mit genau den Änderungen, die ihn beim Einbau in den Rolls-Royce Silver Shadow wartungsfreundlicher hatten werden lassen. Dank neugestalteter Zylinderköpfe waren jetzt auch im Rolls-Royce Phantom VI die Zündkerzen an von oben zugänglicher Stelle zu finden. Zu finden waren auch zwei separate Klimaanlagen. Der Grund dafür lag nicht in der Vorsicht der Konstrukteure, bei Ausfall eines Aggregates ein zweites in Reserve zu halten. Vielmehr bietet der Rolls-Royce Phantom VI den Luxus eigener Klimaanlagen für das Fahrerabteil einerseits und das durch Trennscheibe von diesem abgegrenzte Fahrgastabteil andererseits.

Das Armaturenbrett bot eine geänderte Anordnung der Instrumente. Sie waren im Blickfeld des Fahrers unmittelbar hinter dem Lenkrad gruppiert und nicht mehr auf einem Instrumententräger in der Mitte des Armaturenbrettes zentral zusammengefaßt.

Im Jahr 1978 wuchs der Hubraum des Motors von 6230 ccm auf 6750 ccm und damit auf den gleichen Wert, den die Kraftquellen der übrigen Modelle aus dem Haus Rolls-Royce aufwiesen. Zugleich war das Ende für den langgedienten vierstufigen Getriebeautomaten gekommen. An seine Stelle trat die Dreigangautomatik, wie sie in den anderen Modellen seit vielen Jahren im Dienst stand. Deren Einbau auch beim Rolls-Royce Phantom VI war lange verzögert worden. Das frühere Vierganggetriebe versorgte nämlich über eine Reibkupplung den Bremskraftverstärker, der die wirkungsvolle Betätigung der Trommelbremsen auch bei geringem Pedaldruck sicherte. Der Wechsel des Automatikgetriebes bedingte deshalb Modifikationen an der Bremsanlage.

Der Rolls-Royce Phantom VI nahm die Spitzenstellung bei Rolls-Royce ein. Von den Abmessungen her überbot er alle anderen Automobile der Produktionspalette deutlich. Mit ebensolchem Abstand wahrte er bezüglich Preis und Exklusivität Distanz. Ab 1974 verzichtete Rolls-Royce auf die Preisangabe gänzlich.

Die Rolls-Royce Phantom VI unterschieden sich in der Ausführung je nach den Wünschen der Besteller so erheblich, daß bei den Preisen Schwankungen auftreten konnten, deren Betrag allein den Kauf eines oder mehrerer Rolls-Royce von etwas kleinerem Kaliber ermöglichen mochte.

Als Aufbauten bietet die werkseigene Karosseriebaudivision Mulliner Park Ward (die Initialen H.J. und die Trennung durch ein Komma sind entfallen) eine Limousine und ein Landaulet zur Wahl. Bei letzterem läßt sich der rückwärtige Teil des Daches herunterklappen. Gänzlich öffnen lassen sich die Dächer von – mindestens – zwei Rolls-Royce Phantom VI. Bei einem handelt es sich um ein von Pietro Frua gefertigtes Cabriolet, bei dem anderen um einen stark modifizierten Aufbau von H.J. Mulliner.

Rolls-Royce Corniche und Bentley Corniche

An anderer Stelle wird in diesem Buch dargelegt, in welch prekäre Situation Rolls-Royce zu Beginn der siebziger Jahre geraten war. Die Schwierigkeiten hatten ihre Ursache in Problemen bei der Herstellung von Flugzeugtriebwerken. Sie nahmen solche Ausmaße an, daß 1971 die Firma unter Zwangsverwaltung gestellt wurde. Dies ist eine Möglichkeit, die das englische Recht bietet, um die Konkurserklärung und damit den Zusammenbruch eines Unternehmens noch zu verhindern, wenn die Situation schlimm, aber nicht hoffnungslos ist.

Keineswegs schlimm, schon gar nicht hoffnungslos, präsentierte sich der Automobilsektor von Rolls-Royce. Er war zwar über viele Jahre mit den Erträgen aus dem Flugmotorenbau subventioniert worden. Seit der Einführung der Baureihe Rolls-Royce Silver Shadow und Bentley T hatte sich das Blatt aber gewendet. Diese Modelle verkauften sich blendend und sorgten für einen erklecklichen Deckungsbeitrag. Zu den ersten Handlungen des Zwangsverwalters gehörte die Ausgliederung des profitablen Automobilbereichs aus dem Unternehmensverbund.

Maßgeblichen Einfluß auf diese Entscheidung hatte die Kompetenz des Führungstrios der Automobilfirma. David A.S. Plastow als Verkaufschef, John Hollings als Chefingenieur und Fritz Feller, von Geburt Österreicher, als Chefdesigner hatten umsichtig die Geschicke der Firma gelenkt, soweit sie den Automobilzweig betrafen. Sie hatten Weichen gestellt, daß dieser Bereich gewinnträchtig blieb, nachdem die geänderten Sicherheitsbestimmungen kostenintensive Änderungen an den Fahrzeugen der laufenden Produktion erzwungen hatten. Obwohl keiner von ihnen langjährige Erfahrung auf seinem Posten aufweisen konnte – sie waren durchweg erst seit ein oder zwei Jahren in verantwortlicher Position tätig –, blieb ihnen nicht allein ihr Zuständigkeitsbereich erhalten; er wurde erweitert. D.A.S. Plastow etwa erhielt vom Zwangsverwalter Vollmachten, die ihn quasi zum Firmenchef beförderten.

Die angespannte Finanzlage hatte sich auf den Fahrzeugbau von Rolls-Royce ausgewirkt, indem ein vielversprechendes Objekt auf Eis gelegt worden war. Als Ersatz für die zweitürigen Sonderaufbauten auf der Basis des Rolls-Royce Silver Shadow hatte ein von dem italienischen Designer Pininfarina entworfenes Coupé keine Chance bekommen, in den Markt eingeführt zu werden.

Rolls-Royce wählte die zweitbeste Lösung. Im März 1971, nur einen Monat nach der Kunde vom Zusammenbruch der Firma, zeigte Rolls-Royce Flagge mit der Präsentation neuer Modelle. Sie trugen die Namen Rolls-Royce Corniche bzw. Bentley Corniche. Mit einer umfassenden technischen Aufwertung waren die bei Mulliner Park Ward

Rolls-Royce Phantom VI, Baujahr 1969, Chassis-Nr. PRH4560. Dieses Fahrgastabteil bietet Sonderpolsterung und Innenleuchten mit insgesamt 80 Watt Leistung; hinten angeschlagene Türen erleichterten den bequemen Zugang.

Straight faced Baroda blue cloth and ceremonial lighting distinguished this Rolls-Royce Phantom VI with rear hinged doors.

Bentley Corniche, Baujahr 1973, Chassis-Nr. CBX15369. Zwischen 1971 und 1984 entstanden lediglich 162 Bentley Corniche – weitaus die meisten als Cabriolets. Den Bentley Corniche mit festem Dach gab es nur bis 1982.

Only 162 Bentley Corniche were manufactured between 1971 and 1984 – most of them bodied as Cabriolets. Production of Fixed Head Coupés ceased in 1982.

auf der Basis des Rolls-Royce Silver Shadow gebauten zweitürigen Coupés und Cabriolets zu eigenen Modellen verselbständigt worden.

Der Aufbau entstand bei Mulliner Park Ward, wo die Bodengruppe des Rolls-Royce Silver Shadow mit den speziell für das Coupé bzw. Cabriolet gepreßten Karosserieblechen verschweißt wurde. Vom im Norden Londons ansässigen Karosseriebaubetrieb gelangte die Rohkarosse dann per Autotransporter in das Rolls-Royce-Werk nach Crewe, wo alle technischen Komponenten zum Einbau kamen und die Einrichtungen für die umfangreichen Rostschutzmaßnahmen vorhanden waren. Die Abschlußarbeiten erfolgten schließlich wieder bei Mulliner Park Ward, nachdem der Wagen nach London zurückgebracht worden war.

Bezüglich der technischen Merkmale hoben sich Rolls-Royce Corniche und Bentley Corniche deutlich ab von den Basismodellen Rolls-Royce Silver Shadow und Bentley T. Der besondere Unterschied lag in der Leistungscharakteristik des Motors. Eine modifizierte Nockenwelle führte zu geänderten Ventilsteuerzeiten, und dies steigerte die Leistung. Sie wurde weiter angehoben durch eine gegenüber den Standardmodellen auf mehr Durchsatz ausgelegte Auspuffanlage. Der im Volumen beträchtlich vergrößerte Luftfilter stellte auch bei hohen Drehzahlen eine ungehemmte Beatmung des Triebwerks sicher. Die Summe der Maßnahmen erbrachte ein Leistungsplus von gut 10 Prozent gegenüber den Werten der Standardausführung.

Rolls-Royce Corniche und Bentley Corniche erlaubten dank der kräftigeren Maschine deutlich sportliche-

Der Wechsel zu neuen Modellgenerationen

re Fahrleistungen als die viertürigen Rolls-Royce Silver Shadow und Bentley T, obwohl die Zweitürer in den Abmessungen nahezu identisch waren und im Gewicht zugelegt hatten. Insbesondere die Cabriolets, bei denen die Servoeinheit für das Öffnen und Schließen des Daches Zusatzgewicht bedeutete, wogen beträchtlich mehr als die Standardlimousinen. Die Verstärkungen der Bodengruppe waren notwendig, weil die Türen sehr breit gehalten waren, um den Zugang zu den Rücksitzen bequem zu gestalten. Die Steifigkeit der Fahrgastzelle mußte deshalb neu berechnet werden. Beim Cabriolet war zudem der Verlust an Stabilität wegen des fehlenden Daches auszugleichen.

Mit der Bezeichnung Corniche hatte Rolls-Royce einen Namen wieder aufleben lassen, der hergeleitet war von kurvenreichen Straßen an der französischen Südküste. Er war schon zweimal verwendet worden, ohne Verbreitung zu finden. Im Jahr 1939 hatte ein Bentley-Prototyp mit leichter, extrem stromlinienförmiger Karosserie die Bezeichnung Corniche getragen. Wegen des Kriegsausbruchs konnte er nach einem Unfall nicht mehr instandgesetzt werden. Die nach dem Krieg entstandenen Bentley mit leicht gebauten Stromlinienkarosserien trugen werksintern die Bezeichnung Corniche II; vermarktet wurden sie mit der Typenbezeichnung Bentley Continental.

Mit den neuen Rolls-Royce Corniche und Bentley Corniche erlangte die Typenbezeichnung einen viel größeren Bekanntheitsgrad. Der Absatz lief exzellent. Rolls-Royce hatte den Fehler vermieden, Kompromisse einzugehen, um etwa zugunsten hoher Endgeschwindigkeit das Fahrzeuggewicht besonders niedrig zu halten. Hohe Endgeschwindigkeit genoß nur einen nachgeordneten Rang in der Prioritätenliste, weil die meisten Länder

Rolls-Royce Corniche, Baujahr 1985, Chassis-Nr. FCX10256. »Wenn der Himmel das Dach ist, werden die Räder zu Flügeln« lautete der hinreißende Werbeslogan für das Cabriolet des Rolls-Royce Corniche. Dieses Modell entstand ganz in Weiß.

The Rolls-Royce Corniche Convertible was a real dream car, especially this one which was painted white and fitted with matching white upholstery and white steering wheel.

D-RR 104

Bentley Corniche, Baujahr 1975, Chassis-Nr. CBX22186. Als Coupé mit Linkslenkung sind nur 7 Bentley Corniche gefertigt worden bei Mulliner Park Ward.

Mulliner Park Ward built but 7 Bentley Corniche as left hand drive Two Door Saloons.

Abb. Seite 196/197: Rolls-Royce Corniche, Baujahr 1971, Chassis-Nr. DRX11385. Ein bei Nardi in Turin gefertigtes Holzlenkrad mit eingearbeitetem RR-Emblem gehört zur Ausstattung dieses Rolls-Royce Corniche.

This Rolls-Royce Corniche is enhanced by a Nardi wooden steering wheel.

der Welt verbindliche Werte für die Höchstgeschwindigkeit vorgaben.

Die ansprechenden Karosserielinien, die dem Begriff von zeitloser Eleganz viel Inhalt gaben, und die komplette Ausstattung, die nichts missen ließ, was in einem Luxuswagen erwartet wurde, waren für die Entscheidung der Besteller wichtiger als die Marke, auf der die Tachonadel stehenblieb. Zumal ein Spitzentempo von mehr als 200 km/h keineswegs den Eindruck vermittelte, untermotorisiert am Straßenverkehr teilzunehmen.

Neuentwicklungen bei Rolls-Royce fanden sich in der Folge stets zunächst bei den Corniche-Versionen. Sie verfügten als erste über innenbelüftete Scheibenbremsen und elektronische Zündanlagen, um nur zwei Beispiele zu geben. Der Hersteller nannte als Gründe für diese Produktpolitik, damit kämen Neuentwicklungen zunächst nur in kleiner Stückzahl zum Einsatz und Anpassungsprobleme im Werk wie bei den Wartungsbetrieben würden vermindert. Bereits ein volles Jahr, bevor die Modelle Rolls-Royce Silver Shadow und Bentley T abgelöst wurden, waren Rolls-Royce Corniche und Bentley Corniche mit der Hinterradaufhängung und mit der Bremsanlage der Nachfolgemodelle Rolls-Royce Silver Spirit und Bentley Mulsanne ausgerüstet.

Bis 1984 blieb der Bentley Corniche im Programm. Sein Nachfolger wurde der Bentley Continental. Der Rolls-Royce Corniche wurde erst 1988 durch den Rolls-Royce Corniche II ersetzt. Die vom Werk bei ihrer Einführung nur als zweitbeste Lösung angesehenen Automobile hatten sich als ein erstklassiger Erfolg herausgestellt.

Rolls-Royce Camargue und Bentley Camargue

Unabhängig von der Flugmotorenproduktion, die verstaatlicht worden war, hatte die auf die Automobilfertigung konzentrierte Rolls-Royce Motors Ltd. nach dem Beinahe-Desaster von 1971 einen glänzenden Geschäftsverlauf bilanzieren können. 1973 war die Gesellschaft an die Börse geführt worden. Zwei Jahre später unterstrich ein neues Modell den Anspruch des Hauses auf eine Spitzenstellung unter den Automobilproduzenten der Welt. Im März 1975 kam mit dem Rolls-Royce Camargue das aufwendigste Automobil, das jemals bei der Traditionsfirma entstanden war, auf den Markt. Es bekleidete die Position des teuersten Kraftwagens, der dort bezogen werden konnte. Es nahm die Stellung des Topmodells in der Hierar-

Der Wechsel zu neuen Modellgenerationen

chie der Rolls-Royce-Produkte ein. Der bis dahin an der Spitze plazierte Rolls-Royce Phantom VI rückte auf den nachgeordneten zweiten Rang. Beim Rolls-Royce Camargue handelte es sich um ein zweitüriges Coupé, dessen Name ebenso wie die Bezeichnung Rolls-Royce Corniche aus Südfrankreich stammte. Der Karosserieentwurf war gezeichnet von dem italienischen Designer Sergio Pininfarina. Mit diesem Automobil lebte das 1971 zunächst zurückgestellte Projekt wieder auf, die Modellpalette um ein völlig neues Coupé zu bereichern. Die breiten Türen der glattflächigen Karosserie boten Zugang zu einem luxuriös ausgestatteten Innenraum. Die vorderen Einzelsitze waren ebenso wie die mit zwei Sitzschalen konturierte Rücksitzbank, die nur in Ausnahmefällen drei Personen Platz bieten sollte, mit besonders weich gewalktem Nuella-Leder aufgepolstert. Die Armaturen zeigten ein von Luftfahrzeugen übernommenes Styling.

Sergio Pininfarina hatte lediglich den Entwurf ausgearbeitet, die Detailplanung war im Designzentrum im Werk in Crewe erfolgt. Dort mußte man sich umstellen, denn der Rolls-Royce Camargue war der erste Rolls-Royce, für den metrische Maßangaben verbindlich waren. Die Karosserie entstand bis 1977 bei Mulliner Park Ward in einem ähnlichen Prozeß, wie er beim Rolls-Royce Corniche angewandt wurde. Nachdem 176 Automobile fertiggestellt waren, wurde 1978 für den Rolls-Royce Camargue eine Fertigungslinie im Stammwerk eingerichtet. Die Kapazitäten bei Mulliner Park Ward in London waren ausgeschöpft, und gelegentlich ließen sich Engpässe nicht vermeiden.

Unter dem Blechkleid verbarg sich beim Rolls-Royce Camargue die bewährte Mechanik, wie sie der Rolls-Royce Corniche aufwies. Der V8-Motor aus Aluminium übertrug sei-

Rolls-Royce Camargue. Bei Hooper wurde der Rolls-Royce Camargue Kundenwünschen angepaßt. Auffallend die neue Gestaltung der Rückleuchten und das erheblich verkleinerte Rückfenster.

Hooper modified this Rolls-Royce Camargue to meet one customer's demands. Note new design of tail lights and rear window giving more privacy.

Rolls-Royce Camargue und Bentley Camargue

ne Kraft mittels 3-Gang-Automatik auf die Hinterräder. Unabhängige Radaufhängung rundum sowie hydropneumatische Niveauregulierung waren Standard. Die Hydropneumatik versorgte auch zwei unabhängig voneinander arbeitende Bremskreise mit Druck. Zusätzlich war ein konventioneller Hauptbremszylinder vorhanden, der einen dritten Bremskreis speiste. Selbst bei Ausfall eines Bremskreises konnte bei einem Bremsmanöver die Verzögerung über die Aufstandsfläche von vier Rädern erfolgen. Kurz nach Einführung des Rolls-Royce Camargue wurde das Bremssystem vereinfacht, indem auf den separaten Hauptbremszylinder verzichtet wurde.

Die »Coachbuilt-Cars«, die Fahrzeuge mit weitgehend von Hand gefertigten Sonderaufbauten, waren bei Rolls-Royce stets die letzten, die mit technischen Neuerungen aufgewertet wurden. D.A.S. Plastow entschied, diese Praxis genau umzukehren. Der Käufer, der für ein speziell hergestelltes Fahrzeug einen höheren Preis entrichtete, sollte auch Nutznießer des neuesten Standes in der Technik werden.

Im Falle des Rolls-Royce Camargue war die Preisgestaltung üppig kalkuliert. Sein Preis lag beim Doppelten dessen, was für einen Rolls-Royce Silver Shadow aufzuwenden war, und stieg – teilweise Ausdruck der Geldentwertung – atemberaubend schnell. Innerhalb von sieben Jahren legte er um fast 300 Prozent zu; von 29250 £ auf 83122 £.

Eine ganze Anzahl von Neuerungen feierte im Rolls-Royce Camargue Premiere. Das fing schon bei der Fertigung an, weil die Windschutzscheibe im Direktkontakt mit der Karosserie verklebt wurde, anstatt mittels einer Gummidichtung eingepaßt zu werden. Mit Seitenscheiben, deren Wölbung den Karosserielinien folgte, setzte Rolls-Royce ebenfalls einen neuen Akzent, denn bis dahin waren Seitenscheiben stets plan ausgeführt.

Der Rolls-Royce Camargue verfügte über die Neuerung einer Klimaanlage, die für Kopf- und Fußraum getrennt separate Temperaturwahl gestattete und eine einmal gewählte Regelung vollautomatisch beibehielt. Sensoren meldeten die Temperaturwerte von verschiedenen Stellen des Innenraumes an eine Zentraleinheit, die entsprechend dem gewählten Wert die Klimaanalage steuerte.

Die Auslieferung der ersten 31 Fahrzeuge erfolgte noch mit einer Vergaseranlage, die über zwei SU-Vergaser das Gemisch aufbereitete. Weil der Rolls-Royce Camargue gewichtiger ausgefallen war als der Rolls-Royce Corniche – und dieses Coupé war schon schwerer als das

Der Wechsel zu neuen Modellgenerationen

Basismodell Rolls-Royce Silver Shadow – ergaben sich bezüglich Beschleunigung und Endgeschwindigkeit keine zufriedenstellenden Werte. Bei der zweiten Bauserie schuf die Installation eines Mehrstufenvergasers von Solex Abhilfe. Lediglich für die Exportmärkte USA, Japan und Australien wurde die frühere Vergaseranlage beibehalten. Die strengen Abgasvorschriften in diesen Ländern machten die Zulassung der Bauänderung vom Bestehen umfangreicher Tests abhängig. Diese Tests hatte die Motorversion mit SU-Vergasern, die baugleich alle anderen Rolls-Royce-Modelle antrieb, bereits absolviert.

Überhaupt stellten sich die rigoros auf Sicherheit und – nach der Ölkrise von 1973 – zunehmend auf niedrigeren Kraftstoffverbrauch ausgerichteten Zulassungsvorschriften in den USA als hohe Hürde dar. Wegen der Wichtigkeit des amerikanischen Marktes, der schließlich ein Viertel der Gesamtproduktion des Rolls-Royce Camargue aufnahm, wurden die Wagen so sorgfältig überarbeitet, daß sie auch die strengsten Kriterien erfüllten. Dies war mit erheblichem Aufwand verbunden, was überraschen mag, wenn man ins Kalkül zieht, daß beim Rolls-Royce Camargue von vornherein Wert darauf gelegt worden war, alle bestehenden und zu erwartenden Sicherheitsvorschriften zu berücksichtigen. So schnell, wie diese Vorschriften verschärft wurden, konnten akzeptable Lösungen aber nicht präsentiert werden.

Hierin lag der Hauptgrund, warum der Rolls-Royce Camargue erst 1976 in den USA verfügbar wurde. Als er in einer ausgedehnten Kampagne präsentiert wurde, war er das teuerste serienmäßig gefertigte Automobil, das jemals auf dem amerikanischen Markt angeboten worden war. Sein Preis, der nur wenig unter 100 000 Dollar lag, rückte ihn in den Mittelpunkt allgemeinen Interesses. Die Publizität, die mit der Vorstellung des teuersten Autos aller Zeiten verbunden war, strahlte auch auf die anderen Modelle aus dem Angebot von Rolls-Royce aus. Im Jahr nach der Vorstellung des Rolls-Royce Camargue stieg der Absatz von Rolls-Royce in den USA um 42 Prozent; von 835 verkauften Fahrzeugen in 1975 auf 1230 im Jahr 1976.

Die Philosophie von Rolls-Royce, in steter Suche nach Verbesserungen die Fahrzeuge ständig zu verfeinern, führte zu einer ganzen Anzahl von Änderungen, die teilweise nur für einzelne Länder zur Anwendung kamen. Für den Betrieb in Gebieten, wo höhere Geschwindigkeiten als jenseits des großen Teiches zulässig waren, wies ein unter der vorderen Stoßstange angebrachter,

Rolls-Royce Camargue. Die Chance, im Straßenverkehr gleich 3 der raren Rolls-Royce Camargue zu erspähen, dürfte geringer sein als ein hoher Lotteriegewinn.

To spot 3 of the rare Rolls-Royce Camargue together in normal traffic is a rare occurence indeed.

Der Wechsel zu neuen Modellgenerationen

Abb. Seite 203: Rolls-Royce Silver Shadow II, Baujahr 1980, SRX38809. Alle im Zuge der Modellpflege eingeführten Verbesserungen weist dieser Rolls-Royce Silver Shadow II aus dem letzten Produktionsjahr dieses Fahrzeugtyps auf.

This Rolls-Royce Silver Shadow II dating from the last year of that model's production incorporates all the improvements that were added to over the years.

dezenter Frontspoiler auf das Bemühen um bessere Stabilität bei hohem Tempo. Eine Verlegung des Kraftstofftanks von seinem Platz unter dem Kofferraumboden auf den bei Aufprallunfällen geschützteren über der Hinterachse erhöhte die passive Sicherheit.

Maßgeblicher waren indes der 1977 erfolgende Wechsel von einer Kugelumlauflenkung zu einer Zahnstangenlenkung und die 1980 vorgenommene Anpassung der Hinterradführung und -federung entsprechend dem Standard für die neue Modellreihe des Rolls-Royce Silver Spirit und Bentley Mulsanne. Die Verschärfung der Abgasbestimmungen erzwang die Umrüstung zunächst der für Kalifornien, später aller für die USA bestimmten Rolls-Royce Camargue auf Einspritzanlagen statt Vergasern.

Als 1986 der Bau des Rolls-Royce Camargue eingestellt wurde, addierten sich die gebauten Fahrzeuge zu einer Summe von 534 Stück. Vier davon waren Prototypen ohne Chassisnummer. Vier weitere waren Versuchsfahrzeuge, die entsprechend der üblichen Vorgehensweise bei Rolls-Royce einen Bentley-Kühler getragen hatten und nach Abschluß der Experimentalphase komplett zerlegt worden waren. Damit wurde auch jener Bentley Camargue verschrottet, der umfangreiche Tests mit einem Turbolader-bestückten Motor absolviert hatte.

Die Zahl der während einer elfjährigen Produktionsdauer ausgelieferten Fahrzeuge reduziert sich somit auf 526 Exemplare. Alle sind Raritäten, aber zwei sind Unikate. Ein einziger Rolls-Royce Camargue erhielt einen Kühler mit rot eingelegten verschlungenen RR, wie sie seit 1933 nicht mehr zu finden waren. Ein einziger Bentley Camargue wurde gebaut. Er ging an einen Käufer, der bei der Auftragserteilung darauf beharrt hatte, für ihn käme nur ein Bentley in Frage.

Rolls-Royce Silver Shadow II, Rolls-Royce Silver Wraith II und Bentley T2

Die Entwicklungsarbeit, die den Fahrzeugen der laufenden Produktion angedieh, führte bei den Rolls-Royce Silver Shadow und Bentley T zwischen 1965 und 1977 zu nahezu 2000 Änderungen und Ergänzungen. Mit 24000 produzierten Einheiten in diesem Zeitraum hatte sich die Modellreihe als die erfolgreichste der Firmengeschichte erwiesen.

Eine umfassende Überarbeitung, die mehr war als das, was dem Begriff »Facelifting« entsprach, gab im Februar 1977 den Ausschlag, die neue Generation der Rolls-Royce Silver Shadow II, Rolls-Royce Silver Wraith II und Bentley T2 einzuführen.

Bentley T2, Chassis-Nr. SBX31991. Dieser Bentley T2 verfügt mit einer Anhängerkupplung über ein ungewöhnliches Zubehör.

This Bentley T2 has the rare feature of a tow-hitch.

PARC CHAMBORD
ROND PRINCE LOUIS
KLE-DT590

Rolls-Royce Silver Wraith II, Baujahr 1978, Chassis-Nr. LRG34950. Wegen der Geschwindigkeitsbegrenzung auf 55 Meilen pro Stunde (ca. 88 km/h) in den USA wurden Fahrzeuge für diesen Markt nicht mit Frontspoilern ausgestattet. Die Stoßstangen waren so montiert, daß bei einem Aufprall mit geringer Geschwindigkeit keine Schäden auftreten konnten – und die bürstenbestückte Scheinwerferreinigungsanlage entfiel.

No front air dam was fitted to cars for US-export due to the strict speed limit of 55 miles in North America. Special bumper-mountings were installed which could resist low speed bumps – and there were no brush cleaners for the headlamps.

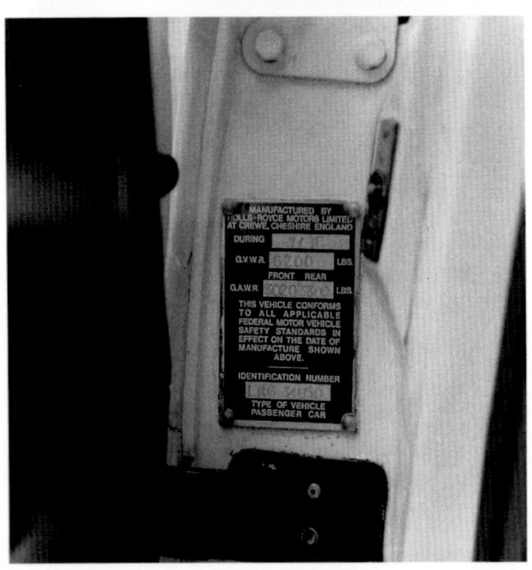

Ein zur Marke passender Schlüsselanhänger und eine Chassisplatte gemäß US-Bestimmungen finden sich bei diesem Wagen.

A key-ring to match the marque and a chassis-plate to match American requirements.

Äußerlich waren die Modelle zu identifizieren an den Stoßstangen mit aufgelegten Gummilippen und Polyurethan-Ecken, die bis in die Seitenflanken gezogen waren. Ein Frontspoiler verwies auf die Feinarbeit im Windkanal, wo seine Montage als geeignete Maßnahme zur Erhöhung der Fahrstabilität bei hohen Geschwindigkeiten überzeugt hatte.

Im Fahrgastraum sorgte die Übernahme der durchdachten Klimaanlage, wie sie sich zuerst im Rolls-Royce Camargue gefunden hatte, für vollautomatische Temperaturregelung. Einmal gewählte Temperaturen – für Kopf- und Fußbereich getrennt einstellbar – wurden beibehalten, wobei Fühler solche Einflüsse wie zum Beispiel starke Sonneneinstrahlung automatisch berücksichtigten. Ein Temperatursensor unter der rückwärtigen Stoßstange meldete über ein Thermometer im Armaturenbrett Außentemperaturen, bei denen Glatteisgefahr bestand.

Der Fahrer fand noch mehr Einzelheiten, die mit den neuen Modellen die Teilnahme am Straßenverkehr erleichterten. Die Kugelumlauflenkung des Vorgängers war gegen eine Zahnstangenlenkung getauscht worden. Die neue Anlage vermittelte mehr Fahrgefühl und reagierte spontaner. Letzteres hatte seine Ursache zum Teil auch in der überarbeiteten Vorderradaufhängung, die eine exaktere Radführung bewirkte.

In Kombination mit dem Schalthebel fand sich ein Schalter für den Tempomaten, der den Gasfuß entlastete, weil eine gewählte Geschwindigkeit automatisch beibehalten wurde. Das Armaturenbrett zeigte sich in neuer Gestalt. Ähnlich wie bei Bentleys aus der frühen Nachkriegszeit waren die Anzeigen für Öldruck, Kühlwassertemperatur, Kraftstoff und Ladestrom in einem großen Rundinstrument zusammengefaßt statt in Form von Einzelanzeigen über das Armaturenbrett verteilt.

Der Wechsel zu neuen Modellgenerationen

Einen Anklang an Fahrzeuge aus der frühen Nachkriegszeit zeigte auch die Namenswahl Rolls-Royce Silver Wraith II für den Typ mit langem Radstand. Der erste Wagen nach Kriegsende hatte den Namen Rolls-Royce Silver Wraith getragen. Der neue Namenträger wies 10 cm mehr Radstand auf als das Basismodell, und dieser Zuwachs kam ausschließlich in Form von mehr Fußraum den Passagieren auf der Rücksitzbank zugute. Wurde die Ausrüstung des Wagens mit der wahlweise angebotenen Trennscheibe gefordert, dann ging der Raumgewinn verloren, weil er von ihr beansprucht wurde. Ohne den Radstand nachzumessen, war der Rolls-Royce Silver Wraith II vom Rolls-Royce Silver Shadow II dadurch zu unterscheiden, daß er ein kleineres Rückfenster als dieser aufwies und eine Dachbespannung aus Everflex.

In einer komplett überarbeiteten Vergaser- und Auspuffanlage fanden alle die Erfahrungen ihren Niederschlag, mit denen Rolls-Royce Lösungen auf die Emissions- und Verbrauchsvorschriften gefunden hatte, die während der Produktionszeit des Rolls-Royce Silver Shadow als fortlaufend wichtiger erkannt worden waren. Für die in dieser Hinsicht besonders fortschrittlichen Überseemärkte von Nordamerika, Japan und Australien erhielten die Wagen Motoren mit einer auf 7,7:1 zurückgenommenen Verdichtung (der übliche Wert lag bei 9:1), die problemlos bleifreien Kraftstoff vertrug. Sie verfügten zudem über Katalysatoren, die die Giftigkeit der Auspuffgase milderten.

Die neue Modellreihe umfaßte zwei Bentley-Modelle, den Bentley T2 und den Bentley T2 mit langem Radstand. Bis auf den Kühler mit eigenem Erscheinungsbild waren keine Unterschiede zum Rolls-Royce feststellbar. Bentleys zeigten keine eigenständige Natur mehr und dies schlug sich deutlich in der Verkaufszahl nieder. Sie belief sich lediglich auf 558 Exemplare.

Rolls-Royce Silver Spirit, Rolls-Royce Silver Spur und Bentley Mulsanne

Bevor D.A.S. Plastow im Zuge der im August 1980 erfolgenden Fusion von Rolls-Royce Motors mit dem Industriekonzern Vickers die Geschicke bei Rolls-Royce Motors aus der Hand gab, hatte er eine neue Modellreihe bis zur Serienreife betreut. Nur wenige Monate nach seinem Wechsel auf einen wichtigen Posten in der Führungsspitze bei Vickers rückten Rolls-Royce Silver Spirit, Rolls-Royce Silver Spur und Bentley Mulsanne an die Stelle der Vorgänger.

Das Verdienst von D.A.S. Plastow beschränkte sich nicht auf die Meisterung der Probleme, die Automobilfertigung von Rolls-Royce nach dem Desaster von 1971 eigenständig weitergeführt zu haben und erfolgversprechende Entwicklungen neuer Modelle zu forcieren.

Es war zudem gelungen, in der Zeit zwischen der 1973 erfolgten Notierung von Rolls-Royce Motors an der Börse und dem Jahresabschluß 1979 den Umsatz mehr als zu verdreifachen und die Gewinnentwicklung ähnlich lukrativ zu gestalten.

Rolls-Royce Silver Spirit, Baujahr 1987, Chassis-Nr. HCX20207. Chefstylist bei Rolls-Royce und Schöpfer des Blechkleides der neuen Modelle war der gebürtige Österreicher Fritz Feller.

Rolls-Royce's chief stylist and designer of the new model's body was the Austrian born Fritz Feller.

Sowohl bezüglich der Innenraumgestaltung wie bezüglich der Karosserie erfüllt das Haus Hooper jeden Sonderwunsch. Einige Wünsche werden vielleicht erst geweckt, wenn man die Ausstattungsliste studiert – tunlichst ohne über die Preise in der rechten Spalte zu erschrecken.

Any special desire regarding the interior or the coachwork can be fulfilled by Hooper. Some wishes might even come to mind only when studying their list – preferably without noticing the prices in the right hand column.

HOOPER

Der Wechsel zu neuen Modellgenerationen

Abb. Seite 208/209: Rolls-Royce Silver Spur. Im Auftrag eines sehr anspruchsvollen Kunden erfolgte bei Hooper die Umgestaltung dieses Rolls-Royce Silver Spur. 1982 war der »Hooper St. James« die Attraktion der Motor Show von Birmingham.

An imaginative purchaser had his Rolls-Royce Silver Spur altered by Hooper to meet his demands. Called Hooper St. James this Rolls-Royce Silver Spur was exhibited at the 1982 Birmingham Motor Show.

Rolls-Royce Silver Spur Centenary, Baujahr 1985, Chassis-Nr. FCX14017. Der einzige nach Deutschland gelieferte Rolls-Royce Silver Spur Centenary war der 17. Wagen aus der limitierten Serie.

Only one automobile from the limited series was delivered in Germany. This Rolls-Royce Silver Spur Centenary is the 17th car.

Die D.A.S. Plastow zuteil werdende Anerkennung fand ihren deutlichsten Ausdruck 1986 mit der Erhebung in den Adelsstand als Sir David Plastow.

Als Generaldirektor bei Rolls-Royce Motors übernahm George R. Fenn die Geschäfte. Den Beginn seiner Amtszeit kennzeichnete im Oktober 1980 die Präsentation der Nachfolger für Rolls-Royce Silver Shadow II, Rolls-Royce Silver Wraith II und Bentley T2. Damit realisierte Rolls-Royce die nach dem Rolls-Royce Camargue zweite Auflage einer Neuheit, die schon während der Planungsphase auf die weltweit immer strikter vorgeschriebenen Sicherheits-, Verbrauchs- und Emissionsstandards ausgerichtet worden war. Frühere Modelle, auch die unmittelbaren Vorgänger, waren erst während der laufenden Produktion in teilweise aufwendigen Einzelschritten angepaßt worden.

Beim Rolls-Royce Silver Spirit und den ihm zur Seite gestellten Rolls-Royce Silver Spur und Bentley Mulsanne wirkten die im hauseigenen Stylingcenter von F. Feller gezeichneten Karosserien erheblich gestreckter als die der vorhergehenden Modellgeneration. Beim Vergleich der Abmessungen ergaben sich zwar nur geringe Unterschiede. Die Neuen hatten geringfügig zugelegt bezüglich Fahrzeuglänge und -breite; in der Höhe waren sie etwas niedriger geworden. Im optischen Eindruck verstärkten indes die deutlich niedriger gezogene Gürtellinie in Verbindung mit den großzügigen Fensterflächen und der Betonung horizontaler Linien im durchaus konservativen Styling den Eindruck von geringerer Bauhöhe.

Im Fahrgastabteil dominiert die gewohnte Kombination von edlem Holz und ausgesuchtem Leder – wobei statt letzterem auf Wunsch feinster Velour für die Sitzpolster Verwendung finden kann. Die Armaturen zeigen sich um Digitalanzeigen ergänzt, die Auskunft geben über die Fahrtzeit seit Antritt der Fahrt, die Uhrzeit und die Außentemperatur. Seit dem Modelljahr 1988 teilt eine durchgehende Mittelkonsole den vorderen Fußraum. Neben einer aufwendigen Ausstattung mit Geräten der Unterhaltungselektronik sind hier die Bedienungsknöpfe montiert für die Einstellung der Außenspiegel, die Justierung der Sitze und Memory-Tasten, über die sich vier vorgewählte Sitzpostionen auf Abruf automatisch einstellen lassen.

Der Rolls-Royce Silver Spur verfügt über mehr Radstand als der Rolls-Royce Silver Spirit. Nach wie vor kann er mit einer Trennscheibe ausgestattet werden, die, von Elektromotoren bewegt, das Fahrgastabteil von dem des Fahrers absondert. Der Raumgewinn durch den längeren Radstand bietet alternativ den Platz, um bordeigene Computeranlagen zu installieren bzw. – wenn geschäftliche Nutzung nicht im Vordergrund steht – Videoanlagen oder ein Barfach, das auch über eine Kühleinrichtung verfügt. Ein kleineres Rückfenster sichert ein größeres Maß an Abgeschiedenheit.

In Zusammenarbeit mit der Firma Robert Jankel Design entstanden ab 1984 erheblich verlängerte Versionen des Rolls-Royce Silver Spur, die den Innenraum in der Länge um mehr als 50 Zentimeter wachsen

ließen. Diese von Rolls-Royce als Rolls-Royce Silver Spur Limousine in das Programm genommene Ausführung zeigte deutliche Anlehnung an Styling-Ideen, wie sie bis dahin auf die USA beschränkt geblieben waren.

Der Bentley Mulsanne trägt einen Namen statt eines Buchstabens oder einer Buchstaben-Ziffern-Kombination, wie es vorher bei Standardmodellen dieser Marke üblich war. Bei seiner Vorstellung wurde in dieser Besonderheit noch nicht der erste Hinweis auf ein Programm deutlich; es sah vor, der Marke Bentley wieder ein eigenständiges Profil zu geben, statt sie anonym neben den Rolls-Royce mitlaufen zu lassen.

Hinsichtlich der Technik gibt es zwischen den Typen keine Unterschiede in der Ausstattung. Der Antrieb erfolgt durch den bewährten V8-Motor aus Aluminium mit 6,75 Litern Hubraum. Gegenüber der letzten Serie der Vorgänger waren die Kurbelwellenlager größer dimensioniert. Die Kraftstoffversorgung erfolgte durch Einspritzanlagen von Bosch. Diese fanden sich in den für die USA und Japan bestimmten Ausführungen von vornherein, wohingegen Rolls-Royce zunächst für andere Länder noch einige Jahre lang den Einbau von Vergasern vorgezogen hatte.

Der Hilfsrahmen für die Aufhängung der Hinterachse zeigte sich gegenüber dem Rolls-Royce Silver Shadow II erheblich modifiziert. Der Einbau einer Girling Niveauregulierung in Kombination mit Gasdruckstoßdämpfern verbesserte nicht allein die Federungseigenschaften. Es ragten auch keine Dome für die Aufnahme der Stoßdämpfer mehr in den Kofferraum, weil die Stoßdämpfer eine drastisch verringerte Baulänge aufwiesen. Der Kofferraum gewann an Ladevolumen. Die niedrigere Ladekante infolge eines bis auf die Stoßstange heruntergezogenen Kofferraumdeckels gestattete anstrengungsfreies Beladen.

Rolls-Royce Silver Spur, Baujahr 1981. Für jemanden, der mehr Stauraum als üblich verlangte, schuf Classic Coachworks diesen Rolls-Royce Kombiwagen, der »Western Spur« getauft wurde.

Classic Coachworks created this Rolls-Royce Formal Estate for someone who wanted more space than usual. This version was christened »Western Spur«.

Der Wechsel zu neuen Modellgenerationen

Ein in limitierter Auflage von 26 Stück gefertigtes Sondermodell mit dem Namen Rolls-Royce Silver Spur Centenary markierte für Rolls-Royce einen wichtigen Punkt in der Firmengeschichte: Im Jahr 1985 erreichte die Gesamtzahl aller von diesem Haus produzierten Automobile 100000 Exemplare. Zuverlässig wird angenommen, daß mehr als die Hälfte davon noch auf den Straßen der Welt bewegt wird. Eingeschlossen in dieser Zahl sind auch die Bentley-Automobile, die nach der Übernahme dieser Marke in Regie von Rolls-Royce gebaut wurden. 25 Rolls-Royce Silver Spur Centenary gelangten in Kundenhand. Ein Exemplar behielt das Werk dagegen als Firmenwagen. Mit dem Kennzeichen C 100000 wurde es dem originalen Rolls-Royce Silver Ghost und dem Rolls-Royce 10 H.P. zur Seite gestellt, die sich ebenfalls im Werksbesitz befinden.

In einer Vorgehensweise, wie sie die Tradition des Hauses geprägt hat, fanden fortlaufend Änderungen Eingang in die Serie, wenn sie sich in sorgfältig durchdachten Testreihen gegenüber vorhandenen Lösungen als besser oder als notwendige Ergänzung erwiesen hatten. Die mit Bürsten arbeitende Scheinwerferreinigungsanlage machte Platz für eine solche, bei der mit Hochdruck der reinigende Wasserstrahl auf die Leuchteinheiten ge-

Rolls-Royce Silver Spur, Baujahr 1984, Chassis-Nr. ECX08642. Ein in hellem Ton abgesetztes Vinyl-Dach steht dem in Wien registrierten Diplomatenfahrzeug ganz ausgezeichnet.

A tan coloured Vinyl roof matches perfectly with the paintwork of this Vienna registered car of a United Nations diplomat.

Bentley Mulsanne.
Der Bentley Mulsanne war wegen der anderen Kühlerform geringfügig länger als der Rolls-Royce Silver Spirit. Es gab ihn mit langem oder kurzem Radstand.

Because of the different shape of the radiator the Bentley Mulsanne was slightly longer than the Rolls-Royce Silver Spirit. The Bentley Mulsanne was offered with long or short wheelbase.

richtet wird. Die Sitzverstellung erfolgt bei Modellen neuerer Bauserien über Analog-Schalter statt über Joysticks. Statt Bremsflüssigkeit findet sich ein Mineralöl in der Bremshydraulik. Sobald Dichtungen sich bewährt hatten, die von Öl nicht angegriffen werden, verzichtete Rolls-Royce auf die Verwendung von Bremsflüssigkeit. Diese hat den Nachteil, im Laufe der Zeit Wasser aufzunehmen und somit zu altern; außerdem reagiert sie ätzend beim Kontakt mit Lack.

Bei den letzten Ausführungen von Rolls-Royce Silver Spirit und Rolls-Royce Silver Spur findet sich außerdem ein von Bosch entwickeltes Anti-Blockier-System für die Bremsanlage. Über dieses System verfügt auch der Bentley Mulsanne S. Mit diesem Typ, der ebenso wie der Vorgänger auf Wunsch auch mit langem Radstand zur Auslieferung kommt, ersetzte Rolls-Royce ab dem Modelljahrgang 1988 den Bentley Mulsanne. Vom folgenden Jahr an präsentierte er sich äußerlich leicht unterscheidbar, weil er von da an mit Doppelscheinwerfern an Stelle der Breitbandleuchten ausgestattet wurde.

Rolls-Royce Silver Spur Limousine.
Nicht bei der eigenen Karosseriebaudivision Mulliner Park Ward, sondern bei Robert Jankel entstand im Auftrag von Rolls-Royce die 6türige verlängerte Version.

Not the subsidiary company Mulliner Park Ward, but Robert Jankel was asked by Rolls-Royce to manufacture a long six-door version.

Bentley Mulsanne Turbo, Bentley Eight, Bentley Turbo R und Bentley Mulsanne S

Mit der Namenswahl Bentley Mulsanne für den Bentley der neuen Generation markierte Rolls-Royce den Beginn einer Entwicklung, die Marke Bentley mit einer eigenen Identität von den anderen Produktlinien abzusetzen. Die Bezeichnung Mulsanne knüpfte an die glorreiche Rennsportvergangenheit von Bentley an, denn sie stammt von einem Abschnitt des Sarthe-Rennkurses, auf dem die traditionsreichen 24 Stunden von Le Mans ausgetragen wurden. Die Mulsanne-Gerade, die in einer recht enggezogenen Kurve endet, schließt an den Streckenteil Les Hunaudiers an und ist bemerkenswert, weil hier die höchsten Geschwindigkeiten auf der Rennstrecke erreicht werden. Vor einem halben Jahrhundert hatte sich Bentley mit fünf Siegen bei den 24 Stunden von Le Mans in die Annalen dieser Rennveranstaltung eingetragen.

Im Frühjahr 1982 erschien der Bentley Mulsanne Turbo. Im unveränderten Blechkleid des Bentley Mulsanne verbarg sich Hochleistungstechnik. Äußerlich deuteten lediglich der in der Fahrzeugfarbe lackierte Kühler und dezente Signets am Heck und an den Vorderkotflügeln hinter dem Radausschnitt auf die besondere Potenz des Triebwerks.

Der vertraute V8-Motor war mit einem Solex-Vergaser in einem Druckgehäuse ausgerüstet worden. Ein über die Abgase aus beiden Auspuffkrümmern angetriebener Turbolader von Garret AiResearch besorgte die Aufladung. Das Ergebnis der Leistungskur bestand in einer 50prozentigen Steigerung der Motorkraft. Der Standfestigkeit des Aggregates dienten flankierende Maßnahmen wie Hochleistungskolben und Klopfsensoren, die das Kennfeld der elektronischen Zündung änderten, wenn nötig. Die Automatik war erheblich verstärkt worden, um den Kraftschluß zu sichern. Versteifungsmaßnahmen erfuhren auch die Halbwellen der Hinterachse.

Der Wechsel zu neuen Modellgenerationen

Bentley hatte sich in der Sportwagenszene zurückgemeldet. In der Szene der Sportwagen, wie Rolls-Royce sie definierte. Schon der erste nach der Übernahme der Sportwagenschmiede von Rolls-Royce gebaute Bentley folgte dem Slogan »The Silent Sports Car«. Der Neue rief Erinnerungen an diesen Anspruch wach. Er beschleunigte in weniger als acht Sekunden von 0 auf 100 km/h, von 100 km/h auf 150 km/h verging noch weniger Zeit – und dennoch zeichnete den Wagen bei jedem Beschleunigungsvorgang und in jedem Geschwindigkeitsbereich das Fehlen unziemlicher Fahrgeräusche aus. Die Geräuschisolation läßt die Insassen des Boliden nicht einmal in den Genuß des sonoren Auspuffgeräusches kommen, mit dem der Außenwelt mitgeteilt wird, daß das Auspuffsystem 50 Prozent mehr Durchsatz gewährt.

An die Grenze stieß der Bentley Mulsanne Turbo, weil für einen Wagen seines Gewichtes keine Reifen existierten, die hohe Dauergeschwindigkeiten gestattet hätten. Bei knapp 220 km/h reduzierte deshalb ein Drehzahlbegrenzer gleich

Bentley Turbo R, Baujahr 1988. Die Farbgebung – Mauve und Weiß innen und außen – bei diesem Bentley Turbo R von Hooper ist ungewöhnlich, ebenso wie die Drahtspeichenräder und die goldenen Türgriffe.

Combination of colours – mauve and white for paintwork and interior – for this Bentley Turbo R by Hooper is unusual, this can also be said of wire wheels and golden door handles!

E750 BOO

Abb. Seite 216: Bentley Turbo R, Baujahr 1987, Chassis-Nr. JCH22079. Der Bentley Turbo R gehört zu den spurtschnellsten Sportwagen der Welt.

The Bentley Turbo R is among the fastest accelerating sports cars in the world.

Abb. Seite 217: Bentley Turbo R, Baujahr 1989, Chassis-Nr. KCX25753. Ein deutlich kleineres Rückfenster, Scheinwerfer nach US-Muster und zahlreiche kleinere Änderungen erhielt der Bentley Turbo R von Hooper.

Reduced backlight offering more privacy to the occupants, headlamps to US-specification and several minor alterations are separating this Bentley Turbo R by Hooper.

in zwei Schritten den Versuch, das kritische Limit zu überschreiten. Die Zündung wurde abgeregelt, und ein Überdruckventil entließ den vom Turbolader aufgebauten Druck durch einen Seitenkanal.

Einen Rolls-Royce mit Turbolader legte das Werk nicht auf. Der eckige Kühler hätte so viel Widerstand in den Fahrtwind gestemmt, daß eine Mehrleistung von 35 PS erforderlich gewesen wäre, um mit dem Bentley Mulsanne Turbo hinsichtlich Beschleunigung und Endgeschwindigkeit gleichzuziehen.

In den USA, Kanada, Japan und Australien hatte der Sportwagen aus der Rolls-Royce-Palette kaum eine Chance, die verbindlichen Werte der Abgasgesetze zu erfüllen. Zu Anfang war deshalb festgelegt, die aufgeladene Version auf diesen Märkten nicht anzubieten.

Nur auf dem englischen Markt angeboten wurde der 1984 eingeführte Bentley Eight. Es handelte sich um eine als Einsteigermodell konzipierte Variante des Bentley Mulsanne. Geringe Abstriche an der luxuriösen Ausstattung gingen einher mit einer deutlichen Preisreduzierung. Das Entgegenkommen bezüglich der Anschaffungskosten ging dabei keineswegs so weit, den Wagen unterhalb der Bandbreite exklusiver Preise anzusiedeln, die für Produkte von Rolls-Royce gefordert werden. Der Bentley Eight war kein Billigmodell.

Die einzige markante Abweichung in der äußeren Gestaltung des Bentley Eight gegenüber dem Basismodell Bentley Mulsanne bestand in einem Kühlergrill, der statt Lamellen ein von einem Mittelsteg unterteiltes verchromtes Gitter trug. Dies war in der frühen Epoche der Marke ein charakteristisches Erkennungsmerkmal der Renn-Bentleys gewesen.

Der Bentley Eight unterscheidet sich in technischer Hinsicht vom Basismodell aber nicht durch abweichende Leistungswerte. Er ist identisch bis auf die straffer abgestimmte Aufhängung der Vorderrä-

Der Wechsel zu neuen Modellgenerationen

Bentley Turbo R, Baujahr 1988, Chassis-Nr. KCX24610. Die im Herbst 1988 vorgestellten Modelle des Jahrgangs 1989 zeigten als Neuheit Doppelscheinwerfer und Reifen für höhere Endgeschwindigkeit.

The 1989 models – introduced in autumn 1988 – changed to twin headlamps and improved high speed tyres.

der, die sich einer sportlichen Fahrweise zuträglicher zeigt.

Die positive Aufnahme, die der Bentley Eight auf dem englischen Markt fand, gab den Anstoß, ihn mit einem zeitlichen Verzug von einem Jahr auch auf verschiedenen Exportmärkten anzubieten.

Für ein Unternehmen wie Rolls-Royce barg die Realisation des Turbo-Projektes ein erhebliches Risiko. Sowohl im eigenen Land wie auf den wichtigsten auswärtigen Märkten zogen Geschwindigkeitsbegrenzungen der Nutzung des laderbestückten Sportwagens enge Grenzen. Der Absatzerfolg wurde davon aber nicht gedrosselt – der Bentley Mulsanne Turbo erfreute sich reger Nachfrage. Diese bestand auch in Kreisen, die einen legalen Erwerb gar nicht in Erwägung zogen. In der Bundesrepublik Deutschland schnellte Bentley an die Spitze der Diebstahlsliste. Ein statistisches Kuriosum ließ sich als Ursache ausmachen. Bei der insgesamt nur geringen Gesamtzahl der in Deutschland zugelassenen Bentley-Automobile hatte die Entwendung einiger Bentley Mulsanne und Bentley Mulsanne Turbo dafür gesorgt, daß von dieser Marke prozentual am meisten geklaut wurde.

Der Wechsel zu neuen Modellgenerationen

Bentley Mulsanne S, Baujahr 1988, Chassis-Nr. KCX24701. Der Bentley Mulsanne S in der Ausführung für das Modelljahr 1989 zeigt den Typ, der die Marke in die 90er Jahre führt.

Bentley Mulsanne S in this version for the model year 1989 is expected to last into the nineties.

Mit einem kompromißlos auf sportliches Fahrverhalten ausgelegten Modell schuf Rolls-Royce weitere Anreize, einem Turbo-Bentley den Vorzug zu geben. 1985 wurde dem Bentley Mulsanne Turbo der Bentley Turbo R zur Seite gestellt.
Härtere Querstabilisatoren vorn und hinten wurden bei diesem Typ ergänzt von straffer eingestellten Gasfedern an der Hinterachse. Der Einbau eines Panhardstabes und eine direktere Lenkung, die präzisen Fahrbahnkontakt vermittelt, rundete das Paket von Maßnahmen ab, um mit dem Bentley Turbo R vehementer als mit dem Bentley Mulsanne Turbo sportlicher Fahrweise frönen zu können. Niederquerschnittreifen des Formats 255/65 R 15 (Bentley Mulsanne Turbo: 235/70 VR 15) auf geschmiedeten Leichtmetallfelgen schoben das Limit für das Spitzentempo weiter nach oben. Im Zuge der die Produktion begleitenden Entwicklungsarbeit war Rolls-Royce zu Reifen mit höherer Belastungsgrenze gewechselt, und neue Exemplare des Bentley Turbo R laufen, bestückt mit Reifen von Avon oder Pirelli, knapp 240 km/h.
Der Bentley Mulsanne Turbo wurde nur noch kurze Zeit parallel zum Bentley Turbo R angeboten. Das Bessere war der Feind des Guten, und Rolls-Royce zog die Konsequenz mit der Produktionseinstellung des Bentley Mulsanne Turbo einige Zeit nach Einführung des Bentley Turbo R in 1985. Als im Herbst 1988 der Modelljahrgang 1989 auftauchte, waren beim Bentley Turbo R deutliche Änderungen zu konstatieren. Äußerlich hebt er sich ab durch Doppelscheinwerfer, und im Motorraum ersetzt die neue MK-Motronic-Benzineinspritzung die vorherige Vergaseranlage von Solex. Der Abgasturbolader ist mit einem Ladeluftkühler versehen. Im Armaturenbrett findet sich ein bis dahin vermißter Drehzahlmesser und informiert über die Geschwindigkeit, mit der im Aggregat die Arbeitstakte erfolgen.
Der Modelljahrgang 1989 war zudem der erste, dem eine umfangreiche Kur dazu verhalf, die Hürde der amerikanischen Zulassungsgesetze zu meistern. Sowohl die rigorosen Sicherheitsbestimmungen wie die strikten Vorgaben der Abgaskontrolle werden von den Bentley Turbo R erfüllt, die für den wichtigsten Exportmarkt von Rolls-Royce entstehen. Indessen dürfen US-Käufer wegen des Geschwindigkeits-Limits von 55 mph (88 km/h) sozusagen nur das untere Drittel im Geschwindigkeitspotential ihres Boliden ausnutzen.
1988 war auch das Jahr, in dem der Bentley Mulsanne auslief und an seine Stelle der Bentley Mulsanne S trat. Der Bentley Mulsanne war bis auf den Kühler und die Embleme identisch mit dem Rolls-Royce Silver Spirit; in der Ausführung mit langem Radstand entsprach er dem Rolls-Royce Silver Spur. Der Bentley Mulsanne S unterschied sich von den Modellen der Schwestermarke, weil die Fahrwerkabstimmung straffer erfolgt war und Leichtmetallfelgen statt Stahlbettfelgen Verwendung fanden. Vom Modelljahrgang 1989 an präsentierte sich der Bentley Mulsanne S äußerlich leicht unterscheidbar, weil von nun an die Breitbandleuchten zugunsten von Doppelscheinwerfern aufgegeben wurden.
Als 1980 die neue Modellgeneration vorgestellt wurde, war betriebsintern das Ziel formuliert worden, dem Markennamen Bentley mehr Selbständigkeit durch eine eigene Identität zu gewähren. Es hatte keine zehn Jahre gedauert und die vorher lange im Verborgenen blühende Marke Bentley trug die Hälfte zum Umsatz von Rolls-Royce Motors bei.

MULSANNE S

Der Wechsel zu neuen Modellgenerationen

Rolls-Royce Corniche II und Bentley Continental

Unbeeinflußt vom Wechsel der Basismodelle blieben die zweitürigen Typen Rolls-Royce Corniche und Bentley Corniche im Programm. Sie entstanden mit einer Rate von 250 bis 300 Stück pro Jahr bei Mulliner Park Ward, dem separat geführten Karosseriebaubetrieb von Rolls-Royce. Von Änderungen blieben sie nicht ausgeschlossen. Ganz im Gegenteil fanden sich Verbesserungen und Ergänzungen stets zuerst an den weitgehend in Handarbeit zusammengefügten Coupé- und Cabriolet-Versionen.
Der Herbst ist die Jahreszeit, in der Rolls-Royce gemeinhin an die Öffentlichkeit tritt mit Erläuterungen zu den Modellen des folgenden Jahrgangs. Im Herbst 1981 erfolgte die Mitteilung, daß im folgenden Modelljahr die letzten Coupés zur Auslieferung kämen und Bestellungen für neue Fahrzeuge dieser Bauweise nicht mehr entgegengenommen würden.
Es betraf deshalb nur noch Cabriolets des Bentley Corniche, als im Jahr 1984 der Bentley Continental als seine Ablösung vorgestellt wurde. Mit der Namenswahl erfuhr jene Typenbezeichnung eine Wiederbelebung, die Sportversionen der Bentley von Anfang der fünfziger bis Mitte der sechziger Jahre getragen hatten.
In diesem Falle dokumentierte sie allerdings nicht die Absicht, den Bentley Continental mit betont sportlicher Auslegung von seinem Pendant, dem Rolls-Royce Corniche, abzuheben. Die Neubenennung war zu einem Teil Ausfluß der neuen Strategie, die der Marke

Rolls-Royce Corniche II, Baujahr 1989, Chassis-Nr. KCX24964. Die Grundform der Karosserie entstand vor mehr als 20 Jahren für das Cabriolet des Rolls-Royce Silver Shadow.

The lines of the coachwork date from the late sixties when the Drop Head Coupé of the Rolls-Royce Silver Shadow was created.

Bentley Continental, Baujahr 1988. Der Bentley Continental wird nur als Cabriolet bei Mulliner Park Ward gefertigt. Er teilt mit den anderen Bentley-Modellen den Vorzug der Ausrüstung mit Leichtmetallrädern.

The Bentley Continental is only built as a Convertible by Mulliner Park Ward. Like the other Bentley models it boasts aluminium wheel-trims.

Bentley mehr Eigenleben gewähren wollte.

Zum Teil entsprach der neue Name auch dem bei Rolls-Royce geübten Brauch, ein Modell dann umzutaufen, wenn eine Fülle von Detailänderungen den Charakter verändert hatten. Diese Praxis ließ sich sowohl bei der Reihe der Rolls-Royce Silver Cloud und Bentley S verfolgen wie bei den Rolls-Royce Silver Shadow und Bentley T.

Merkmal des Bentley Continental waren die auf die Wagenfarbe abgestimmten Lamellen im Kühlergrill, Stoßstangen und Außenspiegel. Sein Äußeres zeigte eine neue Anordnung der Heckleuchten. Im Fahrgastraum gab es bedienungsfreundlichere Aufhängungen für die Sicherheitsgurte und einen deutlichen Gewinn an Fußraum für die Fondpassagiere.

Bis zum Jahr 1987 blieb der Rolls-Royce Corniche in Produktion. Ihn gab es seit 1982 ebenfalls nur in der Ausführung als Cabriolet. Aus Gründen, die denen bei der schon vorher erfolgten Umbenennung des Bentley ähnelten, wurden die ab 1988 zur Auslieferung kommenden Fahrzeuge als Rolls-Royce Corniche II in der Namensliste geführt.

Beim Rolls-Royce Corniche II gaben einschneidende technische Änderungen – die zeitgleich auch der Bentley Continental erfuhr – den Ausschlag für die Namensänderung. Der Einbau eines Antiblockiersystems für die Bremsanlage und die generelle Umrüstung auf Kraftstoffeinspritzanlagen ragten heraus. Die Ära der parallelen Fertigung von Vergasermotoren und solchen, bei

Der Wechsel zu neuen Modellgenerationen

denen das Benzin über Einspritzdüsen in den Brennraum gelangte, war bei Rolls-Royce zu Ende. Die Modelle des Jahres 1989 erhielten eine neue Vorderachsaufhängung, bei der Detaillösungen zur besseren Wartung und rationelleren Einpassung in den vorderen Hilfsrahmen verwirklicht worden waren.
Einer Überarbeitung der Vordersitze fielen die in die Rückenlehnen eingebauten, ausklappbaren Armlehnen zum Opfer. Eine schalenförmige Ausformung von Sitz und Lehne erhöhte den Seitenhalt, ließ aber den Einbau von Armlehnen in der gewohnten Form nicht mehr zu. Die elektrische Betätigung der Sitze erfolgt über Analog-Schalter, die in einer durchgehenden Mittelkonsole zu finden sind. Direkt darüber angeordnet sind Memory-Tasten, mit denen sich vorgewählte Sitzpositionen automatisch einstellen lassen.
Sowohl beim Rolls-Royce Corniche II wie beim Bentley Continental finden sich Tachometer, deren Skalen bis 150 mph (ca. 240 km/h) reichen. Sie versprechen damit etwas mehr, als die Zweitürer zu leisten vermögen. Unter günstigen Umständen erreichen die Wagen, die in der Grundform auf das Jahr 1967 zurückgehen, etwa 210 km/h als Höchstgeschwindigkeit. Die treuen Anhänger verzeihen es. Sie messen anderen Kenngrößen als der Endgeschwindigkeit mehr Bedeutung bei und hoffen, daß bei Rolls-Royce nicht so bald die Entscheidung fällt, die Modelle abzulösen. Es bleibt zu spekulieren, ob ihnen nicht bevorsteht, den Rekord bezüglich der Produktionsdauer zu erringen. Noch ordnen ihn die mit der Marke Vertrauten dem Rolls-Royce Phantom VI zu, der auf die Grundform des Rolls-Royce Phantom V aus 1959 zurückgeführt werden kann und somit eine Produktionsdauer von 30 Jahren aufweist.

Rolls-Royce Corniche II, Baujahr 1988. Die Summe vieler kleiner Änderungen, vornehmlich im Innenraum und bezüglich der Technik, veranlaßte die Neubenennung Rolls-Royce Corniche II.

A lot of minor modifications mainly to the interior and the technical components created the new name Rolls-Royce Corniche II.

ROLLS
RR
ROYCE

Die noblen Besonderheiten

Spirit of Ecstasy

Seit 1911 trägt jeder Rolls-Royce eine Kühlerfigur, die Zeugnis ablegt für eine große Liebe, die keine Erfüllung fand. Für die prachtvolle Kühlerfigur stand eine Frau Modell, der das Leben betörende Schönheit, Geist und Esprit geschenkt hatte – aber nicht die gesellschaftliche Stellung, die ihr die Heirat mit dem Mann erlaubt hätte, dem sie und der ihr in Liebe verbunden war.

Die Rede ist von Eleanor Velasco Thornton, deren Liaison mit John Walter Edward-Scott-Montagu (ab 1905 2. Lord Montagu of Beaulieu) nur deshalb nicht zum Thema in den Salons wurde, weil beide die Kunst der Diskretion beherrschten. John Scott, der erst nach dem Ableben seines Vaters den Peerstitel erbte, war einer der Pioniere auf dem Automobilsektor in England. Seit 1902 gab er die Autoillustrierte »The Car« heraus. Eleanor V. Thornton galt als seine Sekretärin. Den Freunden des Paares war das Verhältnis nicht verborgen geblieben, aber sie waren großherzig genug, sich über die Standesregeln der Zeit hinwegzusetzen.

Zum Freundeskreis zählte der Bildhauer Charles Sykes. Auf Wunsch von Lord Montagu fertigte er eine spezielle Kühlerfigur für dessen Rolls-Royce Silver Ghost. Die Figur stellte eine junge Frau im wehenden Gewand dar, die einen Zeigefinger auf die Lippen gelegt hatte. Als Modell hatte dem Bildhauer für diese Statuette, die den Namen »The Whisper« erhielt, Eleanor V. Thornton gedient.

Lord Montagu hatte auf noble Weise eine Zeitströmung aufgegriffen; es war Mode geworden, auf die Kühler von Automobilen Kühlerfiguren zu setzen. Das Haus Rolls-Royce mußte erfahren, daß andere Besitzer eines Wagens dieser Marke mit profanen oder gar frivolen Kühlerfiguren der neuen Mode mit weniger Stil folgten.

Umgehend wurde an Charles Sykes die Aufgabe herangetragen, eine Kühlerfigur zu schaffen, die hinfort jeden Rolls-Royce zieren sollte. Im Februar 1911 stellte er die »Spirit of Ecstasy« vor, in der jeder eine nur geringfügig abgewandelte Form von »The Whisper« erkennt. Die Ähnlichkeit ist nicht zufällig, denn Modell gestanden hatte für die eine wie für die andere Eleanor V. Thornton.

Die Spirit of Ecstasy wurde ab Werk zu jedem Rolls-Royce geliefert. Jede einzelne entstand von Hand. Der Guß erfolgte nach dem jahrtausendealten Prinzip der verlorenen Form. Bei dieser, korrekt als Wachsausschmelzverfahren bezeichneten Methode muß die Gußform zerstört werden, um das Guß-

Abb. Seite 226: Spirit of Ecstasy in kniender Version.

Kneeling Spirit of Ecstasy.

Die vergoldete Ausführung wurde seit 1920 ab Werk angeboten.

Since 1920 the company offered a gilded version.

Die noblen Besonderheiten

Abb. Seite 229: Die Spirit of Ecstasy harmoniert in ihrer beschwingten Anmut perfekt mit den klassisch klaren Linien des Kühlers.

The Spirit of Ecstasy as a fine work of art matches perfectly the classic lines of the radiator.

stück zu erlangen. Hier liegt die Erklärung, warum niemals eine Figur der anderen exakt gleicht. Charles Sykes, assistiert von seiner Tochter Jo, blieb bis zum Jahre 1948 für die Anfertigung der Spirit of Ecstasy verantwortlich. Jedes der Unikate trägt seine Signatur im Sockelbereich. Die Skulpturen sind signiert entweder mit »Charles Sykes, February 1911« oder gelegentlich »Feb 6, 1911« oder »6.2.11«. Auch nachdem Rolls-Royce ab 1948 selbst die Figuren goß, erhielten sie zunächst, das heißt bis zum Jahre 1951, noch diese Signatur.

Von 1911 bis 1914 wurde die Spirit of Ecstasy galvanisch versilbert, und daher rührt die oft geäußerte Vermutung, es handle sich um ein Stück aus Edelmetall – ein maßgeblicher Grund für die häufig beklagten Diebstähle. In etwas kleinerer Version und nur noch aus einer hochglanzpolierten Nickellegierung bestehend, behauptete die Kühlerzierde ihren Platz auf allen Rolls-Royce einschließlich der derzeitigen Modellreihe.

Diverse Änderungen blieben nicht ausgeschlossen. Die Kühlerfiguren für die im US-Werk in Springfield gebauten Rolls-Royce wurden modifiziert. Mit stärkerer Vorbeugung stellten sie keine Gefahr mehr für die Motorhauben dar. Beim Öffnen stießen deren Kanten nämlich gegen die Flügel, wenn die Figur nicht vorher zur Seite gedreht worden war.

Keine Begeisterung für die geflügelte Dame auf dem Kühler brachte F. Henry Royce auf, der sie für eine modische Applikation hielt und mäkelte, sie störe die glatte Linie des Wagenbugs. Der Auftrag für die Schaffung der Skulptur war während der krankheitsbedingten Abwesenheit des Chefingenieurs ergangen. In der Folge wurden die von F. Henry Royce benutzten Rolls-Royce meist ohne Kühlerfigur gefahren.

Als zu Beginn der dreißiger Jahre mit der neu eingeführten Karosserieform des Sports Saloon die Bauhöhe der Karosserien geringer wurde, ging von F. Henry Royce die Anregung aus, eine niedrigere Ausführung der Spirit of Ecstasy zu schaffen, die dem Fahrer beste Sicht gewähren sollte, auch bei niedrigerer Windschutzscheibe und tieferer Sitzposition. Charles Sykes schuf eine kniende Version, die diesen Anspruch erfüllte. Signiert mit »C. Sykes, 26.1.34« gab die Inschrift auf dem Sockel der Figur den Tag der Vollendung des ersten Stückes an.

Die kniende Version wurde auch für die nach dem II. Weltkrieg neu geschaffenen Modelle, den Rolls-Royce Silver Wraith und den Rolls-Royce Silver Dawn, beibehalten. Alle folgenden Modelle von Rolls-Royce hingegen tragen eine stehend ausgeführte Kühlerfigur, die aber im Vergleich zum ursprünglichen Modell in der Größe deutlich reduziert worden war.

Nur noch selten wird der Name mit Spirit of Ecstasy richtig angegeben – Spötter behaupten, dies geschähe nur noch im Rolls-Royce-Werk in Crewe. Der Kosename »Emily« hat sich durchgesetzt, und die amerikanischen Vettern sprechen von der »Silver Lady« oder »Flying Lady«.

Mit einer in Gold ausgeführten Spirit of Ecstasy hatte sich Rolls-Royce 1920 an einem Wettbewerb in Paris beteiligt, bei dem die schönste Kühlerfigur der Welt gesucht wurde. Die von Rolls-Royce ausgestellte Figur errang den ersten Platz. Von diesem Zeitpunkt an waren vergoldete Ausführungen der Spirit of Ecstasy ab Werk – gegen Aufpreis – erhältlich.

Der für seine exquisiten Kristallfiguren berühmte Franzose René Lalique schuf eine aus dem Sockel zu beleuchtende kniende Spirit of Ecstasy, die aus einem Stück Bergkristall geschnitten und dann geschliffen und poliert worden war.

Sicherheitsbestimmungen einiger Länder erwiesen sich als Hindernis für die Spirit of Ecstasy. Sie wurde als scharfkantig aus der Karosserie herausragendes Teil qualifiziert, das im Falle eines Unfalles Verletzungsgefahr berge. Die Montage der Figur auf den Kühlern von Rolls-Royce wurde mit dieser Begründung in der Schweiz in der zweiten Hälfte der siebziger Jahre untersagt. Käufer eines neuen Rolls-Royce bekamen sie als Zugabe ins Handschuhfach gelegt. Mit der Serie der Rolls-Royce Silver Spirit und Rolls-Royce Silver Spur wurde das Problem aus der Welt geschafft. Die Spirit of Ecstasy wird bei der geringsten Berührung mitsamt der Trägerplatte in den Kühler hineingezogen und verschwindet. Den Sicherheitsvorschriften war damit Genüge getan.

Die Frau, nach deren Bild die Kühlerzierde geformt wurde, hat den Erfolg der Statuette nicht erlebt. Eleanor V. Thornton starb an der Seite von Lord Montagu of Beaulieu, als am 30. Dezember 1915 der Dampfer SS Persia auf dem Weg nach Indien von einem deutschen U-Boot im Mittelmeer auf der Höhe von Kreta torpediert wurde. Lord Montagu, der ebenfalls für tot gehalten wurde, überlebte und wurde nach einigen Tagen von einem zu Hilfe geeilten Schiff geborgen. Bei seiner Rückkehr nach England konnte er in den Zeitungen die Nachrufe auf sich selbst lesen.

Hooper verwies dezent auf die Verbindung zum eigenen Königshaus – dazu kamen die Bestellungen auswärtiger Staatsoberhäupter.

Hooper were coachbuilders to the British Royal Family and many other heads of state besides.

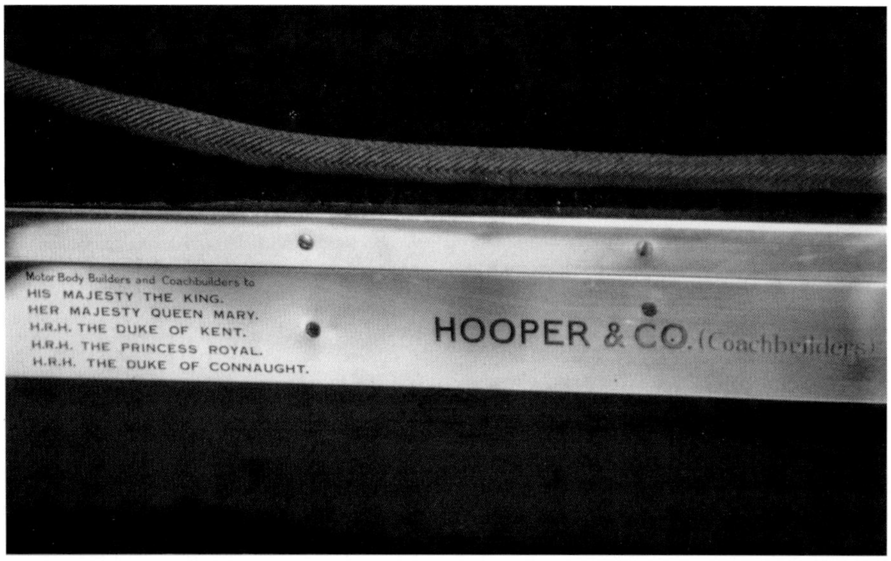

Karosseriebauer Hooper

Mit exquisiten Kaleschen, die das Wohlgefallen gekrönter Häupter fanden, errang die Firma Hooper Weltruhm schon im vorigen Jahrhundert. Kutschen aus dieser Manufaktur fanden sich in den Marställen zahlreicher Königshäuser.

Erfolgreich wurde der Wechsel zum Karosseriebau für Automobile bewältigt. Die Beurteilung der Aufbauten von Hooper war so gut, daß die Firma zum angesehensten Betrieb ihrer Art im britischen Empire wurde. Sie fertigte für alle führenden Automobilmarken der Welt. Einen Schwerpunkt bildeten die Wagen aus dem Haus Rolls-Royce.

Der Rückgang der Nachfrage nach handgefertigten Karosserien verursachte den Niedergang des traditionsreichen Hauses. 1959 schlossen sich die Werkstore. Nicht für immer allerdings, nur für einen langen Dornröschenschlaf.

Der Anfang des Hauses läßt sich auf das Jahr 1805 datieren. Zu diesem Zeitpunkt nämlich gründete in London George Hooper einen Handwerksbetrieb für die Herstellung von Kutschen. Mit perfekter Arbeitsausführung erwarb sich die Firma Hooper in kurzer Zeit einen soliden Ruf. Der Kundenkreis erweiterte sich über London hinaus auf Mitglieder des Landadels.

Nach angemessener Zeit – und angemessen ist nach britischem Maßstab ein Vierteljahrhundert – kam ein Auftrag von höchster Stelle.

Col. Waddielove bestellte nicht nur einen Rolls-Royce Silver Wraith bei Hooper, sondern dazu diese 4 Bentley R für seine Söhne.

Col. Waddielove ordered not only these 4 Bentley R for his sons but choose a Rolls-Royce Silver Wraith for himself.

Die noblen Besonderheiten

Seine Majestät, König Georg IV., orderte eine Kutsche für den Gebrauch bei Hof. Für Hooper resultierte aus der Ehre, Hoflieferant geworden zu sein, ein regelrechter Auftragsschub. Der war ohne Abstriche an der Qualität nicht ohne weiteres zu bewältigen. Die Arbeitsvorgänge waren nicht durch Maschineneinsatz zu vereinfachen; es handelte sich um reine Handarbeit. Diese konnte nur von versierten Fachkräften gut ausgeführt werden, deren Ausbildung viele Jahre in Anspruch nahm. Dazu kamen Schwierigkeiten mit den zur Verfügung stehenden Werkstoffen. Lackiervorgänge beispielsweise waren enorm zeitraubend, weil nur bei trockenem Wetter und geringer Luftfeuchtigkeit der Lack abband. Auf der regnerischen Insel herrschten entsprechende Voraussetzungen nur an etwa 50 von 365 Tagen des Jahres. Hooper erwuchsen aus der königlichen Unterstützung große Anforderungen und jede einzelne wurde gemeistert.

Königlichem Patronat verdankte der Kutschenbauer aus London den Aufstieg zur allerersten Adresse für feinste Pferdefuhrwerke. Nicht allein Englands High Society sah in den Kutschwagen von Hooper das angemessene Beförderungsmittel – die Liste der Besteller liest sich wie ein auf die nobelsten Namen verkürzter Gotha'scher Adelskalender. Prinz Wilhelm von Preußen, der nachmalige Kaiser Wilhelm I. von Deutschland, steht da verzeichnet. Der Name des russischen Zaren und Kaiserin Eugenie von Frankreich schließen sich an. Die Zahl der Könige, die Kutschwagen von Hooper für staatliche Repräsentationspflichten benutzten, ist Legion. Die penibel geführten Eintragungen in den Büchern von Hooper geben darüber hinaus Auskunft, daß sehr oft zusätzlich für intime Privatfahrten äußerlich zurückhaltend ausgeführte Kutschen zur Auslieferung an die blaublütigen Besteller kamen.

Sie lagen mit der Wahl genau richtig, denn mit außerordentlicher Sorgfalt wurde bei Hooper das feinste Material veredelt und mit Präzision und Können von geschickten Handwerkern zu einem Kunstwerk auf Rädern zusammengefügt. Für die Innenausstattungen dominierten Kombinationen von Seide oder Brokat mit Leder und edlen Tuchen. Für die äußere Gestaltung reichte die Variationsbreite des Materials von exotischen Hölzern mit vielfachen Lackschichten bis zur Belegung der kompletten Kutsche mit Blattgold. Die Qualität der fertiggestellten Arbeiten läßt sich nicht zuletzt daran ermessen, daß in England auch heute noch, zum Teil mehr als hundert Jahre nach ihrem

Rolls-Royce Silver Wraith, Baujahr 1959, Chassis-Nr. LHLW44. Für S. M. König Paul von Griechenland baute Hooper den Allweather Tourer. Die Montage des speziell gefertigten Klarsichtdaches gestaltete sich personalintensiv.

Allweather Tourer by Hooper for H. M. King Paul of the Hellenes. Mounting the perspex top employed a great many staff.

Bau, Kutschen von Hooper für den Einsatz bei öffentlichen Anlässen aus den Royal Mews des Buckingham Palastes hervorgeholt und eingesetzt werden. Das Geheimnis für die Haltbarkeit liegt in der Sorgfalt, mit der jedes einzelne Teil konstruiert wurde. Eine Kutsche dieser Klasse war keine Anschaffung fürs Leben, sondern für Generationen.

Das englische Königshaus, insbesondere Königin Viktoria, die einem ganzen Zeitalter den Namen gab, erwies sich als treuer Kunde für Hooper. Dies gilt auch für das deutsche Kaiserhaus. Kaiser Wilhelm I. und Kaiser Wilhelm II. gaben Aufträge an Hooper.

Rolls-Royce Silver Wraith, Baujahr 1953, Chassis-Nr. WVH74. Das viertürige Cabriolet von Hooper war Attraktion auf dem Genfer Automobilsalon von 1953. – Exakt der gleiche Rolls-Royce diente als Hochzeitswagen für S. D. Fürst Rainier III. von Monaco und Gracia Patrizia.

The Four Door Drop Head Coupé was a crowd stopper at the 1953 Geneva Show. – The same Rolls-Royce served as a wedding car for H. S. H. Prince Rainier III. of Monaco and H. S. H. Princess Grace.

Das blieb auch unveränderter Brauch, als mit dem Aufkommen der Automobile neue Anforderungen gestellt wurden. Inzwischen hatte George Norgate Hooper, der Sohn des Firmengründers, das Heft in die Hand genommen. Behutsam erweiterte er den traditionsreichen Bau von Pferdekutschen um erste Karosserien, die auf Automobil-Fahrgestelle gesetzt wurden. Die Automobilwerke produzierten nur Fahrgestelle mit Motor. Dem Kunden oblag es, einen Karosseriebauer seiner Wahl damit zu beauftragen, eine Karosserie zu entwerfen, zu fertigen und mit dem Chassis zu verbinden. Erste Wahl waren für eine solche Aufgabe die renommierten Kutschenbauer. Weil die Wünsche der Auftraggeber ihre persönlichen Ansprüche spiegeln, wurden Karosserien als Einzelstücke hergestellt. Zwar gab es Übereinstimmungen in den Grundlinien, sozusagen Standardtypen, aber die Ausstattung und kleine Einzelheiten wiesen deutliche Unterschiede auf, und aus dieser Periode des Automobilbaus gibt es nur selten zwei Modelle, die völlig gleich ausgeführt wurden.

Staatskarossen, die nicht mehr von Pferden gezogen, sondern von Motoren mit reichlich Pferdekräften angetrieben wurden, bildeten für Hooper den Einstieg in den neuen Markt des Karosseriebaus. Wenn es zu jener Zeit schon den Begriff Public Relations gegeben hätte, dann hätte Hooper der erste Preis für beste Public Relations gebührt. Die Werkshallen waren voll von Karosserien in jedem Stadium der Fertigstellung – und ein erheblicher Teil erhielt auf die Türen die Wappen der Mitglieder von Herrscherhäusern aufgemalt. Und diese Familien waren die Trendsetter jener Zeit. Was sie taten, wurde notiert, wem sie Aufträge gaben, dem wurde die Spitzenstellung zuerkannt.

Viele der Automarken, deren Fahrgestelle eine Karosserie von Hooper erhielten, sind längst vergangene Namen. Delauney-Belleville, Minerva und Napier und viele andere findet man nur noch in Büchern über Automobilveteranen. Zwei Marken, mit denen Hooper schon früh in Verbindung stand, strahlen aber auch heute noch am Automobilhimmel: Rolls-Royce und Bentley.

Wenn eine Karosserie von Hooper stammte, zeichnete sie sich durch hochwertigste Arbeitsausführung und einen dezenten, noblen Stil aus. Dazu mußte sie optimal auf die – teilweise exzentrischen – Bedürfnisse des Bestellers abgestimmt und auf Dauer gebrauchstüchtig sein.

Die noblen Besonderheiten

Ein Landschaftsmaler, der einen Rolls-Royce Phantom II als Künstleratelier auf Rädern ausgeführt haben wollte, bekam genau das, was er spezifiziert hatte. Eine Limousine, deren Dachteil sich hochklappen und als Staffelei verwenden ließ.

Eine Stärke von Hooper bildeten Aufbauten für Automobile mit sportlichem Charakter. Als Frederick Henry Royce, Chefingenieur und Mit-Namensgeber von Rolls-Royce, im Bemühen um geringeren Leistungsverlust die ersten Leichtbau-Karosserien zeichnen ließ, arbeitete Hooper nach dem vorgegebenen Entwurf einen der Prototypen. Besonders elegante Cabriolets entstanden in der Blütezeit des handwerklichen Karosseriebaus zu Anfang der dreißiger Jahre.

Es war die herausragende Qualität, die Hooper die Gunst gekrönter Häupter erhielt. Im Jahre 1936 konnte sich Hooper rühmen, Karosseriebauer für die Herrscherhäuser Japans, Ägyptens, Persiens, Spaniens und selbstverständlich Großbritanniens zu sein.

Nach dem Ende des II. Weltkrieges blieb diese Sonderstellung erhalten. Aga Khan, der Herrscher der Ismaeliten, stand ebenso in der Kundenliste wie der König des Irak und nach wie vor das englische Königshaus.

Die rapide in die Höhe schnellenden Kosten für traditionelle Handwerksarbeit und die immer besser ausgeführten und umfangreicher ausgestatteten Serienaufbauten führten zu erheblich geringerer Nachfrage nach speziell hergestellten Karosserien. Den deutlichsten Einbruch verursachte die Entwicklung der selbsttragenden Karosserie in der Automobilindustrie. Nicht mehr Fahrgestell mit Motor bildete die Basis eines Automobils, sondern eine komplett verschweißte Einheit nahm die Aggregate und die Innenausstattung auf.

Hooper verlor mehr und mehr Boden für das angestammte Geschäft. Mit einigen wenigen Aufbauten, die sich nur noch orientalische Herrscher leisten konnten, war die Firma nicht zu erhalten. Mit drei Ausstellungsstücken auf der Earls Court Motor Show in London zeigte Hooper noch einmal Flagge. Kurz darauf schloß Osmond Rivers, der Chefdesigner von Hooper, das Produktionsbuch mit der Eintragung »Produktion eingestellt Dezember 1959«.

Die Wartung und Pflege der Fahrzeuge in den Royal Mews übernahm die Konkurrenz – Park Ward, die Rolls-Royce eigene Karosseriebaudivision.

Hooper als Karosseriebauer existierte nicht mehr. Als Werkstatt und Vertretung für Rolls-Royce blieben die über Jahrzehnte gewachsenen Verbindungen nicht ganz ohne Leben. Mit neuem Kapital und neuen Ideen erfolgte um die Mitte der achtziger Jahre der Anstoß zur Wiederaufnahme des Karosseriebaus in traditioneller Form.

Innerhalb weniger Jahre schob sich Hooper in dem nur noch kleinen Kreis von Handwerksbetrieben, die Sonderaufbauten für Rolls-Royce und Bentley schufen, neben Mulliner Park Ward auf die Spitzenposition. Mit einem komplett eigenständig ausgeführten Aufbau für den Bentley Mulsanne bewies die Firma ihr Format, Blechkleider zu schaffen, die sich nicht an den vorgegebenen Linien der Standardkarosserien orientieren.

Hooper-Details.

Die noblen Besonderheiten

Stander, Monogramme und Familienwappen

In der nicht unerheblichen Anzahl von Möglichkeiten, die Besitzern offenstehen, um ihrem Automobil eine persönliche Note zu geben, spielt jene, die eigenen Initialen oder das Familienwappen am oder auf dem Fahrzeug zu führen, eine wichtige Rolle. Bei Rolls-Royce und Bentley findet sich eine ungebrochene Tradition in der Pflege dieses Brauches seit den Tagen, als pferdegezogene Kutschen und motorisch betriebene Karossen im Erscheinungsbild noch weitgehend Ähnlichkeit aufwiesen.

Unübersehbar auf die Kutschen aufgetragene Wappen hatten bezüglich Stand und Rang der beförderten Persönlichkeit keinen Zweifel gelassen. – Und etwa dafür gesorgt, die Rangfolge einzuhalten, wenn bei Hof vorgefahren wurde. Solchem Zweck dienten die am Auto geführten Familienfarben kaum oder gar nicht mehr. Sie gaben eher den letzten Schliff, um den betreffenden Rolls-Royce oder Bentley als ganz persönlichen Besitz des Eigentümers auszuweisen.

Unterschiedliche Versionen konnten einen solchen Wunsch erfüllen. Beim Monogramm wurden einer oder mehrere künstlerisch ausgeführte Buchstaben, nebeneinander gesetzt oder ineinander verschlungen, auf die Türen aufgetragen. Auf die hinteren Türen bei chauffeurgesteuerten Fahrzeugen, auf die vorderen, wenn der Besitzer selbst fuhr. Die geeignete Stelle war knapp unterhalb der Fenster und – mit Ausnahme von Staatskarossen – galt es, dem Motto »je kleiner, desto feiner« zu folgen.

Wenn die Familie ein Wappen führte, so konnte dies an der gleichen Stelle eingesetzt werden, eventuell eingefaßt von einem Spruchband mit dem Familienmotto. Mitgliedern herrschender Häuser stand es offen, das Kunstwerk von der Größe einer Miniatur mit einer Krone zu versehen. Es war durchaus gebräuchlich, statt des vollen Wappens nur das Wappentier oder lediglich die Helmzier abzubilden. Zahlreiche Rolls-Royce und Bentley der Vorkriegszeit und der frühen Nachkriegszeit sind in der beschriebenen Art und Weise verfeinert worden. Nach und nach schwand das Interesse daran, ein Automobil oder seinen Besitzer mittels der Kunst der Heraldik kenntlich zu machen. Es ist aber nicht gänzlich erloschen. In Großbritannien gibt es heute allerdings nur noch einen Wappenmaler, dem ein Royal Warrant erteilt ist. Einzig G. Francis ist Heraldic Artist – by Appointment.

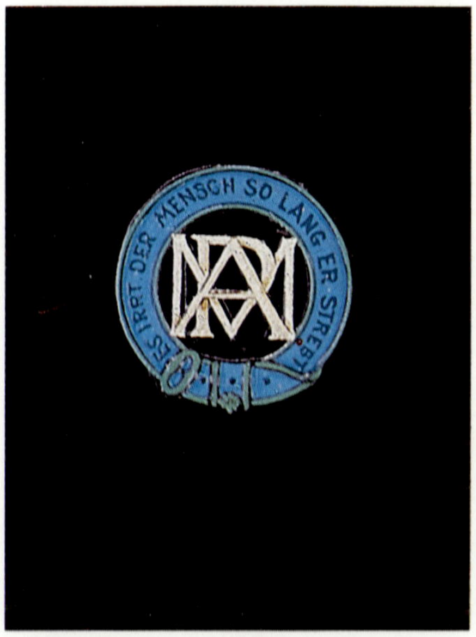

Links:
Namensinitialen und Familienmotto.

Initials surrounded by the owner's motto.

Rechts:
Wappen I. M. Königin Elisabeth II., eingefaßt mit dem Motto des Hosenbandordens.

H. M. The Queen's crest.

Abb. Seite 234:
Stander auf Rolls-Royce Phantom V.

The Union Jack flown as a pennant on a Rolls-Royce Phantom V.

Blaulicht und Krone gewähren den Rolls-Royce des königlichen Haushaltes Vorfahrt.

A police light and a shield as fitted to Royal Rolls-Royce motor cars.

Die weiteren Tätigkeitsfelder von Rolls-Royce

Fertigung von Motoren und Präzisionsteilen

Automobile stellen das bekannteste Erzeugnis dar, das mit dem Namen Rolls-Royce in Verbindung gebracht wird. Darüber hinaus besitzt der Name Geltung in der Luftfahrt als Hersteller von Flugzeugmotoren und Düsentriebwerken. Auf dieses Tätigkeitsfeld des Konzerns ist bereits verschiedentlich Bezug genommen worden. Weniger bekannt ist Rolls-Royce wegen der Erzeugung von Präzisionsteilen, deren Verwendungsbereiche von der Medizin bis zur Raumfahrt reichen. Für Überraschung sorgt gelegentlich der Hinweis auf die führende Stellung, die Rolls-Royce beim Bau von Dieselmotoren innehat.

Der Dieselmotor scheint mit seiner Laufkultur zu weit entfernt von der Charakteristik seidenweicher Kraftentfaltung und unhörbaren Motorlaufs, die als Markenzeichen für Rolls-Royce gelten. Die Entwicklung einer Palette von Motoren zur Verwendung in Lastkraftwagen für zivile und militärische Verwendungszwecke nahm bereits während des II. Weltkrieges ihren Anfang. In der Nachkriegszeit wuchs dieser Bereich und umfaßte schließlich auch zahlreiche Versionen solcher Motoren, bei deren Verbrennungsvorgang Dieselöl als Energieträger diente. Die Motorenpalette bot neben Motoren für Lastkraftwagen und stationären Kraftquellen auch Maschinen für den Antrieb von Lokomotiven und Panzerfahrzeugen.

Eine eigene Division schuf Motoren für Sportflugzeuge und kleine Reisemaschinen, für die Düsentriebwerke nicht in Frage kamen.

Die Herstellung von Präzisionsteilen galt nicht allein für mechanische Komponenten, die im Fahrzeugbau Verwendung fanden – obwohl sie überwiegend auf diesen Zweck ausgerichtet war. In der gleichen Abteilung entstanden ebenso die Kühlerfiguren. Und künstliche Hüftgelenke, die gewiß nicht zu den Erzeugnissen gehören, die auf Anhieb genannt werden, wenn der Name Rolls-Royce fällt.

Bau von Düsentriebwerken

In den Jahren nach dem II. Weltkrieg stellte in den Bilanzen des Konzerns die Automobilproduktion keine überragende Position dar. Mit Wohlwollen wurde hausintern zur Kenntnis genommen, daß mit der Einführung der Modellreihe Rolls-Royce Silver Shadow und Bentley T die ständige Subventionierung dieses Produktionszweiges mit den Erträgen aus dem Bau von Düsentriebwerken ein Ende gefunden hatte. Der Bau der neuen Typen gelang nicht allein kostendeckend, sondern erbrachte einen beachtenswerten Profit. Dies war mehr, als sich von den Vorgängermodellen sagen ließ, die – mit Ausnahme der frühen Nachkriegstypen – stets die Automobilfertigung als defizitären Bereich ausgewiesen hatten. Weil sich der Betrag, der für diesen Minusposten aufzuwenden war, im Rahmen hielt, und weil das Management der Tugend der Traditionspflege verhaftet war, wurde der Betriebszweig aufrechterhalten.

Gewinne flossen reichlich aus dem größten Betriebszweig von Rolls-Royce, der Fertigung von Düsentriebwerken. Diese hatte im II. Weltkrieg mit Entwicklungsarbeiten begonnen und in weniger als drei Jahren zu ersten einsatzfähigen Aggregaten geführt. Für den Kampfeinsatz fanden die neuen Antriebseinheiten allerdings keine Verwendung mehr. Sie waren aber der Schlüssel, mit dem sich für Rolls-Royce das Tor zu dem Markt des mit unglaublichen Zuwachsraten wachsenden Luftverkehrs in der Nachkriegszeit öffnete. Rolls-Royce wurde zum Lieferanten für Flugzeugbauer und Luftfahrtgesellschaften. Begonnen hatte alles mit der Vickers Viscount von 1948, die über vier Dart-Triebwerke von Rolls-Royce verfügte. Den nächsten Schritt bildeten die vier Rolls-Royce-Avon-Triebwerke für die De Havilland Comet, den ersten Turbojet der Welt. Im Zuge stetiger Weiterentwicklung vervollkommnete Rolls-Royce die Düsenaggregate und gewann Kunden um Kunden.

Im Testbetrieb auftretende Probleme verteuerten und verzögerten die Herstellung des Triebwerks RB 211 von Rolls-Royce.

In 1967 tests of the RB 211 started, but rising costs led to financial disaster in 1971.

Senkrechtstart-Transporter Dornier DO31E3 mit insgesamt 10 Triebwerken. Unter den Tragflächen zwei Rolls-Royce RB145B Pegasus mit Schwenkdüsen, und in den außenliegenden Gondeln je 4 Rolls-Royce RB162. Die 1959 begonnene Entwicklung führte erst 1967 zum Erstflug.

German »jump transport plane« Dornier DO31E3 powered by 10 Rolls-Royce engines.

Neben zivilen Abnehmern bediente der Hersteller auch Einheiten der Luftstreitkräfte. Dazu gehörten außer der Royal Air Force die Luftwaffen von nahezu 60 weiteren Ländern. In diesem Bereich, wo höchste Leistungen Priorität genossen und die im Zivilsektor maßgeblichen Kenngrößen wie lange Lebensdauer und wirtschaftliche Wartungs- und Unterhaltungskosten von geringerem Interesse waren, verschlangen Entwicklungen immens hohe Kapitalbeträge, wie sie nur von großen Konzernen aufgebracht werden konnten. Mit Unterstützung von regierungsamtlicher Seite übernahm Rolls-Royce nach und nach die wichtigsten Konkurrenten in Großbritannien. Im Wege des Zusammenschlusses sollte die internationale Wettbewerbsfähigkeit gesichert werden.

Wachsende Größe bietet indes nicht zwangsläufig die Gewähr, Fährnissen begegnen zu können. Auch ein Konzern kann ins Straucheln geraten. Rolls-Royce brachte sich in Schwierigkeiten, als eine neue technische Entwicklung vielversprechende Testergebnisse zeigte. Kohlefaserverstärktes Fiberglas wies als Material für einzelne Turbinenteile geringes Gewicht bei günstigen Produktionskosten auf. Dazu kamen als Vorteile ein wesentlich niedrigerer Geräuschpegel und ein deutlich verringerter Kraftstoffverbrauch. Bevor sich gegen Ende der Tests erwies, daß den Vorteilen unüberwindbare Hindernisse als Nachteile gegenüberstanden, hatte Rolls-Royce bereits eine neue Motorengeneration aufgelegt und amerikanischen Abnehmern vertraglich die Belieferung zugesichert. Tiefgreifende Konstruktionsänderungen wurden notwendig, um Ersatzlösungen zu realisieren. Die zugesicherten Lieferzeiten waren nicht einzuhalten mit der Folge immens hoher Konventionalstrafen; darüber hinaus wurden Folgeaufträge ersatzlos gestrichen.

Im Jahr 1970 mußte Rolls-Royce zur Abwendung des Konkurses die Geschäftsführung durch einen

Die weiteren Tätigkeitsfelder von Rolls-Royce

Zwangsverwalter akzeptieren. Eine Sanierung war nur möglich, indem der Staat den Konzern übernahm und aus Steuermitteln die Verbindlichkeiten abdeckte. In staatlicher Regie wurde der Bau von Flugzeugtriebwerken weiterbetrieben. Die mit Gewinn arbeitenden Teilbereiche wurden als selbständige Unternehmen ausgegliedert.

Rolls-Royce Motors Ltd. wurde auf diese Weise selbständig und seit 1973 als öffentliche Aktiengesellschaft mit an der Londoner Börse kotierten Aktien geführt. Die Automobilfertigung, für die Rolls-Royce Motors Ltd. stand, blieb nur einige Jahre auf sich gestellt. Im Zuge einer Fusion fand sie Aufnahme im Vickers-Konzern.

Die Rolls-Royce Ltd., deren Feld der Bau von Flugzeugtriebwerken darstellt, hat sich von dem vor etwa 20 Jahren erfolgten Desaster erholt und glänzt mit einer Gewinnsituation, die der Überlegung Nahrung gibt, sie aus staatlicher Regie zu entlassen und über die Börse zu privatisieren.

Die Gründer des Hauses, Frederick Henry Royce und Charles Stewart Rolls, schufen mit dem Namen Rolls-Royce einen Begriff, der zum Synonym für beste britische Ingenieurskunst steht. Diese Reputation erwarb der Name Rolls-Royce in den Anfangsjahren dieses Jahrhunderts, und der Anspruch gilt gegen Ende des Jahrhunderts nicht weniger.

Rolls-Royce liefert die Olympus-Triebwerke der Concorde, des schnellsten Passagierflugzeuges der Welt.

The Olympus turbine engines for Concorde are supplied by Rolls-Royce.

OIL

Die Typologie aller Modelle

Vorbemerkung

Auf den folgenden Seiten finden sich die detaillierten Angaben zu allen Modellen, die bei Rolls-Royce ab 1904, bei Bentley ab 1919 gebaut wurden.
Da Bentley zunächst eine selbständige Gesellschaft war und nach Übernahme durch Rolls-Royce die bis zum Ausbruch des II. Weltkrieges entstandenen Automobile dieser Marke ein unzweifelhaft eigenständiges Profil hatten, bot sich die im folgenden zu findende Gliederung als praktikabelste an:

A. Rolls-Royce	1904–1939
B. Bentley	1919–1939
C. Rolls-Royce und Bentley	seit 1945

Die weitgehende Übereinstimmung der Typen beider Marken in technischer Hinsicht in der Periode nach dem II. Weltkrieg legte die zusammenfassende Behandlung nahe. Wo immer Besonderheiten auftraten, sind sie indes mit Sorgfalt berücksichtigt worden.
Die Angaben zu Stückzahlen und zu technischen Daten sind das Ergebnis penibel geführter Recherchen und stellen den aktuellen Wissensstand um die Jahreswende 1989/1990 dar.

Rolls-Royce 30 H. P., Baujahr 1905, Chassis-Nr. 26355. Nur Relikte eines Rolls-Royce 30 H. P. fanden sich im fernen Australien; nach einer aufwendigen Wiederherstellung präsentiert sich der einzige überlebende Wagen dieses Typs in alter Pracht. Die Zweisitzer-Karosserie stammt von Jarvis.

Only bits and pieces of a Rolls-Royce 30 H. P. were found down under. As a result of a major rescue-operation in the sixties the only surviving car of this type returned to its former glory. Two seater coachwork by Jarvis.

Die Typologie aller Modelle

Rolls-Royce 10 H.P.

Baujahre: 1904–1905
Stückzahl: 13

Motor	2 Zylinder in Reihe; Wasserkühlung; Bohrung × Hub 95,3 mm × 127 mm, Hubraum 1809 ccm; 3fach gelagerte Kurbelwelle; Tropfölschmierung, Ölkreislauf pumpenunterstützt; Hochspannungszündung mit 2 voneinander unabhängigen Batterien; Royce-Vergaser nach System Krebs; Leistung ca. 12 PS bei 1000 U/min	
Kraftübertragung	Konuskupplung; 3-Gang-Getriebe mit Rückwärtsgang; starre Hinterachse, 3 verschiedene Übersetzungsverhältnisse standen zur Wahl	
Fahrgestell	Stahlrahmen, Hilfsrahmen für den Motor; Halbelliptikfedern an allen 4 Rädern; Fußbremse auf Getriebe, Handbremse auf Hinterräder wirkend	
Abmessungen	Radstand 1905 mm, Spurweite 1219 mm, Reifen 810 × 90;	
Geschwindigkeiten	bei mittlerer Achsuntersetzung 1. Gang 21 km/h, 2. Gang 35 km/h, 3. Gang 58 km/h; in der längsten Achsuntersetzung ermöglichte der 3. Gang 63 km/h	
Jahr	Chassis-Nummern	Bemerkenswerte Modifikationen
1904–06	20150–20169	ab 1905 Bohrung × Hub 100 mm × 127 mm, Hubraum 1995 ccm

Rolls-Royce 15 H.P.

Baujahre: 1904–1905
Stückzahl: 6

Motor	3 Zylinder in Reihe; Wasserkühlung; Bohrung × Hub 101,6 mm × 127 mm, Hubraum 3089 ccm; 4fach gelagerte Kurbelwelle; Tropfölschmierung, Ölkreislauf pumpenunterstützt; Hochspannungszündung mit 2 voneinander unabhängigen Batterien; Royce-Vergaser mit automatischer Gemischregulierung; Leistung ca. 15 PS bei 1000 U/min
Kraftübertragung	Konuskupplung; 3-Gang-Getriebe mit Rückwärtsgang; Kardanantrieb; starre Hinterachse, 3 verschiedene Untersetzungsverhältnisse standen zur Wahl
Fahrgestell	Stahlrahmen; Halbelliptikfedern an den Vorderrädern, die Halbelliptikfedern der Hinterräder stützen sich auf eine hinten quer angebrachte Halbelliptikfeder (Plattformfederung); Fußbremse auf Getriebe, Handbremse auf Hinterräder wirkend
Abmessungen	Radstand 2616,2 mm; Spurweite 1270 mm; Reifen 810 × 90; Gewicht ohne Karosserie 711,25 kg
Geschwindigkeiten	bei mittlerer Achsuntersetzung 1. Gang 21 km/h, 2. Gang 35,4 km/h, 3. Gang 51,5 km/h. In der längsten Achsuntersetzung ermöglichte der 3. Gang 63,5 km/h
Chassis-Nummern	23924, 24272, 24273, 26330, 26331, 26332

Baujahre: 1904–1906
Stückzahl: 40

Rolls-Royce 20 H.P.

Motor	4 Zylinder in Reihe; Wasserkühlung; Bohrung × Hub 101,6 mm × 127 mm, Hubraum 4118 ccm; 5fach gelagerte Kurbelwelle; Tropfölschmierung, Ölkreislauf pumpenunterstützt; Hochspannungszündung mit 2 voneinander unabhängigen Batterien; Royce-Vergaser mit automatischer Gemischregulierung; Leistung ca. 20 PS bei 1000 U/min	
Kraftübertragung	Konuskupplung; 3-Gang-Getriebe mit Rückwärtsgang; 3. Gang direkt übersetzt, 4. Gang Overdrive; Kardanantrieb; starre Hinterachse	
Fahrgestell	Stahlrahmen, Hilfsrahmen für den Motor; Halbelliptikfedern vorn, Plattformfederung hinten; Fußbremse auf Getriebe, Handbremse auf Hinterräder wirkend	
Abmessungen	Radstand 2895,6 mm, Spurweite 1422,4 mm, Reifen vorn 870 × 90, Reifen hinten 880 × 120; Gewicht ohne Karosserie 838,2 kg	
Geschwindigkeit	max. 76 km/h	
Jahr	Chassis-Nummer	Bemerkenswerte Modifikationen
1905	24263, 24264, 26350–26354, 26356–26359, 26370	Ergänzung um Tourist-Trophy-Replica-Modelle mit speziellen Untersetzungsverhältnissen des Getriebes. Darauf folgend Einführung des »Light Twenty« als Sportversion mit geänderten Abmessungen: Radstand 2692,4 mm, Spurweite 1320,8 mm; Reifen vorn 810 × 90, Reifen hinten 810 × 100; Gewicht ohne Karosserie 736,6 kg; Geschwindigkeit max. 84 km/h
1906		Tourist-Trophy-Modelle mit Drahtspeichenrädern (statt Holzspeichenrädern)

Baujahre: 1905–1906
Stückzahl: 37

Rolls-Royce 30 H.P.

Motor	6 Zylinder in Reihe; Wasserkühlung; Bohrung × Hub 101,6 mm × 127 mm, Hubraum 6177 ccm; Hochspannungszündung, Kommutator an der Spritzwand; Royce-Vergaser mit automatischer Gemischregulierung; Leistung nominell 30 PS bei 1000 U/min		
Kraftübertragung	Konuskupplung; 4-Gang-Getriebe mit Rückwärtsgang; 3. Gang direkt übersetzt, 4. Gang Overdrive; Kardanantrieb; starre Hinterachse		
Fahrgestell	Stahlrahmen, Halbelliptikfedern vorn, Plattformfederung hinten; Fußbremse auf Getriebe, Handbremse auf Hinterräder wirkend		
Abmessungen		Chassis kurz	Chassis lang
	Radstand	2959,1 mm	2997,2 mm
	Spurweite	1422,4 mm	1422,4 mm
	Reifen vorn	870 × 90	880 × 120
	Reifen hinten	880 × 120	895 × 135
	Gewicht ohne Karosserie	939,8 kg	965,2 kg
Geschwindigkeit	mit leichter Karosserie max. 88 km/h		
Chassis-Nummern	23927, 24274, 24275, 26370–26375, 60500–60538		

Die Typologie aller Modelle

Rolls-Royce V8 Legalimit

Baujahre: 1905–1906
Stückzahl: 3

Motor	8 Zylinder in V-Form; Wasserkühlung; Bohrung × Hub 82,6 mm × 82,6 mm, Hubraum 3535 ccm; Zylinderköpfe nicht abnehmbar; Kurbelwelle mit 3 Hauptlagern; pro Zylinderreihe 1 Zündspule; Royce-Vergaser (nach System Krebs) mit Vorgabewerten
Kraftübertragung	Konuskupplung; 3-Gang-Getriebe mit Rückwärtsgang; Kardanantrieb; starre Hinterachse
Fahrgestell	Stahlrahmen, Halbelliptikfedern vorn, modifizierte Plattformfederung hinten; Fußbremse auf Getriebe, Handbremse auf Hinterräder wirkend
Abmessungen	Radstand 2692,4 mm oder 2286 mm; Spurweite 1320,8 mm; Reifen vorn 810 × 90 oder 820 × 120, Reifen hinten 810 × 100 oder 820 × 120; Gewicht ca. 1016 kg
Geschwindigkeit	max. 32 km/h (absichtlich auf gesetzlich zulässige Höchstgeschwindigkeit limitiert)
Chassis-Nummern	80500 (Legalimit), 40518 Landaulet

Charles Stewart Rolls am Lenkrad eines sehr frühen (noch mit ovalem Schild auf dem Kühler) Rolls-Royce 20 H. P. Es handelt sich um den Tourist-Trophy-Rennwagen des Jahres 1905.

Charles Stewart Rolls at the steering wheel of an early (still oval plate on the radiator) Rolls-Royce 20 H. P. This was the Tourist Trophy race car of 1905.

Percy Northey mit dem zweiten Rolls-Royce 20 H. P., den das Werk in der Tourist Trophy 1906 einsetzte. Er schied aus, weil er eine Brükkenfassung rammte und sandte noch während des Rennens ein Telegramm an Frederick Henry Royce mit dem Text: »Feder gebrochen, Herz gebrochen«.

Percy Northey piloting the 2nd Rolls-Royce 20 H. P., which took part in the 1906 Tourist Trophy. He resigned after an accident and, while the race was going on, sent a telegram to Frederick Henry Royce reading: »Spring broken, heart broken«.

Baujahre: 1906–1924
Stückzahl: 6173

Rolls-Royce Silver Ghost

(in Großbritannien gebaut)

Motor	6 Zylinder in Reihe; 2 Zylinderblöcke mit je 3 Zylindern, Zylinderkopf und Zylinderblock eine Einheit; seitliche Einlaß- und Auslaßventile; 7fach gelagerte Kurbelwelle; Bohrung × Hub 114,3 mm × 114,3 mm; Hubraum 7036 ccm; doppelte Zündanlage mit Magnet und Zündspule; Druckumlaufschmierung; Rolls-Royce-Vergaser mit Kühlwasserheizung; Leistungsangabe: 48 PS bei 1250 U/min (spätere Modelle leisteten ca. 80 PS bei 2250 U/min)
Kraftübertragung	Konuskupplung; 4-Gang-Getriebe, 3. Gang direkt übersetzt, 4. Gang Overdrive, Kardanantrieb; starre Hinterachse mit Differential
Fahrgestell	Längsträger aus gepreßtem Stahlblech mit rohrförmigen Querstreben verbunden; Federung vorn: Halbelliptikfedern, Reibungsstoßdämpfer; Federung hinten: Plattformfederung; Handbremse auf Hinterräder, Fußbremse auf Getriebe wirkend
Abmessungen	Radstand 3441,7 mm oder 3644,9 mm; Spurweite 1422,4 mm; Reifen vorn 875 × 105 oder 880 × 120, hinten 880 × 120 oder 895 × 135; Gewicht ohne Karosserie 1066,8 kg oder 1143 kg;
Geschwindigkeiten	mit leichter Karosserie max. 135 km/h; stromlinienverkleidete Sportversion max. 163,3 km/h

Anmerkungen:
Ab 1914 (Chassis-Serie B, Chassis-Nr. mit Prefix AB) wurde die Nummer 13 nicht mehr verwendet. Die Liste enthält 508 Nummern, die nicht verwendet wurden. 140 Nummern wurden doppelt vergeben, das Prefix wurde um ein E (für Extra) ergänzt.
Aus den Chassis-Serien O und P wurden zahlreiche Chassis-Nummern den im Zweigwerk in Springfield/USA gebauten Rolls-Royce Silver Ghost zugeteilt. Bei einigen Experimentalfahrzeugen, die nach Testabschluß verkauft wurden, war vorher die Chassis-Nummer geändert worden (z. B. 2300 in 2300X).

Jahr	Chassis-Nr. und -Serie	Bemerkenswerte Modifikationen
1906–07	60539–60599	
1907–08	60700–60799	Federung hinten Dreiviertelelliptikfedern
1908–09	900–1015	
1910–11	1100–1799	Bohrung × Hub 114,3 mm × 120,7 mm, Hubraum 7,428 ccm; 3-Gang-Getriebe, 3. Gang direkt übersetzt; vor dem Motor angebrachter Kurbelwellenschwingungsdämpfer (Änderung während der 1500er Serie auf in den Motor integrierten Kurbelwellenschwingungsdämpfer); Verstellmechanismus für Zündung und Drosselklappe auf der Lenksäule (statt am Armaturenbrett); London–Edinburgh-Typen mit Cantilever-Federung hinten (ab 1912 Standard, Änderung während der 2100er Serie)
1912	1800–1999	wahlweise Drahtspeichenräder (ab 1913 Standard, Holzspeichenräder bis 1921 auf Wunsch)
1912–13	2000–2699	Colonial-Chassis mit 4-Gang-Getriebe, 4. Gang direkt übersetzt (ab 1913 Chassis 32 MA Standard); Fußbremse auf Hinterräder wirkend

Jahr	Chassis-Nr. und -Serie	Bemerkenswerte Modifikationen
1913–14	A 1–20 CA 1–58 NA 1–31 MA	London–Edinburgh-Typen mit Leichtmetall-Kolben (ab 1919 Serie J Standard); Radstand 3644,9 mm; Reifen vorn und hinten 895 × 135; wahlweise elektrische Beleuchtung (ab 1919 Standard)
	B 32– 56 MA 1– 67 AB 1– 25 EB	
	C 26– 60 EB 1– 68 RB 1– 4 PB	
	D 5– 65 PB 1– 62 YB	
	E 63– 66 YB 1– 67 UB 1– 23 LB	
1914–15	F 24– 68 LB 1– 49 GB 1– 29 TB	
1915	G 30– 37 TB 55 TB 1– 32 BD 1– 32 AD 1– 33 ED	
1915–16	1– 21 RD	

Die Typologie aller Modelle

Rechts:
Rolls-Royce Silver Ghost, Baujahr 1921, Chassis-Nr. 143AG. Den offenen Tourenwagen schuf H. J. Mulliner. Die Passagiere auf der Rücksitzbank schützte eine eigene Scheibe.

Open Touring Car by H. J. Mulliner. Rear passengers were protected by a separate windscreen.

Links:
Rolls-Royce Silver Ghost, Baujahr 1913, Chassis-Nr. 2266. Der Saloon von H. J. Mulliner zeigt auf jeder Seite eine in der Mitte eingepaßte Tür.

Two door saloon by H. J. Mulliner with unusual door arrangement.

Jahr	Chassis-Nr. und -Serie	Bemerkenswerte Modifikationen
1916–17	H 22– 35 RD	
	1– 29 CB	
	1– 30 PD	
	1– 28 AC	
1919	J 1– 6 EX	elektrische Anlasser Standard
	1– 36 PP	
	1– 48 LW	
	1– 81 TW	
1919–20	1– 97 CW	
1920	K 98–102 CW	
	1–121 FW	
	1–136 BW	
	L 138–165 BW	
	7– 16 EX	
	1–141 AE	
	1– 85 EE	
	M 86–141 EE	
	1– 81 RE	
	1– 81 PE	
	1– 36 YE	
	N 37– 81 YE	
	1– 81 UE	
	1– 81 LE	
	1– 81 GE	
	1– 81 TE	
1921	1– 67 CE	Kühlwasserthermostat
	O 68–107 CE	
	1–108 NE	
	1–182 AG	
	1–198 LG	
	1–213 MG	
	1– 76 JG	
	1– 35 UG	
	P 36– 97 UG	
1921–22	1– 91 SG	
1922	1– 94 TG	
	1– 43 KG	
	1– 44 PG	
	1– 43 RG	
	1– 81 YG	
	1– 81 ZG	
	1–102 HG	
1923	R 1–100 LK	Radstand 3657,6 mm oder 3822,7 mm; Reifen vorn und hinten 33 × 5; Vergaser abgasbeheizt
	1–100 NK	
	1– 63 PK	
1923–24	S 1–135 EM	
1924	1– 71 LM	
	T 1–103 RM	
	1– 85 TM	
	U 1–141 AU	4-Rad-Bremsanlage mit getriebeunterstütztem Bremskraftverstärker
1924–25	1–127 EU	

Die Typologie aller Modelle

Baujahre: 1921–1926
Stückzahl: 1703

Rolls-Royce Silver Ghost

(gebaut in den USA)

Motor	6 Zylinder in Reihe; 2 Zylinderblöcke mit je 3 Zylindern, Zylinderkopf und Zylinderblock eine Einheit; seitliche Einlaß- und Auslaßventile; 7fach gelagerte Kurbelwelle; Leichtmetallkolben; Bohrung × Hub 114,3 mm × 120,7 mm, Hubraum 7428 ccm; doppelte Zündanlage mit Magnet und Zündspule; Rolls-Royce-Vergaser mit Kühlwasserheizung; Leistung 65 Brems-PS (spätere Modelle leisteten ca. 80 PS bei 2250 U/min)
Kraft-übertragung	Konuskupplung; 4-Gang-Getriebe, 4. Gang direkt übersetzt; Kardanantrieb; starre Hinterachse mit Differential
Fahrgestell	Längsträger aus gepreßtem Stahlblech mit rohrförmigen Querstreben verbunden; vorne Halbelliptikfedern, Reibungsstoßdämpfer; hinten Cantilever-Federung; Fußbremse und Handbremse auf die Hinterräder wirkend
Abmessungen	Radstand 3657,6 mm oder 3822,7 mm; Spurweite 1422,4 mm; Reifen 33 × 5 auf 23″-Felgen (später 33 × 6,75 auf 21″-Felgen, danach 7″-20 auf 20″-Felgen); Gewicht ohne Karosserie 1295,4 kg, Gewicht mit üblicher Karosserie ca. 1800 kg
Geschwindigkeit	max. 112,6 km/h

Rolls-Royce Silver Ghost. Als »Formal Town Car« bezeichneten die Amerikaner jene Version, die in England »Sedanca de Ville« hieß. Der Fahrer saß im Freien, die Passagiere schützte ein geschlossenes Abteil.

The Americans called this Version a »Formal Town Car«, whereas in England the term »Sedanca de Ville« was more usual. The driver sat in the open, the passengers were protected by closed coachwork.

Rolls-Royce Silver Ghost, Baujahr 1923, Chassis-Nr. S383HH. Oxford Tourer von Rolls-Royce Custom Coachwork.

Oxford Tourer by Rolls-Royce Custom Coachwork.

Jahr	Chassis-Nr.
1921	CE: 102–106; NE: 114–123; AG: 7, 11, 15, 19, 22, 26, 30, 33, 36, 39, 42, 45, 48, 51, 53, 57, 60, 63, 66, 69; LG: 4, 7, 14, 16, 19, 22, 27, 30, 35, 39, 43, 46, 50, 52, 58, 63, 67, 72, 75, 79, 83, 87, 90, 94, 97, 100, 105, 108, 111, 114, 119, 123; MG: 5, 9, 14, 19, 24, 28, 33, 39, 42, 46, 50, 55, 59, 63, 68, 77, 82, 85, 89, 95, 99, 103, 108, 110, 112, 117, 120, 125, 131, 136, 143; JG: 4, 9, 15, 21, 25, 30, 35, 39, 44, 49, 55, 58, 63, 69, 74, 78, 82, 87, 93, 98, 103, 107, 112, 116, 122, 128, 133, 142, 147, 155 Bemerkenswerte Modifikationen 1921: ab 33 AG Zündmagnet von Bosch (statt Watford); ab 95 MG Lichtmaschine von Bijur (statt Lucas) und Anlasser von Bijur (statt Rolls-Royce)
1922	UG: 2, 5, 8, 12, 15, 18, 21, 23, 24, 27, 30, 33, 36, 39, 42, 45, 48, 51, 53, 56, 59, 62, 65, 68, 70, 73, 76, 80, 83, 86, 90, 93, 96; SG: 5, 9, 14, 19, 28, 34, 39, 43, 47, 51, 55, 59, 63, 68, 74, 78, 82, 85, 89, 94, 99, 103, 108, 112, 116, 120, 124, 128, 132, 136, 140; TG: 4, 7, 10, 14, 18, 22, 26, 30, 34, 36, 40, 45, 49, 53, 58, 63, 67, 71, 75, 79, 83, 87, 91, 95, 99, 105, 109, 114, 119, 124, 128, 133; BG: 5, 11, 16, 21, 25, 30, 35, 39, 44, 49, 55, 60, 64, 68, 74, 80, 85, 89, 95, 101, 106, 111, 115, 121, 126, 132, 139, 145, 150, 154, 159, 164, 254, 263–275; KG: 276–355 Bemerkenswerte Modifikationen 1922: ab 51 SG Zündverteiler von Bosch (statt Rolls-Royce)
1923	356– 400 KG 301– 425 XH 326– 450 HH 51– 160 JH

Jahr	Chassis-Nr.	
1924	161– 175 JH 176– 300 KF 301– 400 LF 401– 450 MF S51– S70 LK	ab 201 KF elektrische Anlage mit 6 Volt Spannung (statt 12 Volt); Lichtmaschine und Anlasser von Westinghouse (statt Bijur)
1925	S71–S100 LK 101– 200 MK 201– 300 PK 301– 400 RK 401– 408 FK 109– 199 ML	Ab 101 MK Linkslenkung Standard; 3-Gang-Getriebe mit direkt übersetztem 3. Gang und Mittelschalthebel (statt 4-Gang-Getriebe); Doppelzündung mit 2 Zündspulen (statt Zündmagnet und -spule); Zündverteiler mit automatischer Zündzeitpunktverstellung
1925–26	200– 225 ML	
1926	226– 325 PL 326– 400 RL	senkrecht stehende Kühlerlamellen (statt des vorher wahlweise montierten Rahmens mit waagrechten Lamellen, die per Handverstellung betätigt wurden)

Anmerkung:

Ab September 1922 (Chassis-Nummern mit dem Prefix BG) notierte das Werk in Springfield/USA eigene Chassis-Nummern; schon vorher – und teilweise auch bei späteren Serien – waren Chassis-Nummern verwendet worden, die nicht in dem Rahmen enthalten sind, der für englische Rolls-Royce Silver Ghost aufgeführt wird (z. B.: 1921 in England 1–94 TG; in den USA sind ab August 1922 zusätzlich – mit Unterbrechungen – Chassis-Nummern von 95 TG bis 133 TG aufgelistet).

Baujahre: 1922–1929
Stückzahl: 2885

Rolls-Royce 20 H. P.

Motor	6 Zylinder in Reihe; einteiliger Stahlguß-Zylinderblock; Bohrung × Hub 76, 2 mm × 114,3 mm, Hubraum 3127 ccm; Ventile stoßstangengesteuert im abnehmbaren Zylinderkopf angeordnet; Kurbelwellengehäuse Leichtmetall; 7fach gelagerte Kurbelwelle; Druckumlaufschmierung; Zündanlage mit Zündspule; Rolls-Royce-Vergaser, zusätzlicher Startvergaser; Leistung: keine Angabe (nach Steuerformel 20 PS)
Kraftübertragung	Einscheiben-Trockenkupplung; 3-Gang-Getriebe mit Mittelschalthebel; Kardanantrieb; starre Hinterachse mit Differential
Fahrgestell	Längsträger aus gepreßtem Stahlblech durch rohrförmige Querstreben verbunden; Federung: vorn und hinten Halbelliptikfedern, Reibungsstoßdämpfer; Hinterradbremsen
Abmessungen	Radstand 3276,6 mm; Spurweite 1371,6 mm; Reifen 32 × 4,5; Gewicht ohne Karosserie 1045,5 kg, mit üblicher Tourer-Karosserie ca. 1460 kg
Geschwindigkeit	frühe Modelle max. 100 km/h, spätere Modelle max. 112 km/h

Rolls-Royce 20 H. P., Baujahr 1927, Chassis-Nr. GUJ70. Der Aufbau als Sports Tourer wurde von E. Bertelli gebaut.

Sports Tourer by E. Bertelli.

Rolls-Royce 20 H. P., Baujahr 1923, Chassis-Nr. 50S3. Windovers kleideten den frühen Rolls-Royce 20 H. P. als Sedanca de Ville ein.

Windovers clothed this early Rolls-Royce 20 H. P. in the form of a Sedanca de Ville.

Anmerkung:
Verschiedentlich wurden Chassis-Nummern geändert. Dies läßt sich feststellen für 14 Rolls-Royce 20 H. P., deren Chassis-Nummer geändert wurde in eine solche aus einer späteren Serie der gleichen Baureihe (z. B. 66H4 in GRK83). Darüber hinaus wurden bei 30 Rolls-Royce 20 H. P. aus der vorletzten Serie GVO die Chassis-Nummern geändert in solche der ersten Serie des Rolls-Royce 20/25 H. P. (z. B. GVO11 in GXO98); diese Fahrzeuge erhielten den 3,7-Liter-Motor des Rolls-Royce 20/25 H. P. und wurden als solche verkauft.
Die Werksunterlagen ergeben eine Zahl von 2920 insgesamt aufgelisteten Chassis-Nummern; zieht man davon die 44 geänderten Chassis-Nummern ab, ergibt sich eine Stückzahl von 2876 Rolls-Royce 20 H. P.
Dazu kommen noch 11 Testwagen, sog. Experimental-Cars, von denen 9 nach Abschluß der Tests auf den Serien-Standard umgerüstet und verkauft wurden (zwei sind noch heute als existent bekannt). Die Chassis-Nummern sind wie folgt:

1921 3GII und 4GII
1922 5GII, 6GII und 7GII
1925 8GIII, 9GIII, 10GIII und 11GIII

Die Gesamtstückzahl des Rolls-Royce 20 H. P. stellt sich damit auf 2885 Fahrzeuge; die verschrotteten Prototypen 1GI aus 1919–20 und 2GII aus 1921 können nicht angesetzt werden.

Jahr	Chassis-Serie und -Nummer		Bemerkenswerte Modifikationen
1922	A	40G1–45G9	
1922–23		46G0–47G9	
1923		48G0–50G0 50S1–60S0 60H1–65H0	
	B	65H1–70H0 70A1–80A0 80K1–90K0	ab 75A9 Zündanlage mit Zündspule und Zündmagnet
	C	1–81 GA	
1923–24		1–81 GF 1–81 GH 1– 7 GAK	
1924	D	8–81 GAK 1–81 GMK 1–84 GRK 1–15 GDK	
1924–25	E	16–81 GDK 1–81 GLK	
1925		1–54 GNK	
	F	55–94 GNK 1–81 GPK	ab GPK1 4-Rad-Bremsanlage mit getriebeunterstütztem Bremskraftverstärker; Spurweite 1422,4 mm; 4-Gang-Getriebe mit Schalthebel rechts vom Fahrersitz
1925–26		1–80 GSK	
	G	81 GSK 1–81 GCK	
1926		1–81 GOK 1–37 GZK	
	H	38–81 GZK 1–81 GUK 1–92 GYK	
1926–27	J	1–81 GMJ	ab GMJ 1 Hydraulik-Stoßdämpfer vorn (statt Reibungsstoßdämpfern); Reifen 31 × 5¼
1927		1–81 GHJ 1–41 GAJ	
	K	42–81 GAJ 1–81 GRJ 1–81 GUJ	
1927–28	L	1–82 GXL 1–82 GYL	ab GYL 1 Hydraulik-Stoßdämpfer hinten
1928		1–41 GWL	
	M	1–81 GBM 1–82 GKM 1–41 GTM	
1928–29	NA	1–82 GFN 1–21 GLN	ab GFN 71 Vergasereinstellung auf der Lenksäule; senkrecht (statt horizontal) angeordnete Kühlerlamellen; Reifen 32 × 6
1929	NB	22–81 GLN 1–41 GEN	ab GLN 22 Kühler 38,1 mm höher; Spritzwand 50,8 mm breiter und 19,05 mm höher
	OA	42–81 GEN 1–10 GVO	
	O	11–81 GVO 1–10 GXO	ab GVO 11 zentrale Fahrwerkschmierung

Die Typologie aller Modelle

Baujahre: 1925–1929
Stückzahl: 2212

Rolls-Royce Phantom I

(in Großbritannien gebaut)

Motor	6 Zylinder in Reihe; 2 Zylinderblöcke mit je 3 Zylindern; einteiliger, abnehmbarer Zylinderkopf aus Stahlguß; Bohrung × Hub 108 mm × 139,7 mm, Hubraum 7668 ccm; Ventile im Zylinderkopf angeordnet, stoßstangengesteuert; doppelte Zündanlage mit Zündspule und Zündmagnet; 2 Zündkerzen pro Zylinder; Rolls-Royce-Vergaser mit Abgasheizung, zusätzlicher Startvergaser; Leistung: keine Angabe (nach Steuerformel 43,3 PS)
Kraftübertragung	Einscheiben-Trockenkupplung; 4-Gang-Getriebe; Kardanantrieb; starre Hinterachse mit Differential
Fahrgestell	Längsträger aus gepreßtem Stahlblech durch rohrförmige Querstreben verbunden; Halbelliptikfedern vorn, Cantilever-Federung hinten, Reibungsstoßdämpfer rundum; 4-Rad-Trommelbremsanlage mit getriebeunterstütztem Bremskraftverstärker, Handbremse auf konzentrische Trommeln hinten wirkend

Abmessungen		Chassis kurz	Chassis kurz
	Radstand	3638,55 mm	3822,7 mm
	Spurweite vorn	1447,8 mm	1485,9 mm
	Spurweite hinten	1422,4 mm	1460,5 mm
	Reifen vorn und hinten	33 × 5	33 × 5
	Gewicht ohne Karosserie ca. 1815 kg, Gewicht mit üblicher Karosserie ca. 2630 kg		
Geschwindigkeit	mit leichter Karosserie max. 137 km/h		

Rolls-Royce Phantom I, Baujahr 1925, Chassis-Nr. LC59. Bei Manesius in Brüssel wurde das Torpedo Coupé für einen prominenten Kunden in Auftrag gegeben: Don Carlos de Salamanca.

Torpedo Coupé by Manesius of Brussels for a prominent client: Don Carlos de Salamanca.

Rolls-Royce Phantom I, Baujahr 1927, Chassis-Nr. 76RF. Erdmann & Rossi in Berlin baute die Limousine mit Dachgepäckträger.

This Limousine with luggage rack was built by Erdmann & Rossi of Berlin.

Jahr	Chassis-Serie und -Nummer		Bemerkenswerte Modifikationen
1925–26	V	1–122 MC	
		145 MC	
		155 MC	
		1–125 RC	
		1–109 HC	
1926	W	110–122 HC	ab HC 110 Kühler 25,4 mm höher
		1–132 LC	
		1– 7 SC	
	X	8–121 SC	
		1– 87 DC	
	Y	88–121 DC	
		1– 70 TC	
	A2A	71–121 TC	ab TC 71 Heckgepäckträger für
		1– 50 YC	Aufschnallkoffer
	A2B	51–123 YC	
		1– 30 NC	
1926–27	B2	31–131 NC	ab NC 31 Hydraulik-Stoßdämpfer vorn; leichtere Kupplung
1927	C2A	1–101 EF	ab EF 1 leichtere Vorderachse; W. B.-Räder
	C2B	1–102 LF	
	D2A	1–101 RF	ab RF 1 Hydraulik-Stoßdämpfer hinten
	D2B	1–101 UF	
1928	E2A	1–102 EH	
	E2B	1–101 FH	
	F2A	1–101 AL	ab AL 1 Kurbelwelle steifer ausgeführt
	F2B	1–103 CL	ab CL 1 Zylinderkopf aus Aluminiumlegierung; Reserveradaufhängung am Fahrzeugheck
	G2A	1–101 WR	ab WR 1 flexible Motoraufhängung; Reifen 7″-21
	G2B	102–131 WR	ab WR 102 Zenith-Benzinfilter; Batteriegehäuse innerhalb des Rahmens (statt auf dem Trittbrett); Kühler 25,4 mm höher
1928–29		1– 71 KR	
1929	H2	72–132 KR	
		1– 90 OR	

Anmerkung:
Die Nummer 13 wurde nicht verwendet. Einige Experimentalfahrzeuge wurden nach Testabschluß verkauft (z. B. Chassis-Nummer 10 EX); gelegentlich wurden Chassis-Nummern geändert (z. B. 8 EX in X 103 CL).

Baujahre: 1926–1931
Stückzahl: 1241

Rolls-Royce Phantom I
(in den USA gebaut)

Motor	6 Zylinder in Reihe; 2 Zylinderblöcke mit je 3 Zylindern, abnehmbarer, einteiliger Zylinderkopf aus Stahlguß; Kurbelgehäuse Aluminiumlegierung; 7fach gelagerte Kurbelwelle; Ventile stoßstangengesteuert im Zylinderkopf angeordnet; Bohrung × Hub 108 mm × 139,7 mm, Hubraum 7668 ccm; zwei Delco-Zündspulen; Rolls-Royce-Vergaser, zusätzlicher Startvergaser; Leistung: 113 Brems-PS
Kraftübertragung	Einscheiben-Trockenkupplung; 3-Gang-Getriebe mit Mittelschalthebel; Kardanantrieb; starre Hinterachse mit Differential
Fahrgestell	Längsträger aus gepreßtem Stahlblech verbunden durch rohrförmige Querstreben; Halbelliptikfedern vorn, Cantileverfederung hinten, Reibungsstoßdämpfer rundum; zentrale Fahrwerkschmierung
Abmessungen	

	Chassis kurz	Chassis lang
Radstand	3644,9 mm	3721,1 mm
Spurweite vorn	1447,8 mm	1485,9 mm
Spurweite hinten	1433,4 mm	1460,5 mm

Reifen vorn und hinten 33 × 6,75; Gewicht ohne Karosserie ca. 1814 kg, Gewicht mit üblicher Karosserie ca. 2600 kg

Geschwindigkeit	optimal eingestellt und mit leichter Karosserie max. 140 km/h, mit üblicher Karosserie max. 112 km/h

Rolls-Royce Phantom I. Bestimmend für das Erscheinungsbild des Riviera Town Car von Brewster ist die aufgetragene Korbgeflecht-Lackierung.

Remarkable fine paint with sections in sham canework is impressive on this Riviera Town Car by Brewster.

Jahr	Chassis-Serie und -Nummer	Bemerkenswerte Modifikationen
1926–27	401–465 FL	
1927	66–200 PM	ab 66 PM Umrüstung auf 4-Rad-Trommelbremsanlage mit getriebeunterstütztem Bremskraftverstärker, Handbremse auf die Hinterräder wirkend
	201–300 RM	ab 217 RM Rolls-Royce-Lichtmaschine (statt Westinghouse-Lichtmaschine, die aber erneut Verwendung fand für die Chassis-Nummern 351–390 FM); ab 251 RM Hydraulik-Stoßdämpfer vorn; ab 286 RM Rolls-Royce-Anlasser (statt Westinghouse)
	301–400 FM	
1927–28	101–200 RP	
1028	201–300 FP 301–400 KP	ab 301 KP Hydraulik-Stoßdämpfer hinten; Kühler 25,4 mm höher; ab 300 KP Reifen vorn und hinten 7.00 × 20
1928–29	101–200 FR	ab 101 FR Zylinderkopf Aluminiumlegierung (statt Stahlguß); verchromter, separater Kühlergrill Standard
1929	201–300 KR	Verstellung der Kühlerlamellen thermostatgesteuert (statt manueller Fernbedienung)
	301–400 LR	
1930–32	401–500 MR 101–200 PR	flexible Motoraufhängung (Gummielemente)
1933	201–241 PR	

Rolls-Royce Phantom I. Der umständliche Zugang zum Schwiegermuttersitz barg die hohe Wahrscheinlichkeit für teure Kratzer im Lack.

The difficult access to the dickey seat encouraged expensive scratches to the paintwork.

Anmerkungen:

Die Chassis-Nummern sind so angegeben, wie sie sich in den Unterlagen von Rolls-Royce of America finden. Zur besseren Unterscheidung findet sich häufig ein vorgesetztes S (z. B. S 201 PR statt 201 PR).
In den Jahren 1933 und 1934 wurden unverkäufliche Rolls-Royce Phantom I komplett überarbeitet und teilweise mit moderneren Karosserien versehen. Derart modifizierte Rolls-Royce Phantom I aus der Fertigung in Springfield sind gekennzeichnet durch ein der Buchstabenkombination in der Chassis-Nummer vorgesetztes P, also z. B. PFR, PFP usw.
Die Produktionsliste des Rolls-Royce Phantom I begann in Springfield mit der Werk-Nr. 1701. Sie endet mit der letzten Serie von Werknummern 2901–2925, zu denen die Chassis-Nummern 201–225 PR von 1933 gehören. Der Schluß, es seien insgesamt 1225 Stück hergestellt worden, ist falsch. An anderer Stelle ist in den Unterlagen vermerkt, es seien 1933 etwa 50 Fahrzeuge produziert worden, und es lassen sich Chassis-Nummern bis 241 PR feststellen. Die Stückzahl dürfte deshalb insgesamt bei 1241 Fahrzeugen liegen.

Baujahre: 1929–1936
Stückzahl: 3827

Rolls-Royce 20/25 H. P.

Motor	6 Zylinder in Reihe; Zylinderblock Stahlguß; Zylinderkopf Stahlguß; Bohrung × Hub 82,6 mm × 114,3 mm, Hubraum 3669 ccm; Ventile stoßstangengesteuert, im Zylinderkopf angeordnet; Kurbelgehäuse Leichtmetall; 7fach gelagerte Kurbelwelle; Druckumlaufschmierung; Zündanlage mit Zündspule und alternativ zuschaltbarem Zündmagnet; Rolls-Royce-Vergaser, zusätzlicher Startvergaser; Leistung: keine Angabe
Kraftübertragung	Einscheiben-Trockenkupplung; 4-Gang-Getriebe mit dem Motor verblockt; Kardanantrieb; starre Hinterachse mit Differential
Fahrgestell	Längsträger aus gepreßtem Stahlblech mit rohrförmigen Querträgern verbunden; Hilfsrahmen für die Motor-Getriebe-Einheit; Halbelliptikfedern und Hydraulik-Stoßdämpfer rundum; 4-Rad-Trommelbremsanlage mit getriebeunterstütztem Bremskraftverstärker, Handbremse auf separate Bremsschuhe in den Hinterradbremsen wirkend
Abmessungen	Radstand 3276,6 mm; Spurweite 1422,4 mm; Reifen 6,00 × 19; Gewicht ohne Karosserie ca. 1200 kg, Gewicht mit üblicher Saloon-Karosserie ca. 1920 kg
Geschwindigkeit	frühe Modelle max. 109 km/h, spätere Modelle max. 123 km/h

Rolls-Royce 20/25 H. P., Baujahr 1931, Chassis-Nr. GFT31. Das elegante Cabriolet mit rotem Lenkrad passend zur roten Innenausstattung wurde bei Worblaufen in Bern (CH) entworfen.

The elegant cabriolet fitted with a red steering wheel matching the red interior was created by Worblaufen of Bern (CH).

Jahr	Chassis-Serie und -Nummer	Bemerkenswerte Modifikationen
1929–30	O 11–111 GXO	
	P 1– 81 GGP	Kurbelwelle im Durchmesser verstärkt, Lager angepaßt
1930	1– 81 GDP 1– 41 GWP	
	R 1– 25 GLR 26– 82 GLR 1– 81 GSR 1– 41 GTR	Chassis um 76,2 mm verlängert, Radstand 3352,8 mm; Verdichtung angehoben auf 5,25:1; flexible Motoraufhängung; verrippter Auspuffkrümmer
	S 1– 81 GNS	
1930–31	1– 81 GOS	
1931	1– 41 GPS	
	TA 1– 81 GFT 1– 21 GBT	ab GFT 32 Keilriemen aus Gummi (statt Gliederband); Vorderachse modifiziert
	TB 22– 82 GBT	Kühlerlamellen thermostat-
1932	1– 21 GKT	gesteuert (statt Handverstellung); zentrale Fahrwerkschmierung
	22– 41 GKT	Getriebe teilsynchronisiert; Verdichtung angehoben auf 5,75:1; Nockenwelle mit größerem Hub; gewuchtete Kurbelwelle; Kupplung verstärkt; neues Auspuffsystem
	U 1– 81 GAU 1– 21 GMU	elektrische Kraftstoffanzeige
	V 22– 81 GMU 1– 41 GZU	
	W 1– 81 GHW 1– 81 GRW	

Jahr	Chassis-Serie und -Nummer	Bemerkenswerte Modifikationen
1932–33	1– 41 GAW	
1933	X 1– 81 GEX 1– 81 GWX 1– 41 GDX	gegossene Bremstrommeln hinten (statt geschmiedeter)
	Y 1–101 GSY	
	Z 1– 81 GLZ 1– 81 GTZ 1– 41 GYZ	Ansauggeräuschdämpfer; ab GLZ 28 Laufflächen der Kurbelwelle nitriert; gegossene Bremstrommeln vorn
	A2 1– 81 GBA 1– 81 GGA 1– 41 GHA	
	B2 1– 81 GXB	ab GXB 27 Kurbelwelle versteift ab GXB 62 Nockenwellenschwingungsdämpfer
1933–34	1– 81 GUB	
1934	1– 41 GLB	
	C2 1– 81 GNC 1– 81 GRC 1– 41 GKC	eingebaute Wagenheber (1 vorn, 2 hinten) von D. W. S. Standard
	D2 1– 81 GED 1– 81 GMD	größerer Öleinfüllstutzen
	1– 69 GYD	ab GYD 25 Umrüstung auf SU-Vergaser; per Lenkradhebel einstellbare Stoßdämpfer hinten
	E2 1– 81 GAE 1– 83 GWE 1– 41 GFE	
	F2 1– 81 GAF 1– 81 GSF	
1934–35	1– 41 GRF	
1935	G2 1– 81 GLG 1– 81 GPG 1– 41 GHG	Kardanwellenschwingungsdämpfer
	H2 1– 81 GYH 1– 81 GOH 1– 41 GEH	
	J2 1– 81 GBJ 1– 81 GLJ 1– 41 GCJ	
	K2 1– 81 GXK	
1936	1– 81 GBK 1– 51 GTK 42– 53 GTK	ab GBK 22 Schalthebel schwingungsfrei gelagert; zusätzliche Fahrgestelle mit Kupplung von Borg & Beck (statt Rolls-Royce) und Lenkung von Marles (statt Rolls-Royce)

Anmerkungen:

Die Nummer 13 wurde in keiner Serie verwendet. Verschiedentlich wurden Chassis-Nummern geändert in solche einer späteren Serie.

Rolls-Royce 20/25 H. P., Baujahr 1935, Chassis-Nr. GOH30. 1952 erhielt der Rolls-Royce 20/25 H. P. diesen Aufbau von Alpe & Saunders, einer Firma, die vornehmlich Aufbauten für Leichenwagen schuf.

In 1952 this Rolls-Royce 20/25 H. P. was rebodied by Alpe & Saunders, a company with a reputation for hearses.

Baujahre: 1929–1935
Stückzahlen:
1400 Rolls-Royce Phantom II
281 Rolls-Royce Phantom II Continental

1681 Rolls-Royce Phantom II insgesamt

Rolls-Royce Phantom II und Rolls-Royce Phantom II Continental

Motor	6 Zylinder in Reihe; 2 Zylinderblöcke zu je 3 Zylindern; einteiliger Zylinderkopf aus Leichtmetall; Bohrung × Hub 108 mm × 139,7 mm, Hubraum 7668 ccm; stoßstangengesteuerte Ventile im Zylinderkopf angeordnet; Kurbelgehäuse aus Leichtmetall; 7fach gelagerte Kurbelwelle; doppelte Zündanlage mit Zündanlage und Zündmagnet; Rolls-Royce-Vergaser mit Kühlwasserheizung, zusätzlicher Startvergaser; Leistung: keine Angabe (nach Steuerformel 43,3 PS)
Kraftübertragung	Einscheiben-Trockenkupplung; 4-Gang-Getriebe mit dem Motor verblockt; Kardanantrieb; starre Hinterachse mit Differential
Fahrgestell	Längsträger aus gepreßtem Stahlblech verbunden durch Querträger und Querstreben, Rahmen über der Hinterachse hochgezogen; zentrale Fahrwerkschmierung pedalbetätigt; Halbelliptikfedern rundum, Hydraulik-Stoßdämpfer, deren Hebel Stabilisatorfunktion ausübten; 4-Rad-Trommelbremsanlage mit Bremskraftverstärker, Handbremse auf separate Bremsschuhe in den Hinterradbremsen wirkend
Abmessungen	Radstand 3657,6 mm oder 3810 mm; Spurweite 1485,9 mm; Reifen 7,00 × 21; Gewicht ohne Karosserie ca. 1728 kg, Gewicht mit üblicher Karosserie ca. 2490 kg (Continental)
Geschwindigkeit	Continental mit Saloon-Karosserie max. 148,5 km/h; Beschleunigung von 0–100 km/h in 20 Sek.

Unterschiede in den technischen Daten beim Rolls-Royce Phantom II Continental gegenüber dem Basismodell (nach Raymond Gentile)

Fahrgestell	Continental-Chassis ausschließlich mit kurzem Radstand von 3657,6 mm; Blattfederpakete an der Vorderachse bestehend aus 5 kräftig dimensionierten Blättern (statt zunächst 10, später 9 beim Standardmodell)

Rolls-Royce Phantom II, Baujahr 1930, Chassis-Nr. 28GN. Der Sedanca de Ville von Freestone & Webb trägt eine spezielle Kühlerfigur. Die Lampen sind in Wagenfarbe lackiert.

Sedanca de Ville by Freestone & Webb with special mascot. Note painted head lamps.

Die Typologie aller Modelle

Jahr	Chassis-Serie und -Nummer	Bemerkenswerte Modifikationen
1929	J2 1–133 WJ 1– 71 XJ K2 72–204 XJ	
1929–30	1– 68 GN	
1930	L2 69–202 GN 1–68 GY	Zündspule neuen Typs; ab GN 120 Vergaser mit Abgasheizung; ab GN 169 Reifen 7 × 20
	M2 69–205 GY 1– 68 GX	ab GY 150 Gummi-Keilriemen (statt Gliederband)
1931	N2 1– 61 JS 201–276 AJS	JS-Serie rechtsgelenkt, AJS-Serie linksgelenkt; Kühlerlamellen thermostatgesteuert; Bremstrommeln hinten breiter ausgeführt, Spurweite hinten 1524 mm; Vorderachse an zentrale Fahrwerkschmierung angeschlossen; Verdichtung angehoben auf 5:1 (statt 4,75:1)
1932	62– 84 JS 2– 44 MS 277–303 AJS 201–224 AMS	JS-Serie und MS-Serie rechtsgelenkt; AJS-Serie und AMS-Serie linksgelenkt; Stoßdämpfer mit Doppelkolben, Regelung des Dämpferdrucks geschwindigkeitsabhängig
	46–170 MS	ab MS 46 3. und 4. Gang synchronisiert
1933	O2 2–100 MY	ab MY 44 Reifen 7,00 × 19; Auslaßventile verstärkt; gegossene Bremstrommeln; eingebaute Wagenheber von D. W. S. Standard
	102–190 MY 3–107 MW	Verdichtung angehoben auf 5,25:1; Nockenwelle mit größerem Hub; Spurweite vorn 1492,25 mm, hinten 1530,35 mm
1933–34	P2 2–206 PY	elektrische Kraftstoffanzeige; Kurbelwelle gehärtet, Laufflächen nitriert; ab PY 162 per Lenkradhebel einstellbare Stoßdämpfer hinten
1934	R2 3–211 RY	
	S2 2–196 SK	ab SK 136 »schnellere« Hinterachsübersetzung von 12:41 (statt 11:41)
1934–35	T2 1–201 TA	ab TA 101 Rückkehr zur ursprünglichen Nockenwelle mit niedrigerem Hub; 2. Gang synchronisiert; wahlweise Reifen 7,00 × 17
1935	U2 2– 82 UK	

Rolls-Royce Phantom II, Baujahr 1932. Die ungewöhnliche Führung der Zierleisten und Weißwandreifen unterstreichen die sportliche Eleganz des Sports Town Sedan von Brewster.

An unusual design of the chrome waist bands and white-wall tyres underline the sportive elegance of this Sports Town Sedan by Brewster.

Anmerkungen:

Die Nummern 13 und 113 wurden in keiner Serie verwendet. In einigen Serien wurden überwiegend gerade, in anderen überwiegend ungerade Nummern verwendet. Verschiedentlich wurden Chassis-Nummern geändert; entweder auf eine spätere innerhalb der laufenden Serie (z. B. 28 SK in 99 SK) oder in eine solche aus einer späteren Serie (z. B. 23 GX in 25 JS). Einige Nummern wurden ganz ausgelassen (z. B. fehlt 76 WJ). Einige Experimentalfahrzeuge wurden nach Testabschluß verkauft; vorher wurden die Chassis-Nummern geändert (z. B. 28 EX in 203 TA).

Die Typologie aller Modelle

Baujahre: 1935–1939
Stückzahl: 727

Rolls-Royce Phantom III

Motor	12 Zylinder in V-Form, Zylinderreihen im 60-Grad-Winkel angeordnet; Motorblock und Zylinderköpfe aus Leichtmetall, nasse Zylinderlaufbuchsen aus Stahlguß; Bohrung × Hub 82,5 mm × 114,3 mm, Hubraum 7338 ccm; obenliegende Ventile, Nockenwelle in der Mitte zwischen den Zylinderreihen angeordnet; hydraulischer Ventilspielausgleich; 7fach gelagerte Kurbelwelle; 2 Zündspulen, 2 Zündverteiler; 2 Zündkerzen pro Zylinder; 2-Stufen-Fallstromvergaser von Stromberg; Leistung: keine Angabe
Kraftübertragung	Einscheiben-Trockenkupplung; 4-Gang-Getriebe separat montiert, vollsynchronisiert; Kardanantrieb; starre Hinterachse mit Differential
Fahrgestell	Längsträger aus gepreßtem Stahlblech verbunden durch Querträger aus gepreßtem Stahlblech und rohrförmige Querstreben, verstärkt durch eine Kreuztraverse (erstmals wurden Rahmenteile verschweißt); vorne unabhängige Radaufhängung, Spiralfeder von einem ölgefüllten Gehäuse ummantelt, hinten Halbelliptikfedern; Hydraulik-Stoßdämpfer rundum, Dämpfung geschwindigkeitsabhängig reguliert, hintere Stoßdämpfer per Lenkradhebel verstellbar; 4-Rad-Trommelbremsanlage mit Bremskraftverstärker, Handbremse auf separate Bremsschuhe in den Hinterradbremsen wirkend; zentrale Fahrwerkschmierung pedalbetätigt; eingebaute Hydraulik-Wagenheber vorn und hinten
Abmessungen	Radstand 3606,8 mm; Spurweite vorn 1536,7 mm, hinten 1587,5 mm; Gewicht ohne Karosserie 1837 kg; Reifen 7,00 × 18, wahlweise Reifen 7,50 × 18
Geschwindigkeit	frühe Modelle max. 148 km/h, spätere Modelle max. 163 km/h; Beschleunigung von 0–100 km/h in ca. 19 Sek.

Anmerkungen:

Die Nummern 13 und 113 wurden in keiner Serie verwendet. In einigen Serien wurden – mit wenigen Ausnahmen – nur gerade, in anderen Serien – ebenfalls mit Ausnahmen – nur ungerade Nummern verwendet. Mindestens in 7 Fällen wurden Chassis-Nummern in solche aus einer späteren Serie geändert (z. B. 3 AX 203 in 3 CM 92).
In Abkehr von der üblichen Praxis, Versuchs-Fahrzeuge (sog. Experimental Cars) zu verschrotten, wurden 7 der insgesamt 10 Experimental Cars mit einer neuen Chassis-Nummer versehen und verkauft. Es waren dies:

3 DEX 202 (vorher 32 EX)
3 AEX 33 (vorher 33 EX)
3 AEX 34 (vorher 34 EX)
3 DEX 204 (vorher 35 EX)
3 AEX 36 (vorher 36 EX)
3 AEX 37 (vorher 37 EX)
3 AEX 38 (vorher 38 EX)

Lediglich die Fahrgestelle 30 EX, 31 EX und 39 EX wurden verschrottet. Bei letzterem hatte es sich um ein Leichtbau-Modell gehandelt, den Prototypen eines Rolls-Royce Phantom III Continental.

Rolls-Royce Phantom III, Baujahr 1939, Chassis-Nr. 3DL62. Beim Zurückschieben der vorderen Dachpartie dieses Sedanca de Ville von Hooper hebt sich ein Teil der rückwärtigen Dachpartie an.

Part of the hood raises, when the front part is pushed back on this Sedanca de Ville by Hooper.

Jahr	Chassis-Serie und -Nummer			Bemerkenswerte Modifikationen
1935–36	A	3 AZ	20–238	Wechsel von 4 Claudel-Vergasern zu 2-Stufen-Vergaser von Stromberg
1936		3 AX	1–201	
	B	3 BU	2–200	Lagerung der Hinterachse in Gummielementen (Silent Blocks)
1936–37		3 BT	1–203	
1937	C	3 CP	2–200	
		3 CM	1–203	ab 3 CM 35 Benzinpumpe am Rahmenlängsträger; ab 3 CM 79 Kupplungsscheibe geändert
1938	D	3 DL	2–200	Aufgabe des hydraulischen Ventilspielausgleichs (frühere Modelle wurden auf Wunsch entsprechend modifiziert); ab 3 DL 4 widerstandsfähigere Kurbelwellenhauptlager; Aufgabe des Ölkühlers; ab 3 DL 44 Anlasser modifiziert; ab 3 DL 78 Reifen 5,00 × 18; ab 3 DL 172 sog. Overdrive-Getriebe mit drehzahlsenkendem 4. Gang
		3 DH	1– 11	

Rolls-Royce 25/30 H. P.
Der Sedanca de Ville ist auffallend lackiert und ungewöhnlich gepolstert.

Sedanca de Ville with white paintwork and unusual upholstery.

Rolls-Royce 25/30 H. P.

Baujahre: 1936–1938
Stückzahl: 1201

Jahr	Chassis-Serie und -Nummer	Bemerkenswerte Modifikationen
1936	L2 1–81 GUL 1–81 GTL 1–41 GHL	
	M2 1–81 GRM 1–81 GXM 1–41 GGM	 ab GXM 72 Kardanwellenschwingungsdämpfer
1936–37	N2 1–81 GAN 1–81 GWN 1–41 GUN	Bedienungshebel am Lenkrad geändert; Kühler verbessert
1937	O2 1–81 GRO 1–81 GHO 1–41 GMO	
	P2 1–81 GRP 1–81 GMP 1–41 GLP	Zylinderkopf überarbeitet
1937–38	R2 1–81 GAR 1–81 GGR 1–41 GZR	

Anmerkung:
Die Nummer 13 wurde in keiner Serie verwendet.

Motor	6 Zylinder in Reihe; Zylinderblock Stahlguß, Kurbelgehäuse Leichtmetall; Bohrung × Hub 88,9 mm × 114,3 mm, Hubraum 4257 ccm; Ventile im Zylinderkopf angeordnet; 7fach gelagerte Nockenwelle; 7fach gelagerte Kurbelwelle; Zündanlage mit Zündspule und alternativ zuschaltbarem Zündmagnet; Zenith-Vergaser von Stromberg; Leistung: keine Angabe
Kraftübertragung	Einscheiben-Trockenkupplung; 4-Gang-Getriebe mit dem Motor verblockt; Kardanantrieb; starre Hinterachse mit Differential
Fahrgestell	Längsträger aus gepreßtem Stahlblech verbunden mit rohrförmigen Querstreben; Halbelliptikfedern rundum, Hydraulik-Stoßdämpfer rundum, hintere Stoßdämpfer per Lenkradhebel verstellbar; 4-Rad-Trommelbremsanlage mit Bremskraftverstärker, Handbremse auf separate Schuhe in den Hinterradbremsen wirkend; eingebaute Wagenheber von D. W. S.; zentrale Fahrwerkschmierung
Abmessungen	Radstand 3352,8 mm; Spurweite 1430,35 mm; Reifen 6,00 × 19; Gewicht ohne Karosserie 1084 kg, Gewicht mit üblicher Saloon-Karosserie ca. 1950 kg
Geschwindigkeit	max. 129 km/h

Baujahre: 1938–1939
Stückzahl: 491

Rolls-Royce Wraith

Motor	6 Zylinder in Reihe; Motorblock und Querstrom-Zylinderkopf aus Leichtmetall; Bohrung × Hub 88,9 mm × 114,3 mm, Hubraum 4257 ccm; obenliegende Ventile; 7fach gelagerte Nockenwelle; 7fach gelagerte Kurbelwelle; Zündspule und Reservezündspule, automatische Zündzeitpunktverstellung; thermostatgesteuerte Kühlerlamellen; Rolls-Royce-Luftfilter und -Ansauggeräuschdämpfer
Kraftübertragung	Einscheiben-Trockenkupplung; 4-Gang-Getriebe, 2., 3. und 4. Gang synchronisiert, 4. Gang direkt übersetzt; Kardanantrieb; starre Hinterachse mit Differential
Fahrgestell	Längsträger mit Querträgern und großdimensionierter Kreuztraverse verschweißt; vorn unabhängige Radaufhängung mit Schraubenfedern, hinten Halbelliptikfedern; Hydraulik-Stoßdämpfer rundum, hintere Stoßdämpfer per Lenkradhebel verstellbar; 4-Rad-Trommelbremsanlage mit Bremskraftverstärker, Handbremse auf Hinterräder wirkend; eingebaute Hydraulik-Wagenheber
Abmessungen	Radstand 3454,5 mm; Spurweite vorn 1485,9 mm, hinten 1511,3 mm; Reifen 6,50 × 17; Gewicht ohne Karosserie ca. 1378 kg, Gewicht mit üblicher Karosserie ca. 1815 kg
Geschwindigkeit	max. 137 km/h; Beschleunigung von 0–80 km/h in 16,4 Sek.

Rolls-Royce Wraith, Baujahr 1939, Chassis-Nr. WHC25. Wegen des Kriegsausbruchs entstanden nur 491 Rolls-Royce Wraith, einer davon ist diese Limousine von Park Ward.

Because of World War II only 491 Rolls-Royce Wraith were produced, one of these is this Limousine by Park Ward.

Jahr	Chassis-Serie und -Nummer	
1938	A	1–109 WXA
1938–39	B	1– 81 WRB 1– 81 WMB
1939		1– 41 WLB
	C	1– 81 WHC 1– 81 WEC 1– 24 WKC

Anmerkung:
Die Nummer 13 wurde in keiner Serie verwendet.

Die Typologie aller Modelle

Bentley 3 Liter

Baujahre: 1921–1929
Stückzahlen:

3 Bentley 3 Liter Experimental

1088 Bentley 3 Liter

513 Bentley 3 Liter Speed Model

18 Bentley 3 Liter Super Sports

1622 Bentley 3 Liter insgesamt

Motor	4 Zylinder in Reihe; Zylinderblock und Zylinderkopf in einem Stück gegossen; Bohrung × Hub 80 mm × 149 mm, Hubraum 2996 ccm; 4 Ventile pro Zylinder; 5fach gelagerte, obenliegende Nockenwelle; 5fach gelagerte Kurbelwelle; Kurbelgehäuse Leichtmetall; kombinierte Druckumlauf- und Schleuderölschmierung; doppelte, synchronisierte Zündmagnete; 2 Zündkerzen pro Zylinder; Kühlwasserumlauf pumpenunterstützt; 1 Claudel-Hobson-Vergaser; Verdichtung 4,3 : 1, Leistung ca. 70 PS
Kraftübertragung	Konuskupplung; 4-Gang-Getriebe Typ A oder Typ B (Typ A: eng gestuft; Typ B: weit gestuft); Kardanantrieb; starre Hinterachse mit Differential
Fahrgestell	Längsträger aus gepreßtem Stahlblech verbunden durch 4 Quertraversen; rundum Halbelliptikfedern, hinten unter der Achse geführt; einfache Hartford-Stoßdämpfer vorn, Duplex-Version hinten; Trommelbremsen an der Hinterachse, Handbremse auf separate Schuhe in den Hinterradbremsen wirkend; Rudge-Whitworth-Speichenräder mit Zentralverschluß
Abmessungen	Radstand 2984,5 mm; Spurweite 1422 mm; Bodenfreiheit 184 mm; Gewicht ohne Karosserie ca. 1160 kg, Gewicht mit Tourer-Karosserie ca. 1310 kg; Reifen 820 × 120
Geschwindigkeit	max. 129 km/h
Kühleremblem	blau eingelegt

Bentley 3 Liter, Baujahr 1924, Chassis-Nr. 444. In Manchester bei William Arnold entstand der Allweather Tourer.

William Arnold of Manchester created this Allweather Tourer.

Abweichungen in den technischen Daten beim Bentley 3 Liter Speed Model und Bentley 3 Liter Super Sports gegenüber dem Basismodell

Motor	doppelte SU-Vergaser (nur ganz frühe Modelle Claudel-Hobson-Vergaser); Speed Model: Leistung 80 PS bei einer Verdichtung von 5,3 : 1 (ab 1926 85 PS, Verdichtung 5,6 : 1); Super Sports: Leistung 85 PS bei einer Verdichtung von 5,6 : 1 (ab 1926 90 PS, Verdichtung 6,1 : 1)
Kraftübertragung	4-Gang-Getriebe Typ C mit längerer Übersetzung (ganz frühe Modelle hatten Getriebe Typ A)
Geschwindigkeit	Speed Model 130 km/h garantiert; Super Sports 160,9 km/h
Kühleremblem	rot eingelegt (Speed Model); grün eingelegt (Super Sports)

Jahr	Chassis-Nummer	Bemerkenswerte Modifikationen
1921–25	1–1240	ab 1922 (Chassis-Nr. 161) wahlweise langes Chassis mit 3302 mm Radstand; ab 1923 (Chassis-Nr. 349) wahlweise Ausführung als Speed-Model; ab 1923 Kühlwasserkreislauf thermostatgesteuert; 4-Rad-Bremsanlage; ab 1925 (Chassis-Nr. 1046) wahlweise Ausführung als Super Sports oder (Chassis-Nr. 1145) als Light Tourer mit niedriger Verdichtung von 4,3 : 1 und Smith-Vergaser; ab 1925 Aufgabe des kurzen Chassis mit 2985 mm Radstand
1925–26	AP 301– 325 NR 501– 526	rundum Hartford-Duplex-Stoßdämpfer; Reifen 5,25 × 33,5

Jahr	Chassis-Nummer	Bemerkenswerte Modifikationen
1926	HP 376– 400 AH 1476–1500 PH 1451–1475 SR 1401–1425 RT 1526–1550 DE 1201–1225 LM 1326–1350 RE 1376–1400	
1926–27	LT 1576–1600 TN 1551–1575	
1927	BL 1601–1625 AX 1651–1675	
1927–28	ML 1501–1525 HT 1626–1650	ab 1928 Reifen 5,25 × 21
1928–29	DN 1726–1741	
1936	RC 31– 34	

Anmerkungen:

Verschiedentlich wurden Chassis-Nummern geändert in solche einer späteren Serie. In der NR-Serie gab es zusätzlich die Chassis-Nummer NR 574; sie gehörte zum firmeneigenen Abschleppwagen. Von den 3 Versuchsfahrzeugen sind nur für 2 Wagen die Chassis-Nummern bekannt (1 und 4X). Die Fahrzeuge der RC-Serie entstanden nach der Übernahme von Bentley durch Rolls-Royce.

Baujahre: 1926–1930

Stückzahlen:
363 Bentley $6\frac{1}{2}$ Liter
182 Bentley Speed Six
545 Bentley $6\frac{1}{2}$ Liter insgesamt

Bentley $6\frac{1}{2}$ Liter

Motor	6 Zylinder in Reihe; Zylinderblock und Zylinderkopf in einem Stück gegossen; Bohrung × Hub 100 mm × 140 mm, Hubraum 6597 ccm; 4 Ventile pro Zylinder; 8fach gelagerte Nockenwelle; 8fach gelagerte Kurbelwelle, Kurbelwellenschwingungsdämpfer; Kurbelgehäuse Leichtmetall; kombinierte Druckumlauf- und Schleuderölschmierung; doppelte, synchronisierte Zündmagnete; 2 Zündkerzen pro Zylinder; Smith-Vergaser, thermostatgesteuerter, pumpenunterstützter Kühlwasserumlauf; Verdichtung 4,4 : 1, Leistung 140 PS bei 3200 U/min
Kraftübertragung	Einscheiben-Trockenkupplung; 4-Gang-Getriebe Typ BS (gelegentlich Getriebe Typ C montiert); Kardanantrieb; starre Hinterachse mit Differential
Fahrgestell	Längsträger aus gepreßtem Stahlblech durch gepreßte Quertraversen und rohrförmige Querstreben verbunden; Halbelliptikfedern rundum, nach Kundenwunsch abgestimmt; Stoßdämpfer Bentley & Draper Duplex (frühe Modelle wahlweise Hartford-Duplex); 4-Rad-Trommelbremsanlage, Handbremse auf separate Bremsschuhe in den Hinterradbremsen wirkend; Rudge-Whitworth-Speichenräder mit Zentralverschluß
Abmessungen	Radstand 3352,8 mm (nur frühe Modelle), 3657,6 mm oder 3810 mm (später um je 38 mm verlängert); Spurweite 1422,4 mm; Bodenfreiheit 228,6 mm; Gewicht ohne Karosserie 1638 kg oder 1663 kg, Gewicht mit Tourer-Karosserie ca. 2200 kg; Reifen 6,25 × 33
Geschwindigkeit	max. 135,2 km/h bei 3500 U/min
Kühleremblem	blau eingelegt

Abweichungen in den technischen Daten beim Bentley Speed Six gegenüber dem Basismodell

Motor	Verdichtung 5,1 : 1 (ab 1930: 5,3 : 1), Leistung 160 PS bei 3500 U/min oder 180 PS (bei modifiziertem Einlaß); Kurbelwelle im Durchmesser um 8 mm verstärkt; 2 SU-Vergaser Typ HVGS
Kraftübertragung	Getriebe Typ C (in Ausnahmefällen Typ D)
Fahrgestell	Reifen 6,75 × 18 (auf Kundenwunsch 6 × 33), später 6 × 21 oder 6,75 × 21
Abmessungen	Radstand 3505,2 mm, später 3568,7 mm oder 3873,5 mm
Geschwindigkeit	max. 150 km/h
Kühleremblem	grün eingelegt

Die Typologie aller Modelle

Jahr	Chassis-Nummern	Bemerkenswerte Modifikationen
1926	WB 2551–2575	
1926–27	TB 2526–2550 FW 2601–2695 WK 2651–2675	
1927	TW 2701–2725 BX 2401–2425 DH 2201–2225 KD 2101–2125	ab 1927 Kupplung modifiziert; Zündanlage mit Zündmagnet und separater Zündspule (statt 2 Zündmagneten); Nockenwellenschwingungsdämpfer; Vorderradbremsen servounterstützt
1927–28	PR 2301–2325 BR 2351–2325	
1928	MD 2451–2475 FA 2501–2525	
1928–29	WT 2251–2275 KF 2376–2400	ab Chassis-Nr. WT2265 wahlweise Ausführung als Speed-Six
1929	LB 2326–2350 BA 2576–2600 FR 2626–2650	
1929–30	KR 2676–2700 SB 2751–2775 NH 2726–2750	
1930	LR 2776–2800 HM 2851–2870	

Bentley 6½ Liter Speed Six, Baujahr 1930, Chassis-Nr. LR2778. Der Maharadscha von Jaipur gab das Coupé bei H. J. Mulliner in Auftrag.

H. H. The Maharajah of Jaipur ordered this Coupé by H. J. Mulliner.

Bentley 6½ Liter Thrupp & Maberly gestaltete den Jagdwagen für einen indischen Maharadscha. Eventuell handelt es sich um die Chassis-Nr. WB2563 aus 1926.

Thrupp & Maberly created this hunting car on behalf of an Indian maharajah. Could it be chassis-no. WB2563 from 1926?

Bentley $4\frac{1}{2}$ Liter und Bentley $4\frac{1}{2}$ Liter Kompressor

Motor	4 Zylinder in Reihe; Zylinderblock und Zylinderkopf in einem Stück gegossen; Bohrung × Hub 100 mm × 140 mm, Hubraum 4398,24 ccm; 4 Ventile pro Zylinder; obenliegende Nockenwelle; 5fach gelagerte Kurbelwelle; Kurbelgehäuse Leichtmetall, kombinierte Druckumlauf- und Schleuderölschmierung; zwei synchronisierte Zündmagnete; 2 Zündkerzen pro Zylinder; thermostatgesteuerter, pumpenunterstützter Kühlwasserumlauf; 2 SU-Vergaser; Verdichtung zunächst 4,8 : 1, später 5,1 : 1 und Leistung 105 PS (für Wagen mit gewichtigem Aufbau) oder 5,3 : 1 und Leistung 110 PS (für Wagen mit Leichtbau-Karosserie)
Kraftübertragung	Konus-Kupplung; 4-Gang-Getriebe Typ C (für Wagen mit gewichtigem Aufbau) oder Typ D (für Wagen mit Leichtbau-Karosserie); Kardanantrieb; starre Hinterachse mit Differential
Fahrgestell	Längsträger aus gepreßtem Stahlblech verbunden durch 4 gepreßte Quertraversen; rundum Halbelliptikfedern, hinten unter der Achse geführt; Stoßdämpfer Bentley & Draper Duplex oder Hartford Duplex (später kurzbauende Bentley & Draper Duplex); 4-Rad-Trommelbremsanlage, Vorderradbremsen servounterstützt, Handbremse auf Hinterräder wirkend; Rudge-Whitworth-Speichenräder mit Zentralverschluß
Abmessungen	Radstand 2984,5 mm (nur 9 Exemplare) oder 3302 mm; Spurweite 1422,4 mm; Bodenfreiheit 197 mm; Gewicht ohne Karosserie ca. 1310 kg, Gewicht mit Tourer-Karosserie ca. 1638 kg; Reifen 5,25 × 21 oder 5,25 × 31½ oder 5,25 × 32½
Geschwindigkeit	max. 147,2 km/h bei 3500 U/min
Kühleremblem	schwarz eingelegt mit weißem B

Abweichungen in den technischen Daten beim Bentley $4\frac{1}{2}$ Liter Kompressor gegenüber dem Basismodell

Motor	Kurbelgehäuse aus Elektron; Verdichtung 4,5 : 1 (nur die ersten 5 sogenannten Birkin-Wagen), 5,1 : 1 (Standard) oder 5,3 : 1 (späte Modelle); Kurbelwelle, Zylinderblock, Ölpumpe, Kolben und Ventilstößel modifiziert (insbesondere verstärkt); Leistung 175 PS bei 3500 U/min (4,28 bar Druck) oder 182 PS bei 3900 U/min (4,5 bar Druck)
Kompressor	Amherst Villiers, Doppelblattrotor nach Rootes-Prinzip; Anfangsleistung 0,7 kg/qcm bei Höchstgeschwindigkeit (in Einzelfällen angehoben bis auf 0,83 kg/qcm)
Kraftübertragung	Einscheiben-Trockenkupplung (305 mm Durchmesser); Getriebe Typ D
Abmessungen	Bodenfreiheit 203 mm; Gewicht ohne Karosserie 1436 kg, Gewicht mit Tourer-Karosserie ca. 1714 kg; Reifen 6 × 21
Geschwindigkeit	Rennversion max. 222 km/h, Standardversion max. 165,7 km/h bei 3500 U/min

Baujahre: 1927–1931 Bentley $4\frac{1}{2}$ Liter
1929–1931 Bentley $4\frac{1}{2}$ Liter Kompressor

Stückzahlen:
665 Bentley $4\frac{1}{2}$ Liter (einschließlich der 6 Wagen, die nach Übernahme durch Rolls-Royce entstanden)
55 Bentley $4\frac{1}{2}$ Liter Kompressor (einschließlich der 5, die für den Paget-Rennstall entstanden)

Anmerkungen:
Die Fahrzeuge der Serie RC entstanden nach der Übernahme von Bentley durch Rolls-Royce. Die Chassis-Nr. KD 2124 wurde im Werk nach einem Neuaufbau geändert in HM 2870.

Die Typologie aller Modelle

Bentley 4½ Liter

Jahr	Chassis-Nummern	Bemerkenswerte Modifikationen
1927	ST 3001–3025 SL 3051–3075	
1927–28	RN 3026–3050 NT 3126–3150	
1928	HF 3176–3200 XL 3101–3125 KM 3076–3100 MF 3151–3175 TX 3226–3250 PM 3251–3275 FT 3201–3225 XR 3326–3350	
1928–29	UK 3276–3300 AB 3351–3375 FB 3301–3325	ab UK3278 Getriebe enger gestuft (C-Typ)
1929	RL 3426–3450 MR3376–3400 NX 3451–3475 HB 3401–3425 PL 3476–3500 DS 3551–3575 XF 3501–3525	Rahmen aus stärkerem Blech (3/16″ statt 5/32″)
1929–30	KL 3576–3600 PB 3526–3625	
1930	AD 3651–3675	ab 1930 Verwendung von Kurbelwelle, Kurbelgehäuse, Ölsumpf, Ölpumpe, Zylinderblock und Schwungrad der Kompressor-Version für alle Bentley 4½ Liter
1930–31	FS 3601–3625	
1930–31	XT 3626–3637	
1936–37	RC 41–46	

Bentley 4½ Liter Kompressor

Jahr	Chassis-Nummern	
1929	HB 3402–3404 R HR 3976–3977	Rennwagen
1930–31	SM 3901–3925	Serienwagen
1931	MS 3926–3950	Serienwagen

*Bentley 4½ Liter.
Die Aufnahme zeigt den Bentley Ende der fünfziger Jahre während einer Geschicklichkeitsfahrt in Malaysia.*

This Bentley was used in trials and gymkhanas in Malaya.

Baujahre: 1930–1931
Stückzahl: 100

Bentley 8 Liter

Motor	6 Zylinder in Reihe; Zylinderblock und Zylinderkopf in einem Stück gegossen; Bohrung × Hub 110 mm × 140 mm, Hubraum 7983 ccm; 4 Ventile pro Zylinder; 8fach gelagerte Nockenwelle mit Schwingungsdämpfer; 8fach gelagerte Kurbelwelle mit Schwingungsdämpfer; Kurbelgehäuse Elektron; Kühlwasserumlauf pumpenunterstützt, thermostatgesteuerte Kühlerlamellen; kombinierte Druckumlauf- und Schleuderölschmierung; Zündanlage mit Zündspule und separatem Zündmagneten, 2 Zündkerzen pro Zylinder; 2 vertikale SU-Vergaser; Verdichtung 5,1 : 1 oder 5,5 : 1 (mit Spezialkolben 5,3 : 1 oder 6,1 : 1); Leistung 200 PS oder 225 PS (mit Spezialkolben 225 PS oder 230 PS)
Kraftübertragung	Einscheiben-Trockenkupplung; 4-Gang-Getriebe Typ F oder Typ G (Typ G = Typ F mit Getriebegehäuse aus Elektron); Kardanantrieb; starre Hinterachse mit Differential
Fahrgestell	Längsträger aus gepreßtem Stahlblech verbunden durch 1 gepreßte Quertraverse und 5 rohrförmige Querstreben; rundum Halbelliptikfedern, hinten außenliegend; Stoßdämpfer Bentley & Draper Duplex, auf Wunsch vom Fahrersitz aus einstellbar; 4-Rad-Trommelbremsanlage mit Bremskraftverstärker (System Dewandre) und Ausgleichsmechanismus, Handbremse auf separate Bremsschuhe in den Hinterradbremsen wirkend; zentrale Fahrwerkschmierung; Rudge-Whitworth-Speichenräder mit Zentralverschluß
Abmessungen	Radstand 3657,6 mm oder 3963,4 mm; Spurweite 1422,4 mm; Bodenfreiheit 190,5 mm; Gewicht ohne Karosserie 1865 kg, Gewicht mit Tourer-Karosserie 2419 kg; Reifen 7 × 21
Geschwindigkeit	max. 167,3 km/h
Kühleremblem	blau eingelegt

Jahr	Chassis-Nummern
1930–31	YF 5001–5025
1931	YR 5076–5100
1931–32	YM 5026–5050 YX 5101–5125

Anmerkung:
Mehrere Fahrzeuge der Chassis-Serien YM und YX kamen erst zur Auslieferung nach der Übernahme von Bentley durch Rolls-Royce.

Bentley 8 Liter, Baujahr 1931, Chassis-Nr. YF5005. Der Bentley 8 Liter war der hubraumstärkste Personenkraftwagen, der je in Großbritannien serienmäßig gebaut wurde.

The Bentley 8 Liter was the model with the biggest engine capacity that ever has been series produced in Great Britain.

Bentley 4 Liter

Baujahre: 1931–1934
Stückzahl: 50

Motor	6 Zylinder in Reihe; Zylinderblock und abnehmbarer Zylinderkopf aus Stahlguß; Bohrung × Hub 85 mm × 115 mm, Hubraum 3915 ccm; obenliegende Einlaß-, seitliche Auslaßventile (i. o. e./inlet over exhaust); 2 Ventile pro Zylinder; 7fach gelagerte Kurbelwelle, Kurbelgehäuse Leichtmetall; Druckumlaufschmierung; Bosch-Zündspule, Reserve-Zündspule; 1 Zündkerze pro Zylinder; 2 SU-Vergaser; pumpenunterstützter Kühlwasserumlauf, thermostatgesteuerte Kühlerlamellen; Leistung 120 PS bei 4000 U/min
Kraftübertragung	Einscheiben-Trockenkupplung; 4-Gang-Getriebe Typ F oder Typ G; Kardanantrieb; starre Hinterachse mit Differential
Fahrgestell	Längsträger aus gepreßtem Stahlblech verbunden durch großdimensionierte, rohrförmige Querstreben; rundum Halbelliptikfedern; Stoßdämpfer vorne kurzbauende Bentley & Draper, hinten hydraulische Bentley & Draper; 4-Rad-Trommelbremsanlage mit Ausgleichsmechanismus, Handbremse auf die Hinterräder wirkend; zentrale Fahrwerkschmierung; Rudge-Whitworth-Speichenräder mit Zentralverschluß
Abmessungen	Radstand 3403,6 mm oder 3556 mm; Spurweite 1422,4 mm; Bodenfreiheit 178 mm; Gewicht ohne Karosserie 1638 kg, Gewicht mit Tourer-Karosserie 1966 kg; Reifen 6,50 × 20
Geschwindigkeit	max. 134 km/h
Kühleremblem	blau eingelegt

Jahr	Chassis-Nummern
1931	VF 4001–4025 VA 4076–4100

Anmerkung:

Mehrere Fahrzeuge kamen erst zur Auslieferung nach der Übernahme von Bentley durch Rolls-Royce.

Bentley 8 Liter, Erstzulassung 1932, Chassis-Nr. YX5111. Der Tourer von Vanden Plas war auf dem Weg zum Fototermin so hergenommen worden, daß überhitztes Kühlwasser austrat – deshalb die Pfütze unter dem Kühler.

On her way to the photo spot this Tourer by Vanden Plas had been driven so speedily that the radiator overflowed – note pool underneath front axle.

Die Kühlerfigur der W. O. Bentleys.

The Winged B mascot was a convenient handle to the radiator cap.

Baujahre: 1933–1936
Stückzahl: 1177

Bentley $3\frac{1}{2}$ Liter

Motor	6 Zylinder in Reihe; Zylinderblock und abnehmbarer Zylinderkopf aus Stahlguß; Bohrung × Hub 82,5 mm × 114 mm, Hubraum 3669 ccm; obenliegende Ventile stoßstangengesteuert; Kurbelgehäuse Leichtmetall; 7fach gelagerte Kurbelwelle, Druckumlaufschmierung; Rolls-Royce-Zündspule, Reserve-Zündspule; 2 SU-Vergaser mit Kühlwasserheizung; pumpenunterstützter Kühlwasserumlauf, thermostatgesteuerte Kühlerlamellen; Leistung: keine Angabe (nach Steuerformel 25,3 PS)
Kraftübertragung	Einscheiben-Trockenkupplung; 4-Gang-Getriebe (3. und 4. Gang synchronisiert); Kardanantrieb; starre Hinterachse mit Differential
Fahrgestell	Längsträger aus gepreßtem Stahlblech verbunden durch gepreßte Quertraversen und rohrförmige Querstreben; Längsträger zwischen den Achsen herabgezogen zur Erzielung eines niedrigen Schwerpunktes; Halbelliptikfedern und hydraulische Rolls-Royce-Stoßdämpfer rundum; 4-Rad-Trommelbremsanlage mit Bremskraftverstärker, Handbremse auf separate Bremsschuhe in den Hinterradbremsen wirkend; pedalbetätigte Zentralschmierung
Abmessungen	Radstand 3200,4 mm; Spurweite 1422,4 mm; Bodenfreiheit 152 mm; Gewicht ohne Karosserie 1008 kg, Gewicht mit geschlossener 4-Sitzer-Karosserie ca. 1510 kg; Reifen 5,50 × 18
Geschwindigkeit	max. 148,4 km/h
Kühleremblem	schwarz eingelegt, ebenso bei allen Nachfolgemodellen

Bentley $3\frac{1}{2}$ Liter, Baujahr 1935, Chassis-Nr. B127EJ. Hoopers Ausstellungsstück für die Olympia Motor Show 1935 war dieses 3-Position-Drop Head Coupé. Bemerkenswert die Kühlerfigur als »Winged B« mit nur einem Flügel.

Hooper's exhibited at the 1935 Olympia Motor Show this 3-Position-Drop Head Coupé; note single Winged B mascot.

Jahr		Chassis-Serie und -Nummer	Bemerkenswerte Modifikationen
1933–34	A	B 1–203 AE	
1934		B 1–198 AH	
	B	B 1–201 BL B 2–100 BN	
	C	B 2–200 CR	
1934–35		B 1–203 CW	vom Fahrersitz aus einstellbare Stoßdämpfer an der Hinterachse (Telecontrol)
1935	D	B 2–200 DG B 1–199 DK	Kardanwellenschwingungsdämpfer; Räder von Dunlop
	E	B 2–200 EF B 1–203 EJ	Kolben von Aerolite; Räder von R. W.
	F	B 2–200 FB B 1–219 FC	 B 207 FC bis B 219 FC kamen erst 1937 zur Auslieferung

Anmerkungen:

Die Nummer 13 wurde in keiner Serie verwendet. In einigen Serien wurden alle, in anderen Serien nur gerade oder nur ungerade Nummern verwendet. Gelegentlich wurden Nummern geändert in solche einer späteren Serie. Manche Zahlenfolgen wurden ganz ausgelassen (z. B. Lücke zwischen B 159 FC und B 205 FC).

Die Typologie aller Modelle

Bentley 4¼ Liter

Baujahre: 1936–1939
Stückzahl: 1234

Motor	6 Zylinder in Reihe; Zylinderblock und Zylinderkopf Stahlguß, Kurbelgehäuse Leichtmetall; Bohrung × Hub 89 mm × 114 mm, Hubraum 4257 ccm; obenliegende Ventile; 7fach gelagerte Nockenwelle seitlich im Kurbelgehäuse angeordnet, Ventilbetätigung über Stoßstangen und Stößel; 7fach gelagerte Kurbelwelle, spezielle Hall-Lager; Druckumlaufschmierung; Zündspule und Reserve-Zündspule, automatische Zündzeitpunktverstellung; 2 SU-Vergaser Typ HV4, 41 mm Durchlaß; pumpenunterstützter Kühlwasserumlauf, thermostatgesteuerte Kühlerlamellen; Leistung: keine Angabe (nach Steuerformel 29,4 PS)
Kraftübertragung	Einscheiben-Trockenkupplung von Borg & Beck; 4-Gang-Getriebe, am Motor angeflanscht (3. und 4. Gang synchronisiert); Kardanantrieb; starre Hinterachse mit Differential
Fahrgestell	Längsträger aus gepreßtem Stahlblech verbunden durch gepreßte Quertraversen und rohrförmige Querstreben, Längsträger zwischen den Achsen herabgezogen zur Erzielung eines niedrigen Schwerpunktes; Halbelliptikfedern und hydraulische Stoßdämpfer rundum, hintere Stoßdämpfer per Lenkradhebel einstellbar; 4-Rad-Trommelbremsanlage mit Bremskraftverstärker, Handbremse auf separate Bremsschuhe in den Hinterradbremsen wirkend
Abmessungen	Radstand 3200,4 mm; Spurweite 1422,4 mm; Gewicht ohne Karosserie 1058 kg, Gewicht mit geschlossener 4-Sitzer-Karosserie ca. 1700 kg; Reifen 5,50 × 18
Geschwindigkeit	max. 153,6 km/h (MR- und MX-Serie max. 171,2 km/h)

Bentley 4¼ Liter, Baujahr 1938, Chassis-Nr. B177LE. Die Tschechoslowakei war Bestimmungsland für das Cabriolet.

Czecho-Slovakia was the destiny for this Drop Head Coupé.

Jahr		Chassis-Serie und -Nummer	Bemerkenswerte Modifikationen
1936	G	B 2–260 GA B 1–203 GP	
	H	B 2–200 HK	
1936–37		B 1–203 HM	
1937	J	B 2–200 JD B 1–203 JY	ab B 53 JY Kardanwellen-schwingungsdämpfer
	K	B 2–200 KT B 1–203 KU	
1937–38	L	B 2–204 LS	ab B 112 LS Kurbelwellen-Hauptlager aus Weißmetall
1938		B 1–203 LE	
1938–39	M	B 2–200 MR	Overdrive-Getriebe (3. Gang direkt, 4. Gang drehzahlsenkend übersetzt); längere Hinterachsübersetzung; Motor modifiziert; Reifen 6,50 × 17 (statt 5,50 × 18)
1939		B 1–203 MX	

Anmerkungen:

Die Nummer 13 wurde in keiner Serie verwendet. In einigen Serien wurden nur gerade Nummern, in anderen Serien nur ungerade Nummern verwendet. In der GA-Serie wurden zunächst fortlaufende, dann nur noch gerade Nummern verwendet.

Bentley 4¼ Liter, Baujahr 1936, Chassis-Nr. B37HM. Auslaßseite des Motors.

Exhaust side of the engine.

Bentley Mark V und Bentley Corniche

Motor	6 Zylinder in Reihe; Zylinderblock und Zylinderkopf Stahlguß, Kurbelgehäuse und Ölwanne Leichtmetall; Bohrung × Hub 89 mm × 114 mm, Hubraum 4257 ccm, obenliegende Ventile betätigt über Stößel und Stoßstangen; Nockenwelle seitlich im Kurbelgehäuse liegend; Druckumlaufschmierung, Nebenstromölfilter; Zündspule und Reserve-Zündspule, automatische Zündzeitpunktverstellung, manuelle Verstellmöglichkeit nur auf Kundenwunsch; 2 SU-Vergaser mit Kühlwasserheizung; thermostatgesteuerter Kühlwasserumlauf, Wasserpumpe und Ventilator keilriemengetrieben; Leistung: keine Angabe (nach Steuerformel 29,4 PS)
Kraftübertragung	Einscheiben-Trockenkupplung; 4-Gang-Getriebe (2., 3. und 4. Gang synchronisiert); zweiteilige Kardanwelle mit Zwischenlager; starre Hinterachse mit Differential
Fahrgestell	Längsträger aus gepreßtem Stahlblech verbunden durch gepreßte Quertraversen und eine großdimensionierte Kreuztraverse; vorne unabhängige Radaufhängung mit Schraubenfedern, hinten Halbelliptikfedern, hydraulische Stoßdämpfer rundum, hintere Stoßdämpfer per Lenkradhebel einstellbar; 4-Rad-Trommelbremsanlage mit Bremskraftverstärker, Handbremse auf die Hinterräder wirkend; zentrale Fahrwerkschmierung pedalbetätigt
Abmessungen	Radstand 3149,6 mm; Spurweite vorn 1428,75 mm, hinten 1473,2 mm; Gewicht mit geschlossener 4-Sitzer-Karosserie ca. 1250 kg; Reifen 6,50 × 16
Geschwindigkeit	max. 155,2 km/h

Abweichungen in den technischen Daten beim Bentley Corniche gegenüber dem Bentley Mark V

Motor	Zylinderblock und Kurbelgehäuse in einem Stück gegossen; Einlaßventile hängend im Zylinderkopf, Auslaßventile seitlich stehend im Motorblock angeordnet; 2 aufgebohrte SU-Vergaser; Verdichtung 7,25:1; Lichtmaschine, Wasserpumpe und Ventilator keilriemengetrieben; Doppelrohrauspuffanlage
Kraftübertragung	Hinterachsübersetzung 3,73:1
Fahrgestell	Stahlfelgen (statt Speichenrädern)
Geschwindigkeit	max. 193 km/h

Baujahre: 1939–1941

Stückzahlen:

15 Bentley Mark V als Fahrgestell mit Motor fertiggestellt (davon 11 mit Karosserie versehen)

4 Bentley Corniche als Fahrgestell mit Motor fertiggestellt (nur der zuvor fertiggestellte Prototyp war auch mit einer Karosserie versehen worden)

Jahr	Chassis-Nummern
1939	B 2– 8AW
1939–40	B 10–38AW

Anmerkungen:

Es wurden nur gerade Nummern verwendet. Die Serie B 2AW bis B 8AW war ausgeführt als Bentley Corniche. Die Serie B 10AW bis B 38AW war ausgeführt als Bentley Mark V.

Bentley Mark V, Baujahr 1939, Chassis-Nr. 1BV. Beim Saloon von Park Ward waren die Türen hinten angeschlagen.

Saloon by Park Ward showing rear hinged doors.

Bentley Mark VI, Baujahr 1951, Chassis-Nr. B221NY. Die Standard-Karosserie ab Werk bot sich an für zweifarbig abgesetzte Lackierungen.

The Standard Steel Sports Saloon lends itself to two tone treatment.

Bentley Mark VI

Motor	6 Zylinder in Reihe; Motorblock Stahlguß, Zylinderkopf Leichtmetall; Bohrung × Hub 88,9 mm × 114,3 mm, Hubraum 4257 ccm; Einlaßventile hängend im Zylinderkopf, Auslaßventile seitlich stehend im Motorblock angeordnet; 4fach gelagerte Nockenwelle seitlich im Motorblock liegend; 7fach gelagerte Kurbelwelle; 2 SU-Vergaser Typ H4; Druckumlaufschmierung, Öldruckregulierventile, Nebenstromölfilter; Kühlwasserumlauf thermostatgesteuert, Wasserpumpe, Kühlerlamellen nicht verstellbar; Leistung 137 PS (nach Steuerformel 29,4 PS)
Kraftübertragung	Einscheiben-Trockenkupplung; 4-Gang-Getriebe, 2., 3. und 4. Gang synchronisiert; zweiteilige Kardanwelle mit Zwischenlager; starre Hinterachse mit Differential
Fahrgestell	Längsträger aus gepreßtem Stahlblech verbunden durch gepreßte Querträger und verstärkt durch großdimensionierte Kreuztraverse; vorne unabhängige Radaufhängung mit Schraubenfedern, Blattfedern hinten; Hydraulik-Stoßdämpfer rundum, hintere Stoßdämpfer per Lenkradhebel einstellbar; Trommelbremsen vorne hydraulisch, hinten mechanisch betätigt, Bremskraftverstärker, Handbremse auf die Hinterräder wirkend; zentrale Fahrwerkschmierung
Abmessungen	Radstand 3048 mm; Spurweite vorn 1435,1 mm, hinten 1485,9 mm; Gewicht ohne Karosserie 1242,8 kg, Gewicht mit Standard-Karosserie 1909,5 kg; Reifen 6,50 × 16
Geschwindigkeit	max. 151,25 km/h

Unterschiede in den technischen Daten bei den ab 1951 gebauten Modellen mit $4\frac{1}{2}$ Litern Hubraum gegenüber dem Basismodell

Motor	Bohrung × Hub 92 mm × 114 mm, Hubraum 4566 ccm; Hauptstromölfilter, 2 SU-Vergaser Typ H6, Kaltstartautomatik; Leistung 150 PS (nach Steuerformel 31,5 PS)
Fahrgestell	Doppelrohrauspuffanlage, getrennt geführt (nur bei rechtsgesteuerten Fahrzeugen)
Geschwindigkeit	max. 164,6 km/h

Baujahre: 1946–1952

Stückzahlen:

4000	Bentley Mark VI $4\frac{1}{2}$ Liter (davon 820 mit Sonderkarosserie)
1201	Bentley Mark VI $4\frac{1}{2}$ Liter (davon 179 mit Sonderkarosserie)
4201	Bentley Mark VI insgesamt

Anmerkungen:

Die Nummer 13 wurde nicht verwendet. Einige Serien verwendeten nur gerade, andere Serien nur ungerade Nummern. Fahrzeuge mit Linkslenkung waren durch ein der Buchstaben-Kombination vorangesetztes L gekennzeichnet. Es kamen 167 Bentley Mark VI mit Linkslenkung zur Auslieferung.

Jahr	Chassis-Serie und -Nummer		Bemerkenswerte Modifikationen
1946–47	A	B 2–254 AK	
1947		B 1–247 AJ	
	B	B 2–400 BH	
1947–48		B 1–401 BG	ab B 185 BG Kennung der vorderen Stoßdämpfer versteift; ab B 321 BG Karosserie modifiziert bei Exportmodellen
	C	B 2–500 CF B 1–501 CD	
1948–49	D	B 2–500 DA B 1–501 DZ	ab B 163 DZ 18 Kühlerlamellen (statt 20); ab B 193 DZ kühlwassergeheiztes Scheibengebläse
1949	E	B 2–500 EY B 1–501 EW	ab B 162 EY kabelversorgte Handlampe
1949–50	F	B 2–500 FV B 1–601 FU	ab B 138 FV Schalthebel verlängert
1950	G	B 1–401 GT	ab B 1 GT Lenkung überarbeitet; Kühlrippen der Bremstrommeln verstärkt
	H	B 2–250 HR B 1–251 HP	ab B 2 HR elektrische Uhr; leichtere Kupplung; ab B 83 HP aufgebohrte Vergaser
1950–51	J	B 2–250 JO B 1–250 JN	
	K	B 2–200 KM	
1951		B 1–201 KL	
	L	B 2–400 LJ B 1–401 LH	ab B 300 LJ Kupplung verstärkt
1951	M	B 2–400 MD B 1–403 MB	erste Serie mit $4\frac{1}{2}$-Liter-Motor
1951–52	N	B 2–500 NZ B 1–501 NY	ab B 169 NY Mark II Scheinwerfer; ab B 311 NY Luftklappen in der A-Säule (statt auf dem Windleitblech)
1952	P	B 2–300 PV B 1–301 PU	

Baujahre: 1946–1959

Stückzahlen:

1144 Rolls-Royce Silver Wraith

639 Rolls-Royce Silver Wraith mit langem Radstand

1783 Rolls Royce Silver Wraith insgesamt

Rolls-Royce Silver Wraith

Motor	6 Zylinder in Reihe; Motorblock Stahlguß, Zylinderkopf Leichtmetall; Bohrung × Hub 88,9 mm × 114,3 mm, Hubraum 4257 ccm; Einlaßventile im Zylinderkopf, Auslaßventile seitlich stehend im Motorblock angeordnet; 4fach gelagerte Nockenwelle; 7fach gelagerte Kurbelwelle; Druckumlaufschmierung, Öldruckregulierventil, Nebenstromölfiler; Kühlerlamellen thermostatgesteuert; Stromberg-Vergaser; Leistung: keine Angabe
Kraftübertragung	Einscheiben-Trockenkupplung; 4-Gang-Getriebe, 2., 3. und 4. Gang synchronisiert; zweiteilige Kardanwelle; starre Hinterachse mit Differential
Fahrgestell	Längsträger aus gepreßtem Stahlblech verbunden durch gepreßte Querträger und verstärkt durch großdimensionierte Kreuztraverse; vorne unabhängige Radaufhängung mit Schraubenfedern, Blattfedern hinten; Hydraulik-Stoßdämpfer rundum, hintere Stoßdämpfer per Lenkradhebel einstellbar; Trommelbremsen vorne hydraulisch, hinten mechanisch betätigt, Bremskraftverstärker, Handbremse auf die Hinterräder wirkend; zentrale Fahrwerkschmierung
Abmessungen	Radstand 3225,8 mm; Spurweite vorn 1473,2 mm, hinten 1524 mm; Reifen 6,50 × 17; Gewicht ohne Karosserie ca. 1440 kg, Gewicht mit üblicher Karosserie ca. 2150 kg
Geschwindigkeit	max. 135 km/h (spätere Modelle max. 150 km/h)

Rolls-Royce Silver Wraith, Baujahr 1949, Chassis-Nr. WHD11. Freiliegende Trittbretter wie bei dieser Limousine von Park Ward fanden sich nach dem Zweiten Weltkrieg nur noch vereinzelt.

Open running boards are a feature of this Limousine by Park Ward – they became more and more out-of-fashion after World War II.

Rolls-Royce Silver Wraith, Baujahr 1956, Chassis-Nr. ELW54. Die harmonisch proportionierte Limousine von James Young wurde mit einer Klimaanlage nachgerüstet, so daß es an keiner Bequemlichkeit fehlt.

The well-proportioned Limousine by James Young was later fitted with air-conditioning to add more comfort.

Jahr	Chassis-Serie und -Nummer		Bemerkenswerte Modifikationen
1946–47	A	1– 85 WTA 1– 81 WVA 1– 87 WYA	ab WTA 56 verstärkte Kupplung
1947–48	B	1– 65 WZB 1– 65 WAB 1– 73 WCB	
1948–50	C	1–101 WDC 1–101 WFC 1–101 WGC	
1950	D	1–101 WHD	
1950–51	E	1– 35 WLE 1– 96 WME	
1951	F	1– 76 WOF	Hubraumvergrößerung auf 4566 ccm, Bohrung × Hub 92,1 mm × 114,3 mm, Hauptstromölfilter; für Exportfahrzeuge Reifen 7,50 × 16 auf Wunsch, sonst 6,50 × 16
1951–52	G	1– 76 WSG	ab WSG 7 Zenith-Fallstromvergaser (statt Stromberg-2-Stufen-Fallstromvergaser)
1952	H	1–116 WVH	letzte Serie mit kurzem Radstand; wahlweise 4-Gang-Schaltautomatik; Verdichtung angehoben auf 6,4:1 bzw. 6,75:1
1951	A	1– 51 ALW	erste Serie mit langem Radstand von 3378,2 mm, Spurweite hinten 1625,6 mm, Reifen 7,50 × 16; Zenith-Fallstromvergaser

Jahr	Chassis-Serie und -Nummer		Bemerkenswerte Modifikationen
1952–53	B	1–101 BLW	
1953–54	C	1– 43 CLW	Verdichtung angehoben auf 6,75:1
1954–55	D	1–172 DLW	ab DLW 163 Hubraumvergrößerung auf 4887 ccm, Bohrung × Hub 95,25 mm × 114,3 mm; wahlweise 4-Gang-Schaltautomatik
1955–56	E	1–101 ELW	
1956–57	F	1–101 FLW	doppelte SU-Vergaser (statt Zenith); wahlweise Servolenkung; ab FLW 60 Verdichtung angehoben auf 8:1
1957	G	1– 26 GLW	
1958	H	1– 52 HLW	

Anmerkungen:

Die Nummer 13 wurde nicht verwendet.
Fahrzeuge mit Linkslenkung wurden durch ein der Chassis-Nummer vorangestelltes L gekennzeichnet (z. B. LWOF 35).

Baujahre: 1949–1955

Stückzahlen:

170 Rolls-Royce Silver Dawn $4\frac{1}{4}$ Liter mit kurzem Heck

110 Rolls-Royce Silver Dawn $4\frac{1}{2}$ Liter mit kurzem Heck

481 Rolls-Royce Silver Dawn $4\frac{1}{2}$ Liter mit langem Heck

761 Rolls-Royce Silver Dawn insgesamt (davon 66 mit Sonderkarosserie)

Rolls-Royce Silver Dawn

Motor	6 Zylinder in Reihe; Motorblock Stahlguß, Zylinderkopf Leichtmetall; Bohrung × Hub 88,9 mm × 114,3 mm, Hubraum 4257 ccm; Einlaßventile im Zylinderkopf, Auslaßventile seitlich stehend im Motorblock angeordnet; 4fach gelagerte Nockenwelle; 7fach gelagerte Kurbelwelle; Druckumlaufschmierung, Öldruckregulierventil, Nebenstromölfilter; Stromberg-Vergaser
Kraftübertragung	Einscheiben-Trockenkupplung; 4-Gang-Getriebe, 2., 3. und 4. Gang synchronisiert; zweiteilige Kardanwelle; starre Hinterachse mit Differential
Fahrgestell	Längsträger aus U-Profil-Stahl verbunden durch gepreßte Querträger und verstärkt durch eine großdimensionierte Kreuztraverse; vorne unabhängige Radaufhängung mit Schraubenfedern, Blattfedern hinten; Hydraulik-Stoßdämpfer rundum, hintere Stoßdämpfer per Lenkradhebel einstellbar; Trommelbremsen vorne hydraulisch, hinten mechanisch betätigt, Bremskraftverstärker, Handbremse auf die Hinterräder wirkend; zentrale Fahrwerkschmierung
Abmessungen	Radstand 3048 mm; Spurweite vorn 1435,1 mm, hinten 1485,9 mm; Gewicht ohne Karosserie 1608,75 kg; Reifen 6,50 × 16
Geschwindigkeit	max. 144 km/h (spätere Modelle max. 151 km/h)

Rolls-Royce Silver Dawn, Baujahr 1954, Chassis-Nr. SNF45. Das Cabriolet von Park Ward verfügt über ein Automatikgetriebe. Ein vergleichbarer Rolls-Royce Silver Dawn war an S. M. König Faisal II. von Irak ausgeliefert worden.

Cabriolet by Park Ward with automatic transmission. A similar car had been delivered to H. M. King Faisal II of Iraq.

Jahr	Chassis-Serie und -Nummer		Bemerkenswerte Modifikationen
1949–51	A	2–138 SBA 1– 63 SCA	
1951	B	2–140 SDB	ab SDB 76 Kupplung verstärkt
1951–52	C	2–160 SFC	Hubraumvergrößerung auf 4566 ccm, Bohrung × Hub 92,1 mm 114,3 mm, Hauptstromölfilter; ab LSFC 102 Zenith-Vergaser (statt Stromberg)
1952	D	2– 60 SHD	
1952–53	E	2– 50 SKE	Karosserie modifiziert (langes Heck); ab LSKE 10 wahlweise 4-Gang-Schaltautomatik
		1– 51 SLE	ab SLE 5 4-Gang-Schaltautomatik Standard
1953–54	F	2– 76 SMF 1–125 SNF	
1954	G	2–100 SOG 1–101 SPG	
	H	2–100 SRH 1–101 STH	
1954–55	J	2–130 SUJ 1–133 SVJ	

Anmerkungen:

Einige Serien verwendeten nur gerade, andere nur ungerade Nummern. Die Nummer 13 wurde nicht verwendet. Fahrzeuge mit Linkslenkung wurden durch ein der Chassis-Nummer vorangestelltes L gekennzeichnet (z. B. LSHD 22).

Rolls-Royce Phantom IV

Baujahre: 1950–1956
Stückzahl: 18

Motor	8 Zylinder in Reihe; Bohrung × Hub 88,9 mm × 114,3 mm, Hubraum 5675 ccm; Einlaßventile hängend im Zylinderkopf, Auslaßventile seitlich stehend im Motorblock angeordnet; 6fach gelagerte Nockenwelle; 9fach gelagerte Kurbelwelle; Druckumlaufschmierung, Öldruckregulierventil, Nebenstromölfilter; Kühlerlamellen thermostatgesteuert; Stromberg-Vergaser; Leistung: keine Angabe
Kraftübertragung	Einscheiben-Trockenkupplung; 4-Gang-Getriebe, 2., 3. und 4. Gang synchronisiert; Kardanantrieb; starre Hinterachse mit Differential
Fahrgestell	Längsträger aus gepreßtem Stahlblech verbunden durch gepreßte Querträger und verstärkt durch eine großdimensionierte Kreuztraverse; vorne unabhängige Radaufhängung mit Schraubenfedern, hinten Blattfedern, Hydraulik-Stoßdämpfer rundum, hinten per Lenkradhebel einstellbar; Trommelbremsen vorne hydraulisch, hinten mechanisch betätigt, Bremskraftverstärker, Handbremse auf Hinterräder wirkend; zentrale Fahrwerkschmierung
Abmessungen	Radstand 3683 mm; Spurweite vorn 1485,9 mm, hinten 1600,2 mm; Reifen 8,00 × 17
Geschwindigkeit	keine Angabe

Rolls-Royce Phantom IV, Baujahr 1950, Chassis-Nr. 4AF2. Der erste Rolls-Royce Phantom IV wurde bei H. J. Mulliner als Special Limousine eingekleidet. Wegen des hohen Fahrzeuggewichtes fanden zehn (!) Radmuttern pro Rad Verwendung.

The first Rolls-Royce Phantom IV was bodied as a Special Limousine by H. J. Mulliner. The 17" wheels were secured by no less than 10 studs because of the chassis-weight of 3300 lb.

Jahr	Chassis-Nummer	Bemerkenswerte Modifikationen
1950–52	4 AF 2–22	4 AF 2 wurde 1954 umgebaut auf 4-Gang-Schaltautomatik (statt manueller Schaltung); 4 AF 22 mit Ölbad-Luftfilter
1952–55	4 BP 1–7	ab 4 BP 1 Hauptstromölfilter; 4 BP 1 und 4 BP 3 mit Ölbad-Luftfilter; 4 BP 5 mit verstärktem Rahmen; ab 4 BP 5 4-Gang-Schaltautomatik Standard
1954–55	4 CS 2–6	Vorderradbremsen modifiziert

Anmerkungen:
Die Serien 4 AF und 4 CS verwendeten nur gerade Nummern, die Serie BP nur ungerade Nummern.

Baujahre: 1952–1955

Stückzahlen:
2320 Bentley R (davon 303 mit Sonderkarosserie)
207 Bentley R Continental
1 Bentley R Continental Prototyp
2528 Bentley R insgesamt

Bentley R und Bentley R Continental

Motor	6 Zylinder in Reihe; Motorblock Stahlguß, Zylinderkopf Leichtmetall; Bohrung × Hub 92,1 mm × 114,3 mm, Hubraum 4566 ccm; Einlaßventile hängend im Zylinderkopf, Auslaßventile seitlich stehend im Motorblock angeordnet; 4fach gelagerte Nockenwelle; 7fach gelagerte Kurbelwelle; Druckumlaufschmierung, Öldruckregulierventile, Hauptstromölfilter; thermostatgesteuerter Kühlwasserumlauf, Wasserpumpe; doppelte SU-Vergaser Typ H6, Leistung: keine Angabe
Kraftübertragung	Einscheiben-Trockenkupplung; 4-Gang-Getriebe, 2., 3. und 4. Gang synchronisiert; zweiteilige Kardanwelle mit Zwischenlager; starre Hinterachse mit Differential; auf Wunsch 4-Gang-Schaltautomatik mit Kickdown-Einrichtung (System Hydramatic/General Motors)
Fahrgestell	Längsträger aus gepreßtem Stahlblech verbunden durch gepreßte Querträger und verstärkt durch großdimensionierte Kreuztraverse; unabhängige Radaufhängung vorn mit Schraubenfedern, Blattfedern hinten; Hydraulik-Stoßdämpfer rundum, hinten per Lenkradhebel einstellbar; Trommelbremsen vorne hydraulisch, hinten mechanisch betätigt, Bremskraftverstärker; Handbremse auf die Hinterräder wirkend; zentrale Fahrwerkschmierung pedalbetätigt
Abmessungen	Radstand 3048 mm; Spurweite vorn 1441,45 mm, hinten 1489,1 mm; Gewicht ohne Karosserie ca. 1243 kg, Gewicht mit Standard-Karosserie ca. 1910 kg; Reifen 6,50 × 16
Geschwindigkeit	max. 171,35 km/h

Abweichungen in den technischen Daten beim Bentley R Continental gegenüber dem Basismodell

Motor	Pleuel und Lager kräftiger dimensioniert; höhere Verdichtung (7,27:1 statt 6,4:1); doppelte SU-Vergaser Typ HD8
Kraftübertragung	1. Gang kürzer übersetzt; Hinterachse länger übersetzt
Fahrgestell	Einrohr-Auspuffanlage
Abmessungen	Spurweite vorn 1422,4 mm, hinten 1473,2 mm; Gewicht ohne Karosserie 1234,8 kg, Gewicht mit Coupé-Karosserie von H. J. Mulliner 1625,4 kg
Geschwindigkeit	max. 188,09 km/h

Bentley R, Baujahr 1954, Chassis-Nr. B267YA. Nur im Heckbereich unterschied sich die Standard-Karosserie des Bentley R von der des Vorgängers Bentley Mark VI.

Only behind the rear wheels there were changes to the body that distinguished the Bentley R-Type from the Bentley Mark VI.

Bentley R Continental, Baujahr 1955, Chassis-Nr. BC48D. Mit Stoffschiebedach ausgestattet ist dieses Coupé von H. J. Mulliner.

Now fitted with a sunroof is this Coupé by H. J. Mulliner.

Jahr	Chassis-Serie und -Nummer		Bemerkenswerte Modifikationen
1952	R	B 2–120 RT B 1–121 RS	
1952–53	S	B 2–500 SR B 1–501 SP	
1953	T	B 1–401 TO	ab B 93 TO Verdichtung angehoben auf 6,75:1; ab B 349 TO komplett verschweißter Rahmen
		B 2–600 TN	
1953–54	U	B 1–251 UL B 2–250 UM	
1954	W	B 2–300 WH B 1–301 WG	
	X	B 2–140 XF	
	Y	B 1–331 YA B 2–330 YD	längere Hinterachsübersetzung von 12:41
1954–55	Z	B 1–251 ZX B 2–250 ZY	

Bentley R Continental

Jahr	Chassis-Serie und -Nummer		Bemerkenswerte Modifikationen
1952–53	A	BC 1–26 A	ab BC 19 A Verdichtung gesenkt auf 7,1:1; BC 26 A war der Prototyp aus 1951
1953–54	B	BC 1–25 B	
1954–55	C	BC 1–78 C	ab BC 4 C Verdichtung angehoben auf 7,2:1
	D	BC 1–74 D	ab BC 1 D Hubraum vergrößert auf 4887 ccm, Bohrung × Hub 94,62 mm × 114,3 mm; Verdichtung angehoben auf 7,25:1
1955	E	BC 1– 9 E	

Anmerkungen:

Die Nummer 13 wurde nicht verwendet. In einigen Serien wurden nur gerade, in anderen Serien nur ungerade Nummern verwendet. Linksgelenkte Fahrzeuge waren durch ein dem Serienbuchstaben vorangestelltes L gekennzeichnet. Es kamen 166 Bentley R und 43 Bentley R Continental mit Linkslenkung zur Auslieferung.

Die Typologie aller Modelle

Rolls-Royce Silver Cloud I, Bentley S1 und Bentley S1 Continental

Motor	6 Zylinder in Reihe; Motorblock Stahlguß, Zylinderkopf und Ölsumpf Leichtmetall; Bohrung × Hub 95,25 mm × 114,3 mm, Hubraum 4887 ccm; Einlaßventile im Zylinderkopf, Auslaßventile seitlich stehend im Motorblock angeordnet; 4fach gelagerte Nockenwelle; 7fach gelagerte Kurbelwelle; Druckumlaufschmierung, Öldruckregulierventil, Hauptstromölfilter; Zündverteiler mit Einstellvorrichtung für Kraftstoffe mit niedriger Oktanzahl; 2 SU-Vergaser Typ HD 6, Kaltstartautomatik; Kühlwasserumlauf thermostatgesteuert; Leistung: keine Angabe
Kraftübertragung	serienmäßig 4-Gang-Schaltautomatik, Schalthebel an der Lenksäule; Kardanantrieb; starre Hinterachse mit Differential (ca. 10 Fahrzeuge erhielten auf Kundenwunsch ein manuelles 4-Gang-Getriebe mit Einscheiben-Trockenkupplung)
Fahrgestell	geschweißter Rahmen mit großdimensionierter Kreuztraverse; vorne unabhängige Radaufhängung mit Schraubenfedern, hinten Blattfedern; Stabilisatoren vorne und hinten; Hydraulik-Stoßdämpfer rundum, hinten per Schaltknopf 2 Stellungen wählbar; Trommelbremsen vorne hydraulisch, hinten hydraulisch und mechanisch betätigt, Bremskraftverstärker, Handbremse auf die Hinterräder wirkend; zentrale Fahrwerkschmierung
Abmessungen	Radstand 3124,2 mm; Spurweite vorn 1473,2 mm, hinten 1524 mm; Gewicht ohne Karosserie 1306,4 kg, Gewicht mit Standardkarosserie 2016 kg; Reifen 8,20 × 15
Geschwindigkeit	max. 162,51 km/h (ab 1957 max. 170,55 km/h);

Unterschiede in den technischen Daten beim Bentley S1 Continental gegenüber dem Basismodell

Motor	frühe Serien höher verdichtet (7,25:1 statt 6,6:1)
Kraftübertragung	Hinterachse länger übersetzt (2,92:1 statt 3,42:1)
Abmessungen	Gewicht ohne Karosserie 1272,1 kg, Gewicht mit Coupé-Karosserie von H. J. Mulliner ca. 1690 kg; Reifen 7,60 × 15 oder 8,00 × 15
Geschwindigkeit	max. 194 km/h

Baujahre: 1955–1959

Stückzahlen:

2238	Rolls-Royce Silver Cloud I (davon ca. 100 mit Sonderkarosserie)
121	Rolls-Royce Silver Cloud I mit langem Radstand (davon 36 mit Sonderkarosserie)
2359	Rolls-Royce Silver Cloud I insgesamt
3072	Bentley S1 (davon 145 mit Sonderkarosserie)
35	Bentley S1 mit langem Radstand (davon 12 mit Sonderkarosserie)
431	Bentley S1 Continental
3538	Bentley S1 insgesamt

Rolls-Royce Silver Cloud I

Jahr	Chassis-Serie und -Nummer		Bemerkenswerte Modifikationen
1955–56	A	2–250 SWA 1–251 SXA	
1956	B	2–250 SYB 1–251 SXB	
1956–57	C	2–150 SBC 1–151 SCC	wahlweise Servolenkung
1957–58	D	2–450 SDD 1–451 SED	ab SDD 136 Verdichtung angehoben auf 8:1 für Exportmodelle in die USA und nach Kanada;
	E	2–500 SGE 1–501 SFE	ab SFE 23 Verdichtung 8:1 Standard
1958–59	F	1–249 SHF 2–250 SJF	
1959	G	1–125 SKG 2–126 SLG	
	H	1–265 SMH 2–262 SNH	
1957–58 1958–59 1959	A B C	1– 26 ALC 1– 51 BLC 1– 47 CLC	Serien mit langem Radstand von 3225,8 mm; Servolenkung Standard

Bentley S1

Jahr	Chassis-Serie und -Nummer		Bemerkenswerte Modifikationen
1955	A	B 2–500 AN B 1–501 AP	
1955–56	B	B 2–250 BA	
1956		B 1–251 BC	
	C	B 2–500 CK B 1–501 CM	ab B501 CM wahlweise Servolenkung
1956–57	D	B 2–350 DB B 1–351 DK	
	E	B 2–650 EG	ab B 120 EG Verdichtung erhöht auf 8:1 für Exportmodelle in die USA und nach Kanada; ab
1957–58		B 1–651 EK	B 257 EK Verdichtung 8:1 Standard
	F	B 2–650 FA	
1958–59		B 1–651 FD	
1959	G	B 1–125 GD B 2–126 GC	
	H	B 1– 45 HB B 2– 50 HA	
1957–59	A	1– 36 ALB	Serie mit langem Radstand von 3225,8 mm; Servolenkung Standard

Bentley S1, Baujahr 1956, Chassis-Nr. B289AP. Ein Sports Saloon von Freestone & Webb mit eigenwilliger Linienführung.

Sports Saloon by Freestone & Webb with extravagant lines.

Bentley S1 Continental

Jahr		Chassis-Serie und -Nummer	Bemerkenswerte Modifikationen
1955–56	A	BC1–102 AF	
1956–57	B	BC1–101 BG	ab BC21 BG Verdichtung angehoben auf 8:1; ab B171 BG Exportmodelle mit Servolenkung; BC79 BG letztmalig auf Sonderwunsch mit Handschaltung
1957–58	C	BC1– 51 CH	
	D	BC1– 51 DJ	
1958–59	E	BC1– 51 EL	
	F	BC1– 51 FM	
1959	G	BC1– 31 GN	

Anmerkungen:

Die Nummer 13 wurde in keiner Serie verwendet. In einigen Serien wurden nur gerade, in anderen Serien nur ungerade Nummern verwendet; in den Serien der Fahrzeuge mit langem Radstand und bei Continental-Serien wurden fortlaufende Nummern verwendet.

Linksgelenkte Fahrzeuge wurden durch ein der Buchstabenkombination vorangestelltes L gekennzeichnet. Mit Linkslenkung kamen 575 Bentley S1 und 115 Bentley S1 Continental zur Auslieferung.

Bentley S1 Continental, Baujahr 1958, Chassis-Nr. BC18DJ. Hooper versuchte mit dem viertürigen Lightweight Saloon in die Domäne von H. J. Mulliner einzubrechen, die den viertürigen Flying Spur auf Basis Bentley S1 Continental bauten. Der Versuch mißlang, obwohl Hoopers Produkt leichter und deshalb schneller war.

Hooper tried with this Lightweight Saloon to catch some business from H. J. Mulliner who offered the Flying Spur on Bentley S1 Continental chassis. The attempt failed, although Hooper's product was lighter and faster.

Die Typologie aller Modelle

Baujahre: 1959–1962

Stückzahlen:

2417	Rolls-Royce Silver Cloud II (einige mit Sonderkarosserie)
299	Rolls-Royce Silver Cloud II mit langem Radstand (davon 41 mit Sonderkarosserie)
2716	Rolls-Royce Silver Cloud II insgesamt
1865	Bentley S2 (davon 15 Cabriolets auf Basis der Standardkarosserie)
57	Bentley S2 mit langem Radstand (davon 6 mit Sonderkarosserie)
388	Bentley S2 Continental
2310	Bentley S2 insgesamt

Rolls-Royce Silver Cloud II, Bentley S2 und Bentley S2 Continental

Motor	8 Zylinder in V-Form, Zylinderreihen im 90-Grad-Winkel angeordnet; wassergekühlt; Motorblock Leichtmetall, nasse Zylinderlaufbuchsen Stahlguß; Zylinderköpfe Leichtmetall; Bohrung × Hub 104,14 mm × 91,44 mm, Hubraum 6230 ccm; zentrale Nockenwelle (Stirnradantrieb); hydraulischer Ventilspielausgleich; 2 SU-Vergaser Typ HD 6, Kaltstartautomatik; 5fach gelagerte Kurbelwelle; Leistung: keine Angabe
Kraftübertragung	4-Gang-Schaltautomatik; geteilte Kardanwelle, Hinterachse mit Differential
Fahrgestell	geschweißter Stahlrahmen mit großdimensionierter Kreuztraverse; vorne unabhängige Radaufhängung mit Schraubenfedern, Blattfedern hinten; Stabilisatoren vorn und hinten; Hydraulik-Stoßdämpfer rundum, hinten per Schaltknopf 2 Stellungen wählbar; Trommelbremsen vorne hydraulisch, hinten hydraulisch und mechanisch betätigt, Bremskraftverstärker, Handbremse auf die Hinterräder wirkend; Fahrwerkschmierung über 21 Schmiernippel mit Dauerfüllung; Servolenkung
Abmessungen	Radstand 3124,2 mm oder 3225,8 mm; Spurweite vorn 1485,9 mm, hinten 1524 mm; Gewicht ohne Karosserie 1327,5 kg, Gewicht mit Standardkarosserie 2076 kg; Reifen 8,20 × 15
Geschwindigkeit	max. 183 km/h

Unterschiede in den technischen Daten beim Bentley S2 Continental gegenüber dem Basismodell

Fahrgestell	4 Bremsschuhe pro Vorderradbremse; Hinterachse länger übersetzt (2,92 : 1 statt 3,08 : 1, 1961 erneut geändert)
Abmessungen	Gewicht mit Saloon-Karosserie von Park Ward 1915 kg; Reifen 8.00 × 15 Niederquerschnitt
Geschwindigkeit	max. 184,2 km/h

Bentley S2, Baujahr 1960, Chassis-Nr. B402BS. Zahlreiche Lackschichten, jede einzelne poliert, sorgten für tiefen Glanz und glasähnliche Oberfläche – von Hand gezogene Zierlinien vervollständigten den makellosen Eindruck.

Numerous layers of paint, carefully polished, resulted in deep lustre and mirror like finish – complemented by hand drawn coachlines.

Rolls-Royce Silver Cloud II, Baujahr 1961, Chassis-Nr. SYD486. Im Laufe des Jahres 1961 wurden die zu Rolls-Royce gehörenden Betriebe von H. J. Mulliner und Park Ward verschmolzen zu einer Firma H. J. Mulliner, Park Ward. Dieses Cabriolet gehört somit zu den letzten Produkten des noch separat firmierenden Karossiers H. J. Mulliner.

In 1961 Rolls-Royce merged H. J. Mulliner and Park Ward into one company H. J. Mulliner, Park Ward. This Cabriolet is one of the last being built by the separate coachbuilder H. J. Mulliner.

Rolls-Royce Silver Cloud II

Jahr	Chassis-Serie und -Nummer		Bemerkenswerte Modifikationen
1959–60	A	2–326 SPA 1–325 SRA	
1960	B	2–500 STB 1–501 SBV	Ölbohrungen in der Nockenwelle aufgegeben
1960–61	C	2–730 SWC 1–671 SXC	getrennte Wärmetauscher für Heizung und Scheibengebläse (statt einer Einheit)
1961	D	2–550 SYD 1–551 SZD	
1961–62	E	1–685 SAE	Lenkung bei linksgelenkten Fahrzeugen leichtgängiger ausgeführt
1959–60 1960–61 1961–62 1962	A B C D	1– 76 LCA 1–101 LCB 1–101 LCC 1– 25 LCD	Serien mit langem Radstand von 3225,8 mm

Bentley S2

Jahr	Chassis-Serie und -Nummer		Bemerkenswerte Modifikationen
1954–55	24 B und 26 B		Versuchsfahrzeuge (Experimental Cars)
1959–60	A	B 1–325 AA B 1–326 AM	ab B 80 AM Ölbohrung in der Nockenwelle aufgegeben
1960	B	B 1–501 BR B 2–500 BS	
1960–61	C	B 1–445 CT B 2–756 CU	ab B 52 CU überarbeitete Ventile und Ventilsitze
	D	B 1–501 DV	ab B 415 DV verbessertes Heizungssystem
		B 2–376 DW	ab B 192 LDW leichtgängigere Lenkung bei linksgelenkten Fahrzeugen
1960–61 1961–62	A B	1– 26 LBA 1– 33 LBB	Serien mit langem Radstand von 3225,8 mm

Die Typologie aller Modelle

Anmerkungen:

Die Nummer 13 wurde in keiner Serie verwendet. In einigen Serien wurden nur gerade, in anderen Serien nur ungerade Nummern verwendet; in den Serien der Fahrzeuge mit langem Radstand und bei Continental-Serien wurden fortlaufende Nummern verwendet.

Linksgelenkte Fahrzeuge wurden durch ein der Buchstabenkombination vorangestelltes L gekennzeichnet. Es kamen 425 Bentley S2 und 152 Bentley S2 Continental mit Linkslenkung zur Auslieferung.

Bentley S2 Continental

Jahr	Chassis-Serie und -Nummer		Bemerkenswerte Modifikationen
1959–61	A	BC 1–151 AR	ab BC 38 AR Ölbohrungen in der Nockenwelle aufgegeben
	B	BC 1–101 BY	ab BC 51 BY überarbeitete Ventile und Ventilsitze; ab BC 100 BY Hinterachsübersetzung 13:38 (statt 13:40)
	C	BC 1–139 CZ	ab BC 135 LCZ leichtgängigere Lenkung bei linksgelenkten Fahrzeugen

Rolls-Royce Phantom V, Baujahr 1962, Chassis-Nr. SCG37. Für I. M. Königin Elisabeth, die Königinmutter, baute Park Ward dieses Landaulet. Es wurde erst fertig, nachdem der Zusammenschluß mit H. J. Mulliner erfolgt war und stammt deshalb nach offizieller Sprachregelung von H. J. Mulliner, Park Ward.

Park Ward built this Landaulette for H. M. Queen Elizabeth The Queen Mother. It was finished only after the merger with H. J. Mulliner and is called an H. J. Mulliner, Park Ward officially, although it retained its Park Ward design number.

Baujahre: 1959–1968
Stückzahl: 516

Rolls-Royce Phantom V

Motor	8 Zylinder in V-Form, Zylinderreihen im 90-Grad-Winkel angeordnet; Motorblock Leichtmetall, nasse Zylinderlaufbuchsen Stahlguß; Bohrung × Hub 104,14 mm × 91,44 mm, Hubraum 6230 ccm; Verdichtung wahlweise 8 : 1 oder 9 : 1; zentrale Nockenwelle (Stirnradantrieb); hydraulischer Ventilspielausgleich; 2 SU-Vergaser Typ HD 6, Kaltstartautomatik; 5fach gelagerte Kurbelwelle; Leistung: keine Angabe
Kraftübertragung	4-Gang-Schaltautomatik; geteilte Kardanwelle; starre Hinterachse mit Differential
Fahrgestell	geschweißter Stahlrahmen mit großdimensionierter Kreuztraverse; vorne unabhängige Radaufhängung mit Schraubenfedern, hinten Blattfedern; Hydraulik-Stoßdämpfer rundum, hinten per Schaltknopf 2 Stellungen wählbar; Trommelbremsen vorne hydraulisch, hinten hydraulisch und mechanisch betätigt, Bremskraftverstärker, Handbremse auf die Hinterräder wirkend; Fahrwerkschmierung über 21 Schmiernippel mit Dauerfüllung; Servolenkung
Abmessungen	Radstand 3683 mm; Spurweite vorn 1546,23 mm, hinten 1625,6 mm; Gewicht ohne Karosserie 2540 kg, Reifen 8.90 × 15
Geschwindigkeit	keine Angabe

Jahr	Chassis-Serie		Bemerkenswerte Modifikationen
1959–61	A	5AS 1–101 5AT 2–100	
1961–62	B	5BV 1–101 5BX 2–100	
1961–62	C	5CG 1– 79	
1962–64	A	5VA 1–123	Serienzählung neu aufgenommen, weil ab nun der 7 Prozent leistungsstärkere Motor des Rolls-Royce Silver Cloud III zum Einbau kam; Wechsel zu Doppelscheinwerfern
1963–64	B	5VB 1– 51	
1964	C	5VC 1– 51	
1964–65	D	5VD 1–101	
1965–66	E	5VE 1– 51	
1966–68	F	5VF 1–183	

Anmerkungen:
Die Nummer 13 wurde in keiner Serie verwendet. In einigen Serien wurden nur gerade, in anderen Serien nur ungerade Nummern verwendet. Zwei Versuchsfahrzeuge wurden gebaut; sie trugen die Chassis-Nummern 44 EX und 45 EX.

Die Typologie aller Modelle

Baujahre:	1962–1965 (Sonderaufbauten bis 1966)

Stückzahlen:

2044	Rolls-Royce Silver Cloud III (davon ca. 120 mit Sonderkarosserie)
253	Rolls-Royce Silver Cloud III mit langem Radstand (davon 47 mit Sonderkarosserie)
2297	Rolls-Royce Silver Cloud III insgesamt
1286	Bentley S3 (davon 1 Cabriolet auf Basis der Standardkarosserie)
32	Bentley S3 mit langem Radstand (davon 7 mit Sonderkarosserie)
312	Bentley S3 Continental
1630	Bentley S3 insgesamt

Rolls-Royce Silver Cloud III, Bentley S3 und Bentley S3 Continental

Motor	8 Zylinder in V-Form, Zylinderreihen im 90-Grad-Winkel angeordnet; Motorblock Leichtmetall, nasse Zylinderlaufbuchsen Stahlguß; Zylinderköpfe Leichtmetall; Bohrung × Hub 104,14 mm × 91,44 mm, Hubraum 6230 ccm; zentrale Nockenwelle (Stirnradantrieb); hydraulischer Ventilspielausgleich; 2 SU-Vergaser Typ HD 8, Kaltstartautomatik; 5fach gelagerte Kurbelwelle; Leistung: keine Angabe
Kraftübertragung	4-Gang-Schaltautomatik; geteilte Kardanwelle; starre Hinterachse mit Differential
Fahrgestell	geschweißter Stahlrahmen mit großdimensionierter Kreuztraverse; vorne unabhängige Radaufhängung mit Schraubenfedern, Blattfedern hinten; Hydraulik-Stoßdämpfer rundum, hinten per Schaltknopf 2 Stellungen wählbar; Trommelbremsen vorn hydraulisch, hinten hydraulisch und mechanisch betätigt, Bremskraftverstärker, Handbremse auf die Hinterräder wirkend; Fahrwerkschmierung über 21 Schmiernippel mit Dauerfüllung; Servolenkung
Abmessungen	Radstand 3124,2 mm oder 3225,8 mm; Spurweite vorn 1485,9 mm, hinten 1524 mm; Gewicht mit Standardkarosserie ca. 2050 kg, Reifen 8.20 × 15 (Bentley S3 Continental 8.00 × 15)
Geschwindigkeit	max. 188,3 km/h

Rolls-Royce Silver Cloud III, Baujahr 1964, Chassis-Nr. SGT519. Dies war das erste Modell von Rolls-Royce, das eine Typenbezeichnung auf dem Kofferraumdeckel trug.

This was the first Rolls-Royce to have its name attached to the boot lid.

Rolls-Royce Silver Cloud III

Jahr	Chassis-Serie und -Nummer		
1962	A	1– 61 SAZ	
	B	entfällt	
1962–63	C	1–877 SCX	
1963	D	1–601 SDW	
1963–64	E	1–495 SEV	
1964	F	1–803 SFU	
1964–65	G	1–659 SGT	
1965	H	1–357 SHS	
	K	1–423 SKP	
1962–63	A	1– 83 CAL	Serien mit langem Radstand von 3225,8 mm
1963	B	1– 61 CBL	
1963–64	C	1–101 CCL	
1964	D	1– 95 CDL	
1964–65	E	1–105 CEL	
1965	F	1– 41 CFL	
	G	1– 27 CGL	
1965	B	CSC1B–141 B	Serien von insgesamt 111 Fahrgestellen mit Motor, die durchweg Sonderkarosserien erhielten
	C	CSC1C– 19 C	

Rolls-Royce Silver Cloud III, Baujahr 1965, Chassis-Nr. CSC43B. Aus der extra für Sonderaufbauten aufgelegten Chassis-Serie stammt dieser Rolls-Royce Silver Cloud III, dem von H. J. Mulliner, Park Ward, eine Flying Spur-Karosse angemessen wurde.

One of those Rolls-Royce Silver Cloud III's from the extra chassis-series for coachbuilt cars. Bodied by H. J. Mulliner, Park Ward, as a Flying Spur.

Bentley S3

Jahr	Chassis-Serie und -Nummer		
1962	A	B2– 26 AV	
	B	entfällt	
1962–63	C	B2–828 CN	
1963	D	B2–198 DF	
	E	B2–530 EC	
1963–64	F	B2–350 FG	
1964	G	B2–200 GJ	
1964–65	H	B2–400 HN	
1965	J	B2– 40 JP	
1962–64	A	2– 30 BAL	Serien mit langem Radstand von 3225,8 mm
	B	2– 12 BBL	
	C	2– 22 BLC	

Bentley S3 Continental

Jahr	Chassis-Serie	
1963–64	A	BC2–174XA
1963–64	B	BC2–100XB
1963–65	C	BC2–202XC
1965	D	BC2– 28XD
1965–66	E	BC2–120XE

Anmerkungen:

Die Nummer 13 wurde in keiner Serie verwendet. In einigen Serien wurden nur gerade, in anderen Serien nur ungerade Nummern verwendet.
Die Chassis-Serien des Rolls-Royce Silver Cloud III für Sonderaufbauten wurden auch nach der Einführung des Rolls-Royce Silver Shadow 1965 noch weitergebaut; die Produktion endete erst im März 1966. Fahrzeuge mit Sonderkarosserien, die nicht zu diesen Chassis-Serien zählen, erhielten ab Serie G eine Kennzeichnung durch ein der Chassis-Nummer nachgestelltes C (für »Coachbuilt«).
Fahrzeuge mit Linkslenkung wurden durch ein der Buchstabenkombination vorangestelltes L gekennzeichnet. Es kamen 177 Bentley S3 und 80 Bentley S3 Continental mit Linkslenkung zur Auslieferung.

Bentley S3 Continental, Baujahr 1963, Chassis-Nr. BC82LXA. Eigenwillig gestaltete H. J. Mulliner, Park Ward das Coupé mit schräg eingesetzten Frontscheinwerfern und Heckflossen.

An extravagant Coupé with »chinese headlamps« and tail fins was bodied by H. J. Mulliner, Park Ward.

Die Typologie aller Modelle

Rolls-Royce Silver Shadow und Bentley T

Motor	8 Zylinder in V-Form, Zylinderreihen im 90-Grad-Winkel angeordnet; wassergekühlt; Motorblock Leichtmetall, nasse Zylinderlaufbuchsen Stahlguß; Zylinderköpfe Leichtmetall; Bohrung × Hub 104,14 mm × 91,4 mm, Hubraum 6230 ccm; zentrale Nockenwelle (Stirnradantrieb), hydraulischer Ventilspielausgleich; 2 SU-Vergaser Typ HD 8; 5fach gelagerte Kurbelwelle; Leistung: keine Angabe
Kraftübertragung	Hinterradantrieb; 4-Gang-Schaltautomatik (3-Gang-Schaltautomatik bei Fahrzeugen für den Export in die USA und nach Kanada); einteilige Kardanwelle
Fahrwerk und Karosserie	5sitzige Limousine; selbsttragender Aufbau, Hilfsrahmen vorne zur Aufnahme von Motor und Vorderradaufhängung, Hilfsrahmen hinten zur Aufnahme der Hinterradaufhängung; vorne Einzelradaufhängung mit Querlenkern, Schraubenfedern und Teleskopstoßdämpfern, Stabilisator; hinten Einzelradaufhängung mit Schräglenkern, Schraubenfedern und Teleskopstoßdämpfern, Stabilisator; hydropneumatische Niveauregulierung; hydraulische Dreikreisbremsanlage mit hydropneumatischer Servounterstützung, Anzeige für Druckverlust, Scheibenbremsen rundum, Handbremse auf die Hinterräder wirkend; Servolenkung
Abmessungen	Radstand 3035,3 mm oder 3149,6 mm; Spurweite 1460,5 mm; Gewicht (Standardkarosserie mit kurzem Radstand) 2061,9 kg; Reifen 8.45 × 15
Geschwindigkeit	max. 190 km/h

Baujahre: 1965–1977

Stückzahlen:

11 987	Rolls-Royce Silver Shadow
2 624	Rolls-Royce Silver Shadow mit langem Radstand
732	Bentley T (davon einige mit langem Radstand)

Bentley T, Baujahr 1973, Chassis-Nr. SBX16863. Die niedrige Ladekante bot bequemen Zugang zum Kofferraum.

Loading and unloading the Bentley T was not a difficult task because of the low sill.

Chassis-Nummern

Mit der neuen Modellgeneration wechselte Rolls-Royce zu einem nachvollziehbar aufgebauten System der Chassis-Nummern. Es handelte sich um eine Buchstaben-Zahlen-Kombination.
Die Buchstabenfolge begann bei Standardmodellen mit S (für Standard). Der zweite Buchstabe war ein R (für Rolls-Royce) oder ein B (für Bentley). Als dritter Buchstabe folgte ein H (für Home), wenn der Wagen über Rechtslenkung verfügte oder ein X (für Export), falls es sich um die linksgelenkte Ausführung handelte. Die Kombination SRX zum Beispiel gibt an: Standard, Rolls-Royce, Linkslenkung; die Kombination SBH: Standard, Bentley, Rechtslenkung. Eine Ausnahme bilden die linksgelenkten Wagen für den nordamerikanischen Markt ab 1972. Sie tragen als dritten Buchstaben nicht mehr X für Linkslenkung, sondern – mit A für 1972 beginnend – dem Alphabet folgend Buchstaben für das Baujahr. Findet sich als vierter Buchstabe ein vorangestelltes L (für Long Wheelbase), so handelt es sich um einen Wagen mit langem Radstand.
Sonderkarosserien trugen zunächst als ersten Buchstaben ein C (für Coachbuilt). Dies wurde nach einiger Zeit (ab Nummer 6646) geändert. Als erster Buchstabe fand sich ein C (für Coupé) oder ein D (für Drophead Coupé = Cabriolet). Die Kombination CRX zum Beispiel bedeutet bis Nummer 6646: Coachbuilt (Coupé oder Cabriolet), Rolls-Royce, Linkslenkung; bei einer höheren Nummer bedeutet sie Coupé, Rolls-Royce, Linkslenkung.
Der Buchstabenkombination folgte jeweils eine Zahl, die verschlüsselt die laufende Nummer in der Produktion angab.

Rolls-Royce Silver Shadow.
Polizeiblaulicht über der Windschutzscheibe und Standartenträger kennzeichnen diesen Rolls-Royce Silver Shadow mit langem Radstand als Sondermodell. Das Rückfenster weist eine starke Tönung auf.

Police light above windscreen and carrier for crown mark this lwb Rolls-Royce Silver Shadow as a special car. Tinted glass is fitted to the backlight.

Bemerkenswerte Modifikationen	
1968	3-Gang-Schaltautomatik mit Drehmomentwandler Standard für alle Fahrzeuge (statt nur für Exportmärkte)
1969	Innenausstattung geändert in Abstimmung auf US-amerikanische Sicherheitsbestimmungen; Hubraumvergrößerung auf 6750 ccm (Bohrung × Hub 104,14 mm × 99,06 mm) bei Fahrzeugen für Exportmärkte mit Einbauzwang für Katalysatoren; Wegfall der Niveauregulierung an der Vorderachse; Klimaanlage Standard; Auspufftöpfe aus rostfreiem Edelstahl Standard
1970	6,75-Liter-Maschine Standard bei allen Fahrzeugen (statt nur für gewisse Exportmärkte); Zentralverriegelung der Türen
1971	Radstand 3041,6 mm, Spurweite vorn 1511,3 mm, hinten 1466,85 mm
1972	Reifen 205 × 15 (statt 8.45 × 15); Tableau mit 8 Leuchtanzeigen in das Armaturenbrett eingepaßt
1973	innenbelüftete Scheibenbremsen vorn; energieabsorbierende, polyurethanbeschichtete Stoßstangen und pedalbetätigte Feststellbremse bei Fahrzeugen für den Export in die USA und nach Kanada; von innen einstellbare Außenspiegel; Kopfstützen hinten; Tempomat
1974	Radstand 3049,57 mm, Spurweite vorn 1524 mm, hinten 1514,47 mm; Reifen 235/70 HR15 (Radausschnitte mit neuer Sicke)
1975	kontaktlose Lucas-Elektronikzündung Typ OPUS; Verdichtung 8:1 (statt 9:1), für die USA, Kanada, Japan und Australien 7,3:1 (statt 8:1); Nebelwarnleuchten; Zweikreisbremssystem statt Dreikreisbremssystem

Rolls-Royce Phantom VI. Ab Mitte 1972 waren hinten angeschlagene Türen nicht mehr zulässig.

From mid 1972 front hinged doors were introduced to comply with motoring regulations.

Baujahre: seit 1968

Rolls-Royce Phantom VI

Motor	8 Zylinder in V-Form, Zylinderreihen im 90-Grad-Winkel angeordnet; wassergekühlt; Motorblock Leichtmetall, nasse Zylinderlaufbuchsen Stahlguß; Zylinderköpfe Leichtmetall; Bohrung × Hub 104,14 mm × 91,4 mm, Hubraum 6230 ccm; zentrale Nockenwelle (Stirnradantrieb); hydraulischer Ventilspielausgleich; 2 SU-Vergaser Typ HD8, Kaltstartautomatik; 5fach gelagerte Kurbelwelle; Leistung: keine Angabe
Kraftübertragung	4-Gang-Schaltautomatik; zweiteilige Kardanwelle; starre Hinterachse mit Differential
Fahrgestell	Längsträger aus U-Profil-Stahl verbunden durch Querträger und eine großdimensionierte Kreuztraverse; vorne unabhängige Radaufhängung mit Schraubenfedern, hinten Blattfedern, Stabilisator; Hydraulik-Stoßdämpfer rundum, hinten per Schaltknopf 2 Stellungen wählbar; Trommelbremsen vorne hydraulisch, hinten hydraulisch und mechanisch betätigt, Handbremse auf die Hinterräder wirkend, Bremskraftverstärker; Servolenkung; Fahrwerkschmierung über 21 Schmiernippel mit Dauerfüllung
Abmessungen	Radstand 3683 mm; Spurweite vorne 1546,23 mm, hinten 1625,6 mm; Reifen 8,90 × 15
Geschwindigkeit	keine Angabe

Chassis-Nummern

In vergleichbarer Weise wie beim Rolls-Royce Silver Shadow und Bentley T (siehe Seite 290) wurden die Chassis-Nummern für den Rolls-Royce Phantom VI erstellt. Es handelt sich um eine Buchstaben-Zahlen-Kombination.
Der erste Buchstabe ist ein P (für Phantom), der zweite Buchstabe war zunächst ein R (für Rolls-Royce-4-Gang-Schaltautomatik). Als dritter Buchstabe folgt ein H (für Home) bei Wagen mit Rechtslenkung oder ein X (für Export) bei Wagen mit Linkslenkung. Die Kombination PRH zum Beispiel bedeutet: Phantom, Rolls-Royce-4-Gang-Schaltautomatik, Rechtslenkung. Ab dem Jahr 1979 fand sich als zweiter Buchstabe nicht mehr R, sondern G (für General-Motors-3-Gang-Schaltautomatik), weil das Getriebe völlig neu war.
Der Buchstabenkombination war eine Zahlenfolge nachgestellt, die verschlüsselt die laufende Nummer in der Produktion angab.
Ab 1980 stellte Rolls-Royce das System der Chassis-Numerierung komplett um (siehe Seite 296).

Bemerkenswerte Modifikationen

1979	Hubraumvergrößerung auf 6750 ccm, Bohrung × Hub 104,14 mm × 99,6 mm; 3-Gang-Schaltautomatik mit Drehmomentwandler (statt 4-Gang-Schaltautomatik)
1975	1 Solex-Registervergaser Typ 4A1 (2 SU-Vergaser Typ HD8 wurden beibehalten bei Fahrzeugen für die USA, Kanada, Japan und Australien)

Die Typologie aller Modelle

Baujahre:	
1971–1987	Rolls-Royce Corniche (für die USA nur bis 1986)
1971–1984	Bentley Corniche

Stückzahlen:	
4858	Rolls-Royce Corniche
162	Bentley Corniche

Chassis-Nummern

Das beim Erscheinen des Rolls-Royce Silver Shadow 1965 eingeführte System (siehe Seite 290) wurde beibehalten bis zum Jahr 1980. Ab 1980 stellte Rolls-Royce das System der Chassis-Numerierung komplett um (siehe Seite 296).

Bemerkenswerte Modifikationen

1973	innenbelüftete Scheibenbremsen vorn; energieabsorbierende, polyurethanbeschichtete Stoßstangen und pedalbetätigte Feststellbremse bei Fahrzeugen für die USA und nach Kanada
1974	Radstand 3049,57 mm, Spurweite vorn 1524 mm, hinten 1514,47 mm; Niederquerschnittreifen 235/70 HR 15
1975	1 Solex-Registervergaser Typ 4 A 1 (2 SU-Vergaser Typ HD 8 wurden beibehalten bei Fahrzeugen für die USA, Kanada, Japan und Australien); kontaktlose Lucas-Elektronikzündung; Verdichtung 8:1 (statt 9:1), bei Fahrzeugen für die USA, Kanada, Japan und Australien 7,3:1 (statt 8:1)
1979	Radstand 3061 mm, Spurweite vorn 1524 mm, hinten 1540 mm; geänderte Gasdruck-Stoßdämpfer hinten
1986	außenliegender Ölkühler im vorderen Kotflügel; Wasserkühler aus Aluminium; Kühlerfigur versenkbar mittels Federmechanismus

Rolls-Royce Corniche und Bentley Corniche

Motor	8 Zylinder in V-Form, Zylinderreihen im 90-Grad-Winkel angeordnet; wassergekühlt; Motorblock Leichtmetall, nasse Zylinderlaufbuchsen Stahlguß; Zylinderköpfe Leichtmetall; Bohrung × Hub 104,14 mm × 99,06 mm, Hubraum 6750 ccm; zentrale Nockenwelle (Stirnradtrieb); hydraulischer Ventilspielausgleich; 2 SU-Vergaser Typ HD 8; 5fach gelagerte Kurbelwelle; Leistung: keine Angabe
Kraftübertragung	Hinterradantrieb; 3-Gang-Schaltautomatik mit Drehmomentwandler; einteilige Kardanwelle
Fahrwerk und Karosserie	5sitziges Coupé; selbsttragender Aufbau, Hilfsrahmen vorne zur Aufnahme von Motor und Vorderradaufhängung, Hilfsrahmen hinten zur Aufnahme der Hinterradaufhängung; vorne Einzelradaufhängung mit Querlenkern, Schraubenfedern und Teleskopstoßdämpfern, Stabilisator; hinten Einzelradaufhängung mit Schräglenkern, Schraubenfedern und Teleskopstoßdämpfern, Stabilisator; hydropneumatische Niveauregulierung hinten; rundum Scheibenbremsen, vorne innenbelüftet, hydraulisch betätigt mit hydropneumatischer Servounterstützung, separates zweites System auf alle 4 Räder wirkend, Handbremse auf die Hinterräder wirkend; Servolenkung
Abmessungen	Radstand 3041,6 mm, Spurweite vorne 1511,3 mm, hinten 1466,8 mm; Gewicht 2184,4 kg (Coupé-Karosserie); Reifen 205 × 15
Geschwindigkeit	max. 201 km/h, Beschleunigung von 0–100 km/h in 9,9 Sekunden

Rolls-Royce Corniche, Baujahr 1971, Chassis-Nr. DRX 10468. Neu waren die Modellbezeichnung und die Leistungssteigerung des Motors gegenüber dem Basismodell, als der Rolls-Royce Corniche vorgestellt wurde. Die von Mulliner Park Ward gezeichnete Karosserie gab es bereits seit einiger Zeit; sie gewann durch den geschickten Schachzug eine eigene Identität. When Rolls-Royce introduced the Corniche, only the name was new and the more powerful engine distinguished her from the basic model. The body by Mulliner Park Ward had been available for some years, but was now given a special identity.

Die Typologie aller Modelle

Baujahre:
1975–1986 Rolls-Royce Camargue
1985 Bentley Camargue

Stückzahlen:
523 Rolls-Royce Camargue
1 Bentley Camargue

Rolls-Royce Camargue und Bentley Camargue

Motor	8 Zylinder in V-Form, Zylinderreihen im 90-Grad-Winkel angeordnet; wassergekühlt; Motorblock Leichtmetall, nasse Zylinderlaufbuchsen Stahlguß; Zylinderköpfe Leichtmetall; Bohrung × Hub 104,14 mm × 99,06 mm, Hubraum 6750 ccm; zentrale Nockenwelle (Stirnradantrieb); hydraulischer Ventilspielausgleich; kontaktlose Lucas-Elektronikzündung; 2 SU-Vergaser Typ HD 8; 5fach gelagerte Kurbelwelle; Leistung: keine Angabe
Kraftübertragung	Hinterradantrieb; 3-Gang-Schaltautomatik mit Drehmomentwandler; einteilige Kardanwelle
Fahrwerk und Karosserie	5sitziges Coupé, selbsttragender Aufbau; Hilfsrahmen vorne zur Aufnahme von Motor und Vorderradaufhängung, Hilfsrahmen hinten zur Aufnahme der Hinterradaufhängung; vorne Einzelradaufhängung mit Querlenkern, Schraubenfedern und Teleskopstoßdämpfern, Stabilisator; hinten Einzelradaufhängung mit Schräglenkern, Schraubenfedern und Teleskopstoßdämpfern, Stabilisator; hydropneumatische Niveauregulierung hinten; Scheibenbremsen rundum, vorne innenbelüftet, hydraulisch betätigt mit hydropneumatischer Servounterstützung, separates zweites System auf alle 4 Räder wirkend, Handbremse auf die Hinterräder wirkend; Servolenkung
Abmessungen	Radstand 3049,57 mm, Spurweite vorn 1524 mm, hinten 1514,47 mm; Gewicht 2345 kg; Reifen 235/70 HR 15
Geschwindigkeit	max. 196,3 km/h

Chassis-Nummern

Die beim Erscheinen des Rolls-Royce Silver Shadow eingeführte Systematik (siehe Seite 290) wurde beibehalten bis 1980. Im Unterschied zu den Fahrzeugen der Silver Shadow Serie, die als ersten Buchstaben in der Chassis-Nummer ein S, C oder D trugen, war im Falle des Rolls-Royce Camargue der erste Buchstabe ein J.
Ab 1980 stellte Rolls-Royce das System der Chassis-Numerierung komplett um (siehe Seite 296).

Bemerkenswerte Modifikationen

1975	1 Solex-Registervergaser Typ 4 A 1 (2 SU-Vergaser Typ HD 8 beibehalten bei Fahrzeugen für die USA, Kanada, Japan und Australien); Verdichtung 8 : 1 (statt 9 : 1), bei Fahrzeugen für die USA, Kanada, Japan und Australien 7,3 : 1 (statt 8 : 1)
1979	Radstand 3061 mm, Spurweite vorn 1524 mm, hinten 1540 mm
1980	Kraftstoff-Einspritzanlage bei Fahrzeugen für Kalifornien (ab 1981 Standard bei allen Fahrzeugen für die USA, Japan und Australien)
1986	Sonartaster mit optischer und akustischer Warnanzeige vor Hindernissen beim Rückwärtssetzen

Rolls-Royce Camargue, Baujahr 1985, Chassis-Nr. FCX09665. Das Ergebnis italienisch-englischer Zusammenarbeit wirkt eher grazil – dennoch war der Rolls-Royce Camargue länger, breiter und schwerer als das Basismodell Rolls-Royce Silver Shadow.

The outcome of English-Italian cooperation showed much verve – although the Rolls-Royce Camargue was longer, wider and heavier than the basic model Rolls-Royce Silver Shadow.

Rolls-Royce Silver Wraith II, Baujahr 1979, Chassis-Nr. LRX37832. Der Rolls-Royce Silver Wraith II war die Ausführung mit langem Radstand.

Rolls-Royce Silver Wraith II was the long wheelbase version.

Rolls-Royce Silver Shadow II, Rolls-Royce Silver Wraith II und Bentley T2

Chassis-Nummern

Das beim Erscheinen des Rolls-Royce Silver Shadow 1965 eingeführte System (siehe Seite 290) wurde beibehalten.

Motor	8 Zylinder in V-Form, Zylinderreihen im 90-Grad-Winkel angeordnet; wassergekühlt; Motorblock Leichtmetall, nasse Zylinderlaufbuchsen Stahlguß; Zylinderköpfe Leichtmetall; Bohrung × Hub 104,14 mm × 99,06 mm, Hubraum 6750 ccm; zentrale Nockenwelle (Stirnradantrieb); hydraulischer Ventilspielausgleich; kontaktlose Lucas-Elektronikzündung; 2 SU-Vergaser Typ HIF 7; 5fach gelagerte Kurbelwelle; Leistung: keine Angabe
Kraftübertragung	Hinterradantrieb; 3-Gang-Schaltautomatik mit Drehmomentwandler; einteilige Kardanwelle
Fahrwerk und Karosserie	5sitzige Limousine, selbsttragender Aufbau; Hilfsrahmen vorne zur Aufnahme von Motor und Vorderradaufhängung, Hilfsrahmen hinten zur Aufnahme der Hinterradaufhängung; vorne Einzelradaufhängung mit Querlenkern, Schraubenfedern und Teleskopstoßdämpfern, Stabilisator; hinten Einzelradaufhängung mit Schräglenkern, Schraubenfedern und Teleskopstoßdämpfern, Stabilisator; hydropneumatische Niveauregulierung hinten; Scheibenbremsen rundum, vorne innenbelüftet, hydraulisch betätigt mit hydropneumatischer Servounterstützung, separates zweites System auf alle 4 Räder wirkend, Anzeige für Druckverlust, Handbremse auf die Hinterräder wirkend; servounterstützte Zahnstangenlenkung
Abmessungen	Radstand 3048 mm (Rolls-Royce Silver Wraith II 3149,6 mm); Spurweite vorn 1524 mm, hinten 1511,3 mm; Gewicht (Standardkarosserie mit kurzem Radstand) ca. 2062 kg; Reifen 235/70 HR 15
Geschwindigkeit	max. 190 km/h

Baujahre: 1977–1980

Stückzahlen:

8425 Rolls-Royce Silver Shadow

2145 Rolls-Royce Silver Wraith II

558 Bentley T2 (davon einige mit langem Radstand)

Die Typologie aller Modelle

Baujahre:
seit 1980 Rolls-Royce Silver Spirit
seit 1980 Rolls-Royce Silver Spur
1980–1987 Bentley Mulsanne
seit 1984 Bentley Eight
seit 1988 Bentley Mulsanne S
Stückzahl:
485 Bentley Mulsanne (davon einige mit langem Radstand)

Rolls-Royce Silver Spirit, Rolls-Royce Silver Spur, Bentley Mulsanne, Bentley Mulsanne S und Bentley Eight

Motor	8 Zylinder in V-Form, Zylinderreihen im 90-Grad-Winkel angeordnet; Motorblock Leichtmetall, nasse Zylinderlaufbuchsen Stahlguß; Zylinderköpfe Leichtmetall; Bohrung × Hub 104,14 mm × 99,06 mm, Hubraum 6750 ccm; zentrale Nockenwelle (Stirnradantrieb); hydraulischer Ventilspielausgleich; kontaktlose Lucas-Elektronikzündung; 2 SU-Vergaser Typ HIF 7; 5fach gelagerte Kurbelwelle; Leistung: keine Angabe
Kraftübertragung	Hinterradantrieb, 3-Gang-Automatik mit Drehmomentwandler; einteilige Kardanwelle
Fahrwerk und Karosserie	5sitzige Limousine, selbsttragender Aufbau; Hilfsrahmen vorn zur Aufnahme von Motor und Vorderradaufhängung; Hilfsrahmen hinten zur Aufnahme der Hinterradaufhängung; vorne Einzelradaufhängung mit Querlenkern, Schraubenfedern und Teleskopstoßdämpfern, Stabilisator; hinten Einzelradaufhängung mit Schräglenkern, Schraubenfedern und Teleskopstoßdämpfern, Stabilisator; hydropneumatische Niveauregulierung hinten; hydraulische Zweikreisbremse mit hydropneumatischer Servounterstützung, Anzeige für Druckverlust, rundum Scheibenbremsen, vorne innenbelüftet, Handbremse auf die Hinterräder wirkend; servounterstützte Zahnstangenlenkung
Abmessungen	Radstand 3061 mm (Rolls-Royce Silver Spur 3160 mm); Spurweite 1540 mm; Gewicht 2245 kg (Rolls-Royce Silver Spur 2273 kg); Reifen 235/70 HR 15
Geschwindigkeit	max. 193 km/h

Bemerkenswerte Modifikationen

1985	Druckstrahlreinigungs-System für die Scheinwerfer (statt bürstenbestückter Wischanlage)
1986	K-Jetronic-Benzineinspritzanlage (dadurch 22% Leistungsgewinn bei gleichzeitiger Absenkung des durchschnittlichen Verbrauchs um 19%); Bosch-Antiblockier-System für die Bremsanlage (bei Fahrzeugen für Großbritannien, Europa und den Mittleren Osten); Reifen 235/70 VR 15; Mikroprozessor-Steuerung für die Klimaanlage (statt elektromechanischer Regelung); Memory-Seats, die vier vorgewählte Sitzpositionen auf Abruf selbständig einstellen
1989	Schweller verkleidet mit Zierleisten aus Edelstahl; Doppelscheinwerfer (statt Breitbandscheinwerfern) für die Bentley-Modelle; Spurweite 1549,4 mm für die Bentley-Modelle

Chassis-Nummern

Mit Einführung der Rolls-Royce-Silver-Spirit-Serie wechselte Rolls-Royce zu einem System der Chassis-Numerierung gemäß nachstehendem Schema:

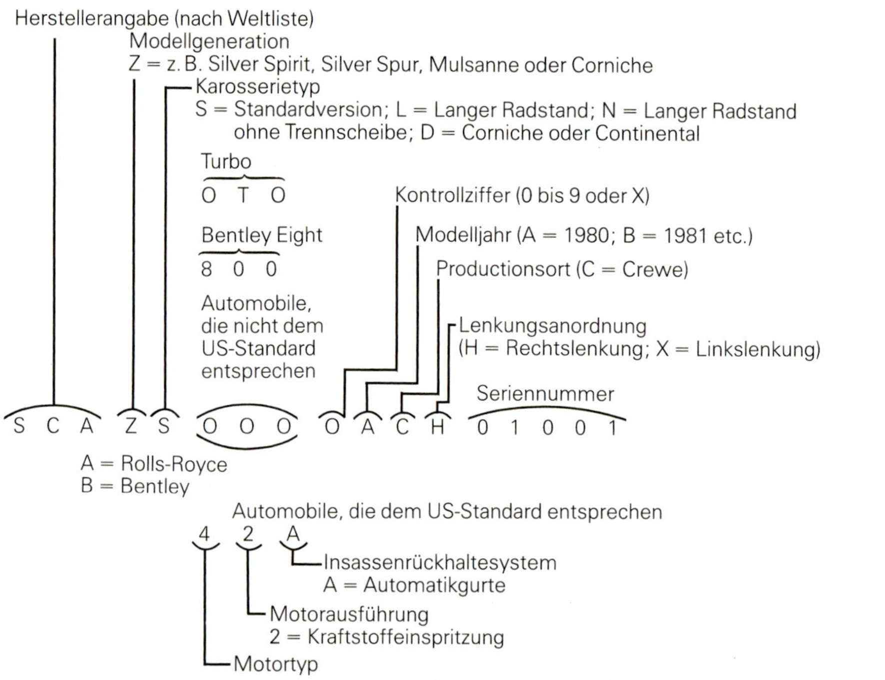

Für die Identifikation eines Fahrzeuges genügen üblicherweise die letzten 8 Stellen der 17stelligen Chassis-Nummer.

Rolls-Royce Silver Spur, Baujahr 1988.
Der Vorführwagen trägt die beliebteste Autonummer des Werkes: die Abkürzung von Rolls-Royce Motors. – Die Autonummer RR 1 war nicht zu haben, weil sie einem Londoner Rolls-Royce-Händler gehört.

This works demonstrator has the cherished number of Rolls-Royce Motors. A number plate reading RR 1 was not available as it is in the possession of a London based Rolls-Royce dealer.

Rolls-Royce Silver Spur, Baujahr 1983, Chassis-Nr. DCX07531.
Der Rolls-Royce Silver Spur verfügte über einen längeren Radstand als der Rolls-Royce Silver Spirit. Der Zuwachs sicherte mehr Platz für hinten sitzende Mitfahrer.

The Rolls-Royce Silver Spur was the long wheelbase version of the Rolls-Royce Silver Spirit. The additional space offered more comfort for rear seat passengers.

Die Typologie aller Modelle

Baujahre:
1982–1985
Bentley Mulsanne Turbo
seit 1985
Bentley Turbo R

Stückzahlen:
498 Bentley Mulsanne Turbo
18 Bentley Mulsanne Turbo mit langem Randstand
516 Bentley Mulsanne Turbo insgesamt

Bentley Mulsanne Turbo und Bentley Turbo R

Motor	8 Zylinder in V-Form, Zylinderreihen im 90-Grad-Winkel angeordnet; Motorblock Leichtmetall, nasse Zylinderlaufbuchsen Stahlguß; Kolben verstrebt, Ventile speziell gehärtet; Zylinderköpfe Leichtmetall; Bohrung × Hub 104,14 mm × 99,06 mm, Hubraum 6750 ccm; zentrale Nockenwelle (Stirnradantrieb); hydraulischer Ventilspielausgleich; kontaktlose Lucas-Elektronikzündung; 1 Solex-Registervergaser Typ 4 A 1; Turbolader Garrett AiResearch Typ TO 4 B; 5fach gelagerte Kurbelwelle; Leistung: 50% über der des Basismodells
Kraftübertragung	Hinterradantrieb, 3-Gang-Automatik mit Drehmomentwandler (deutlich verstärkt gegenüber der des Basismodells); einteilige Kardanwelle ausgewuchtet und mit Resonanzdämpfern versehen
Fahrwerk und Karosserie	5sitzige Limousine, selbsttragender Aufbau; Hilfsrahmen vorn zur Aufnahme von Motor und Vorderradaufhängung; Hilfsrahmen hinten zur Aufnahme der Hinterradaufhängung; vorne Einzelradaufhängung mit Querlenkern, Schraubenfedern und Teleskopstoßdämpfern, Stabilisator; hinten Einzelradaufhängung mit Schräglenkern, Schraubenfedern und Teleskopstoßdämpfern, Stabilisator; hydropneumatische Girling-Niveauregulierung hinten; hydraulische Zweikreisbremsanlage mit hydropneumatischer Servounterstützung, Anzeige für Druckverlust, rundum Scheibenbremsen, vorne innenbelüftet, Feststellbremse auf die Hinterräder wirkend; servounterstützte Zahnstangenlenkung
Abmessungen	Radstand 3061 mm oder 3160 mm; Spurweite 1540 mm; Gewicht ca. 2250 kg; Reifen 235/70 VR 15 Bentley Mulsanne Turbo, 275/55 VR 15 Bentley Turbo R
Geschwindigkeit	max. 220 km/h Bentley Mulsanne Turbo max. 220 km/h Bentley Turbo R (ab 1988 max. 235 km/h)

Chassis-Nummer

Das beim Erscheinen des Rolls-Royce Silver Spirit 1980 eingeführte System der Chassis-Numerierung (siehe Seite 296) wurde beibehalten.

Bemerkenswerte Modifikationen

1986	Bentley Turbo R mit digital gesteuertem Zündsystem, 2 Verteilern und 2 Zündspulen; Bosch-Antiblockiersystem für die Bremsanlage; Mikroprozessor-Steuerung für die Klimaanlage (statt elektromechanischer Regelung); MK-Motronic-Benzineinspritzung (dadurch 10% Leistungsgewinn bei gleichzeitiger Absenkung des durchschnittlichen Verbrauchs um 18%); Memory-Seats, die auf Abruf vier vorgewählte Sitzstellungen selbständig einstellen
1989	Schweller verkleidet mit Zierleisten aus Edelstahl; Doppelscheinwerfer (statt Breitbandscheinwerfern); Spurweite 1549,4 mm

Bentley Eight. Der Kühler mit dem Maschengitter nahm ein Stilmerkmal der alten Renn-Bentleys wieder auf.

A wire mesh radiator resembled a feature of the Bentleys from the Roaring Twenties.

Abb. Seite 299 unten: Bentley Turbo R. Hooper fand den Weg zurück vom Veredelungsbetrieb zum klassischen Karosseriebau, wie er Jahrzehnte die Domäne des Hauses gewesen war. Der zweitürige Bentley Turbo R markiert den Wendepunkt.

Hooper turned back to traditional coachbuilding with the two door Bentley Turbo R.

Bentley Turbo R, Baujahr 1988, Chassis-Nr. JCX23480. Dies ist die seltene Version des Bentley Turbo R mit langem Radstand.

This is one of the rare Bentley Turbo R long wheelbase cars.

Die Typologie aller Modelle

Baujahre:
seit 1984
Bentley Continental
seit 1988
Rolls-Royce Corniche II
(für die USA seit 1987)

Abb. Seite 301: Rolls-Royce Corniche II, Baujahr 1989, Chassis-Nr. KCX24964. Lieferbar nur als Cabriolet.

Available as a Drophead Coupé only.

Rolls-Royce Corniche II, Baujahr 1988. Der Herstellungsprozeß besteht im Aufbau der Karosserie bei Mulliner Park Ward in London und der Komplettierung mit technischen Aggregaten bei Rolls-Royce in Crewe.

Coachwork is produced by Mulliner Park Ward in London and the running gear added by Rolls-Royce in Crewe.

Rolls-Royce Corniche II und Bentley Continental

Motor	8 Zylinder in V-Form, Zylinderreihen im 90-Grad-Winkel angeordnet; Motorblock Leichtmetall, nasse Zylinderlaufbuchsen Stahlguß; Zylinderköpfe Leichtmetall; Bohrung × Hub 104,14 mm × 99,06 mm, Hubraum 6750 ccm; zentrale Nockenwelle (Stirnradantrieb); hydraulischer Ventilspielausgleich; kontaktlose Lucas-Elektronikzündung; 2 SU-Vergaser Typ HIF 7; 5fach gelagerte Kurbelwelle; Leistung: keine Angabe
Kraftübertragung	Hinterradantrieb, 3-Gang-Automatik mit Drehmomentwandler; einteilige Kardanwelle
Fahrwerk und Karosserie	5sitziges Cabriolet, selbsttragender Aufbau; Hilfsrahmen vorn zur Aufnahme von Motor und Vorderradaufhängung; Hilfsrahmen hinten zur Aufnahme der Hinterradaufhängung; vorne Einzelradaufhängung mit Querlenkern, Schraubenfedern und Teleskopstoßdämpfern, Stabilisator; hinten Einzelradaufhängung mit Schräglenkern, Schraubenfedern und Teleskopstoßdämpfern, Stabilisator; hydropneumatische Niveauregulierung hinten; hydraulische Zweikreisbremse mit hydropneumatischer Servounterstützung, Anzeige für Druckverlust, rundum Scheibenbremsen, vorne innenbelüftet, Feststellbremse auf die Hinterräder wirkend; servounterstützte Zahnstangenlenkung
Abmessungen	Radstand 3061 mm; Spurweite 1540 mm; Bodenfreiheit 152 mm; Gewicht 2420 kg; Reifen 235/70 R 15
Geschwindigkeit	max. 212 km/h

Chassis-Nummer

Das beim Erscheinen des Rolls-Royce Silver Spirit 1980 eingeführte System der Chassis-Numerierung (siehe Seite 296) wurde beibehalten.

Bemerkenswerte Modifikationen

1984	Bentley Continental trägt Kühlergrill lackiert in Wagenfarbe
1987	K-Jetronic Benzineinspritzung; Bosch-Antiblockiersystem; externer Ölkühler im Vorderkotflügel untergebracht; Bentley Continental mit geschmiedeten Aluminiumfelgen
1988	Spurweite 1549,4 mm; durchgehende Mittelkonsole

D - RR 104

Literatur

Adams, John B. M.: Rolls-Royce and Bentley Cars 1925–1965. Adams & Oliver, Warboys, 1976.

Adams, John und Roberts, Ray: A Pride of Bentleys. New English Library, London, 1978

Axten, J. W.: The Hon. Charles Stewart Rolls. Monmouth, 1977

Beaulieu, The Right Hon. Lord Montagu of: Rolls of Rolls-Royce, A Biography of the Hon. C. S. Rolls. Cassel, London, 1966

Bennett, Martin: Rolls-Royce. The History of the Car. Oxford Illustrated Press, Sparkford, 1983

Bentley, Walter O.: The Autobiography of W. O. Bentley. Hutchinsons, London, 1958

– The Cars in my Life. Hutchinsons, London, 1961

Berthon, Darrell und Stamer, Anthony: The $4\frac{1}{2}$ Litre Bentley. Profile Publications, Windsor

Bird, Anthony und Hallows, Ian: The Rolls-Royce Motor Car. Batsford, London, 1975

Bishop, George: Rolls-Royce. Colour Library International, New Malden, 1982

Bolster, John: Rolls-Royce Silver Shadow, Corniche, Camargue, Silver Wraith II & Bentley T. Osprey, London, 1979

Clarke, R. M.: Bentley Cars 1934–1939. Brooklands Books, Walton on Thames

– Bentley Cars 1940–1945. Brooklands Books, Walton on Thames

– Bentley Cars 1945–1950. Brooklands Books, Walton on Thames

– Rolls-Royce Cars 1930–1935. Brooklands Books, Walton on Thames

– Rolls-Royce Cars 1935–1940. Brooklands Books, Walton on Thames

– Rolls-Royce Cars 1940–1950. Brooklands Books, Walton on Thames

Dalton, Lawrence: Rolls-Royce. The Elegance continues. Dalton Watson, London, 1975

– Coachwork on Rolls-Royce 1906–1939. Dalton Watson, London, 1975

– Those Elegant Rolls-Royce. Dalton Watson, London, 1978

– The Classic Elegance. Dalton Watson, London, 1987

Davis, V. L. P.: W. O. Bentley, MBE: Summary of His Life and Work. Bentley Drivers Club, Long Crendon, 1988

Eves, Edward: Rolls-Royce. 75 Years of Motoring Excellence. Orbis, London, 1979

Fasal, John M.: The Rolls-Royce Twenty. Burgess & Son, Abingdon, 1988

Fox, Charles: The Great Racing Cars & Drivers. Ridge Press, 1972

Fox, Mike und Smith, Steve: Rolls-Royce. The Complete Works. Faber & Faber, London, 1984

Frostick, Michael: Bentley. Cricklewood to Crewe. Osprey, London, 1980

– The Complete Book of Rolls-Royce. Automobilia, Mailand, 1980

Garnier, Peter: Rolls-Royce. The Story of »The Best Car in the World«. I. P. C. Transport Press, London, 1977

– Bentley 1919–1931. I. P. C. Transport Press, London, 1977

Gentile, Raymond: The Rolls-Royce Phantom II Continental. Dalton Watson, London, 1980

Georgano, G. N.: The Classic Rolls-Royce. Bison Books, Greenwich, 1983

Green, Johnnie: Bentley Fifty Years of the Marque. Dalton Watson, London, 1974

Houlding, Timothy: 3 Litre Bentley Experimental Number Two. Houlding, Worcester, 1982

Leefe, Christopher: Rolls-Royce Alpine Compendium. Bookman, London, 1973

Nockolds, Harold: The Magic of a Name. Foulis, London, 1966

Oldham, W. J.: The Rolls-Royce 40/50 H. P. Ghosts, Phantoms and Spectres. Foulis, Sparkford, 1974

Oliver, George: Rolls-Royce. The Best Car In The World. Haynes, London, 1988

Pastouna, Andrew McIntyre: The Royal Rolls-Royce Motor Cars, Rolls-Royce Enthusiasts' Club, Paulerspury, in Vorbereitung für 1990

Rimmer, Ian: Rolls-Royce and Bentley Experimental Cars. Rolls-Royce Enthusiasts Club, Paulerspury, 1986

Roberts, Peter: Veteran & Vintage Cars. Octopus, London, 1974

Robson, Graham: The Rolls-Royce and Bentley, Standard Production Models 1945–1965. Motor Racing, London, 1984

– The Rolls-Royce and Bentley, Coachbuilt Models 1945–1985. Motor Racing, London, 1984

– The Rolls-Royce and Bentley, Shadow, Corniche, Camargue 1965–1985, Motor Racing, London 1985

Rolls, Sam C.: Steel Chariots in the Desert. Cape, London, 1936

Roßfeldt, Klaus-Josef: Die Geschichte der Marken Rolls-Royce und Bentley. Brinkmann, Sonsbeck, 1981

Sedgwick, Stanley: The How and Where of the 8-Litre Bentleys. Bentley Drivers Club, Long Crendon, 1972

– Where have all the Blowers Gone? Bentley Drivers Club, Long Crendon

– Motoring My Way. Batsford, London, 1976

– Twenty Years of Crewe Bentleys 1946–1965. Bentley Drivers Club, Long Crendon, 1973

– All the Pre-War Bentleys – As New. Bentley Drivers Club, Long Crendon, 1976

– Bentley R-Type Continental. Bentley Drivers Club, Long Crendon, 1978

Setright, L. J. K.: Rolls-Royce. Haynes Publishing Group, Sparkford, 1976

Shoup, Dr. C. S.: Rolls-Royce. Fact and Legend. Rolls-Royce Owners Club, 1975

Soutter, Arthur W.: The American Rolls-Royce. Mowbray, Providence, 1976

Webb de Campi, John: Rolls-Royce in America. Dalton Watson, London, 1975

Wood, Jonathan: Great Marques. Rolls-Royce. Octopus, London, 1982

Periodika:

Autofahrer, München

Automobil- und Motorrad-Chronik, München

Automobile Quarterly, Kutztown

Auto, Motor und Sport, Stuttgart

Auto-Welt, Düsseldorf

Bentley Drivers Club Review, Long Crendon

Classic & Sports Car, London

Motor-Klassik, Stuttgart

Motor Sport, London

Rolls-Royce Enthusiasts' Club Bulletin, Paulerspury

Rolls-Royce Motors Journal, Crewe

Queste, Crewe

The Flying Lady, Mechanicsburg

Thoroughbred & Classic-Car, London

Bildnachweis

u = unten, o = oben,
l = links, r = rechts

Adams & Oliver 256/257
S. Barraclough 260
Lt. Col. E. B. Barrass 42, 115 u
Bentley Drivers Club 84
C. Cassidy 186 o, 187 o, 211 o
M. Ehrhardt 132/133, 238
K. H. Eickholt 162 o
Feit GmbH 2, 3, 8/9, 24/25, 32/33, 36/37, 40/41, 46/47, 48, 54, 56/57, 59, 60/61, 62/63, 70/71, 72, 74/75, 77, 80/81, 90/91, 97, 98/99, 102/103, 106/107, 114/115, 116, 117, 120, 120/121, 122, 124, 134/135, 136, 138, 139, 140, 141, 146, 150/151, 153, 156, 157, 158/159, 160/161, 162/163, 165, 166, 167, 168, 169, 170/171, 172 o, 174/175, 176/177, 178/179, 180/181, 183, 184, 186 u, 187 u, 189, 190/191, 193, 194, 195, 196/197, 198, 200/201, 202, 203, 204, 205, 210, 211, 212, 216, 217, 218/219, 220/221, 222/223, 226, 227, 229, 233, 234, 235, 240/241, 250/251, 252/253, 264/265, 268/269 o, 270/271, 274/275, 278, 283, 287, 288/289, 290, 293, 294, 295, 297 u, 299 u, 301 und Titelfotos
B. Freiberger 66/67, 137, 188, 248/249, 261
P. Gibbs-Pancheri 94, 95, 266/267
P. Harper 73, 80, 125, 152, 262/263, 268/269 u, 276/277 u, 278/279
Hooper & Co. (Coachbuilders) Ltd. 199, 206/207, 208/209, 214/215, 230, 231, 232, 282, 299 o
H. Hutt 64, 98, 154/155, 252, 269, 280/281
G. Kaiser 110/111, 284/285
W. Karnik 145
C. Leefe 112/113, 246/247
A. M. Pastouna 143 o, 147, 148, 149
E. Rainsford 10/11, 28/29, 35, 45, 82/83, 86/87, 88/89, 92/93, 108/109, 247
M. L. J. Ritchie 100
Rolls-Royce Enthusiasts' Club 131
Rolls-Royce Ltd. 128, 129, 130, 236/237, 239
Rolls-Royce Motors Ltd. 12, 13, 15, 16, 17, 18, 19, 20, 21, 22, 23, 26, 27, 30, 31, 34, 39, 43, 49, 65, 78, 85, 104, 105, 126/127, 132, 142, 172/173, 213, 224/225, 244/245, 272 u, 276/277 o, 286, 291, 292, 296 o, 298, 300
W. Schindler 272/273 o
P. Schmitz 118/119, 164
M. Schumacher 52/53, 79, 242/243
J. Smuda 58
T. Solley 50/51, 68, 69, 144, 157 o, 248
254/255, 258/259
Dr. J. J. Stickley 256
S. Titgemeyer 86, 264 o
A. Vincken 262 u